普通高等学校"十四五"规划计算机类特色教材

普通高等教育计算机专业新形态一体化教材

程序设计基础
（C语言）

■ 主 编／李超锋 杨 健 项巧莲

U0279335

华中科技大学出版社
http://press.hust.edu.cn
中国·武汉

内容简介

本书在介绍计算机基础知识、计算机基本工作原理、程序设计及程序设计语言、计算机算法及其表示方法的基础上,介绍了C语言的基本语法和程序流程控制结构,重点阐述了如何用数组处理批量数据、如何用函数实现模块化程序设计、如何用指针提升编程效率、如何用结构体和共用体处理复杂数据,以及如何用文件组织和访问数据等C语言程序设计技巧。而且,每章配置了生动有趣的课程思政内容,既能激发读者的阅读兴趣,又能起到知识传授、能力培养和价值观塑造的作用。此外,我们还为本书搭建了配套的在线课程网站,尝试把纸质教材与数字化资源有机融合,实现线上线下教学一体化、知识更新便捷化和学习空间个性化的目的。

全书语言简洁,示例丰富,章节编排合理,可以深入浅出地引导读者进行理性思维与实践。本书可作为高等院校计算机、自动化、信息学、管理学等相关专业程序设计课程的教材,也可作为程序开发者及编程爱好者的自学参考书。

图书在版编目(CIP)数据

程序设计基础:C语言 / 李超锋,杨健,项巧莲主编. -- 武汉:华中科技大学出版社,2024.7.
ISBN 978-7-5772-0918-0

Ⅰ. TP312.8

中国国家版本馆 CIP 数据核字第 2024QQ5205 号

程序设计基础(C语言)　　　　　　　　　　　　　李超锋　杨　健　项巧莲　主编
Chengxu Sheji Jichu(C Yuyan)

策划编辑:王汉江　傅　文
责任编辑:王汉江
封面设计:原色设计
责任监印:周治超
出版发行:华中科技大学出版社(中国·武汉)　　电话:(027)81321913
　　　　　武汉市东湖新技术开发区华工科技园　　邮编:430223
录　　排:华中科技大学惠友文印中心
印　　刷:武汉市洪林印务有限公司
开　　本:787mm×1092mm　1/16
印　　张:20.5
字　　数:500千字
版　　次:2024年7月第1版第1次印刷
定　　价:59.80元

　　理解计算思维和掌握一门编程语言已经成为当代大学生亟需具备的技能。程序设计是掌握这些技能的必备基础。对于计算机专业的学生而言,程序设计是后续学习计算机组成原理、操作系统、编译原理、计算机系统结构等专业课程的基础。对于非计算机专业的学生而言,程序设计的学习有助于理解计算机的应用范围,理解哪些是计算机擅长解决的问题,理解怎样的方式方法是计算机擅长的手段,从而能更好地利用计算机来解决本专业领域内的问题。因此,无论是计算机专业还是非计算机专业的高校培养方案都把程序设计基础作为必修课程来开设。

　　受限于学科专业人才培养方案的要求,非计算机专业在开设程序设计基础课程时往往需要综合计算机基础、C 语言程序设计、算法分析与设计等多门课程内容。然而,现有教材要么注重于程序设计语言自身体系的语法语句细节,要么单纯地讲述程序设计理论,均不适合非计算机专业对该课程的要求。另外,随着信息技术的发展和在线开放课程的建设,传统教学形态已经发生变化,新型学习模式正逐步形成,这就要求有与之适应的新形态教材,以便将教学内容、教学环节、教学环境和教学手段等高度融合为一体。本教材是纸质教材与数字化资源有机融合的一种尝试,力争做到线上线下教学一体化、知识更新便捷化和学习空间个性化。

　　本教材的编写目标是使读者能够理解计算机的基本工作原理,较为系统地掌握 C 语言的基础知识;通过实践练习,可以提升设计简单算法、编写 C 语言程序和对程序进行调试的能力,理解程序设计语言背后的结构化程序设计思想;初步具备计算思维,从而能更好地利用计算机解决本专业领域的计算和信息处理问题。教材内容涵盖计算机基础知识、计算机基本工作原理、程序设计及程序设计语言、计算机算法及其表示方法、C 语言的基本语法、程序流程控制结构、用数组处理批量数据、用函数实现模块化程序设计、用指针提升编程效率、用结构体和共用体处理复杂数据、用文件持久化数据等程序设计的基础知识。同时,每章设置扩展阅读模块,寓课程思政于故事性和趣味性,力争做到知识传授、能力培养和价值观塑造三位一体。全书结构清晰、内容精练、实例丰富、深入浅出,具有系统性强、思政元素丰富、内容新颖、重难点突出、简明实用等特点。本书既可以作为计算机类、信息类、管理科学与工程类等相关专业学生深入学习计算机技术的先修课程教材,也可以作为其他专业学生学习程序设计的入门教材,还可以作为编程开发人员及程序设计爱好者的自学参考书。

本书共 10 章,第 1、5、6、7 章和附录由李超锋编写,第 8、9、10 章由杨健编写,第 2、3、4 章由项巧莲编写,最后由李超锋统稿。刘启川、张时琪、柳鑫政、方菲、武琳、陈谦、张纯茂、侯鹏辉等同学参与了本书的编写并做了大量素材整理、程序调试、文稿校对等工作,在此表示感谢。本书的编写和出版得到了 2022 年中南民族大学本科教材建设项目(项目名称:程序设计基础(C 语言))和 2022 年中南民族大学"课程思政"示范课程建设项目(课程名称:程序设计基础(C 语言))的资助,在此一并致谢。

本书配套的在线课程网站(https://www.xueyinonline.com/detail/240822491)已经上线运行,里面包含丰富的视频、课件和习题等资源,欢迎读者朋友选用。

本书编写过程中参考了大量书籍和网络资源,在此一并对这些文献资料的作者表示真挚的感谢。由于编者水平有限,书中难免有错误和不足之处,敬请读者批评指正。

编 者
2024 年 5 月

教材配套资源

CONTENTS

目 录

第1章

程序设计与C语言

大数据、云计算、物联网、区块链、人工智能等新一轮科技革命及由此带来的产业变革正在深入影响和改变着人们的学习、工作和生活。计算思维(Computational Thinking)已经成为新时代解决问题的基本思维方式。计算思维是运用计算机科学的基础概念进行问题求解、系统设计以及人类行为理解等的一系列思维活动。理解计算机基本工作原理,掌握一门程序设计语言并由此掌握程序设计基本技术是培养计算思维最直接也是最有效的方法,已经成为当代社会每个大学生必备的技能。

1.1　计算机的工作原理

人与动物的本质区别在于制造和使用工具。利用工具不断追求对脑力和体力的放大是人类智慧的象征。在近300万年的历史长河中,如果说人类发明机械工具扩展了双手功能,使用交通工具拓展了双腿功能,通过望远镜和显微镜开阔了视野,那么计算工具的发明和使用就是对人脑功能的拓展和提高。从"结绳记事"中的绳结到算筹、算盘、计算尺、机械式计算器、机电式计算机等,人类计算工具的演化经历了由简单到复杂、从低级到高级的不同阶段。它们在不同的历史时期发挥了各自的历史作用,同时也启发了现代电子数字计算机研制思想的提出。可以说,计算机是用来延伸人的能力的工具,需要人来驾驭。通过本节的学习,我们将了解计算机的基本工作原理。

1.1.1　初识计算机

通常所说的计算机(Computer)指的是电子数字计算机,俗称"电脑",是一种能够按照事先编制好的程序自动、高速处理海量数据的现代化智能电子计算装置。它既可以进行数值计算,又可以进行逻辑计算,还具有存储记忆功能。计算机是20世纪最先进的科学技术发明之一，对人类的生产活动和社会活动产生了极其重要的影响，已成为信息社会中必不可少的工具。

1. 计算机的发展历史

一般认为，1946 年诞生于美国宾夕法尼亚大学莫尔学院的 ENIAC（Electronic Numerical Integrator and Computer）是世界上第一台现代意义上的可编程通用电子数字计算机。ENIAC 占据了摩尔学院 15 m×9 m 的地下室，有 17000 多个真空管、70000 个电阻器、10000 个电容器、6000 个开关和 1500 个继电器，连续一小时运行产生 174 kW 的热量，每秒可以执行多达 5000 次加法运算，如图 1.1 所示。

图 1.1　世界上第一台通用电子数字计算机 ENIAC

ENIAC 诞生之后的短短几十年时间之内，计算机得到了迅速的发展和普及。它的应用遍布社会的各个领域，已形成了规模巨大的计算机产业，带动了全球范围的技术进步，并由此引发了深刻的社会变革，深入到人们社会生活各个角落，在改变人类工作和学习方式的同时还改变着人类的观念和思维。

电子数字计算机的发展经历了四代，目前正在向着第五代发展。

第一代是电子管（Vacuum Tube）计算机（1946—1957）。硬件方面，逻辑元件采用真空电子管，主存储器采用汞延迟线、阴极射线示波管静电存储器、磁鼓、磁芯；外存储器采用磁带。软件方面采用机器语言、汇编语言。应用领域以军事和科学计算为主。特点是体积大、功耗高、可靠性差、速度慢（一般为每秒数千次至数万次）、价格昂贵，但为以后的计算机发展奠定了基础。

第二代是晶体管（Transistor）计算机（1957—1964）。采用晶体管代替电子管作为逻辑器件以克服电子管元件不可靠、价格昂贵等缺点，速度更快，体积更小，同时开始应用于数据处理和工业过程控制。

第三代是集成电路（Integrated Circuit，IC）计算机（1964—1971）。采用集成电路代替分立的晶体管器件，使用能耗小、安全可靠性高的半导体存储器，控制器单元设计开始采用微程序控制技术，同时操作系统日益成熟，功能逐渐强化。

第四代是大规模和超大规模集成电路计算机(1971—2016)。在这一时代,计算机的性能迅猛提升,沿着两个方向飞速向前发展。一方面,利用大规模集成电路制造多种逻辑芯片组装出大型、巨型计算机,使运算速度向每秒十万亿次、百万亿次及更高速度发展,存储容量向百兆、千兆字节发展,推动了更多新兴学科的发展。另一方面,利用大规模集成电路技术将各种部件集成在很小的集成电路芯片制作成微处理器,使得微型计算机、笔记本型和掌上型等超微型计算机的出现成为现实,推动了计算机的普及。完善的系统软件、丰富的系统开发工具和商品化的应用程序的大量涌现,以及通信技术和计算机网络的飞速发展,使得计算机进入了一个大发展的阶段。

第五代是具有人工智能的新一代计算机(2016 年至今)。把信息采集、存储、处理、通信与人工智能结合在一起,具有推理、联想、判断、决策、学习等功能。目前新一代计算机正处于研发阶段。

2. 计算机系统的组成

一般来说,计算机系统是由硬件系统和软件系统两大部分组成。

1)硬件系统

硬件(Hardware)是指计算机系统中由电子、机械和光电元件等组成的各种物理装置的总称。这些物理装置按照系统结构的要求构成一个有机整体,为计算机软件运行提供物质基础。硬件的功能是输入并存储程序和数据,以及执行程序把数据加工成可以利用的形式。计算机硬件由运算器、控制器、存储器、输入设备和输出设备等五个逻辑部件组成,主要包括 CPU、内存、主板、硬盘驱动器、各种扩展卡、连接线、电源以及外部设备鼠标、键盘等。

2)软件系统

软件(Software)指人们事先编制好的,能解决具体问题的程序及相应数据。通常,软件可分为系统软件和应用软件。系统软件是构成计算机系统所必需的基本软件,负责管理、控制和维护计算机的各种软硬件资源,并为用户提供友好的操作界面,比如操作系统、计算机监控管理程序、高级程序设计语言编译和解释程序、数据库管理系统以及系统服务程序等。系统软件不需要用户的干预,就能处理技术上很复杂、一般用户处理不了的任务。应用软件是由用户根据各自的应用需要而安装的、能解决专用领域特殊问题的软件,如文字处理程序、互联网工具、个人数据库、电子表格软件、WeChat 等。应用软件具有很强的实用性和专业性,正是由于应用软件的开发和使用,才使得计算机的应用日益渗透到社会的各行各业。客观地说,计算机系统的"神通广大"是由软件所赋予的,离开软件,计算机就毫无用处。

3. 数据在计算机中的存储形式

计算机中没有如十进制整数、十进制小数等符合人类世界逻辑的数据形式,全部都是 0 和 1 表示的二进制数据,并且计算机只能"理解"由众多 0 和 1 排列而成的二进制数据。二进制数据用 0 和 1 表示,具有"逢二进一、借一当二"的运算规则。二进制的运算规则简单,有利于简化计算机内部结构,提高运算速度。二进制因而成了计算技术中广泛采用的一种数制。采用二进制表示数据是现代计算机体系的基础。因此,符合人类思维的十进制数据都要通过一定的转换才能正确地存储到计算机中。

1.1.2 冯·诺依曼体系结构

计算机有巨型、大型、中型、小型和微型之分,不同规模的计算机又有多种机种和型号,它们在硬件配置上差异很大,但绝大多数都是根据美国科学家冯·诺依曼(Von Neumann)所提出的计算机体系结构思想来设计的。

1. 冯·诺依曼计算机体系结构思想

冯·诺依曼计算机体系结构思想的主要内容包括:

(1)采用二进制表示数据和指令。

(2)将编写好的程序和原始数据送入主存储器中,然后启动计算机开始工作。

(3)计算机应该包括运算器、控制器、存储器、输入设备和输出设备五大部件,并且各自都有自己的功能。

其中,第(2)点是冯·诺依曼思想的中心意思。这是因为此前的计算机或多或少都是通过重建整个机器以执行不同的任务来"编程"的。比如,为了完成不同的计算任务,ENIAC需要花费3周时间进行重新布线。冯·诺依曼提出,把程序本身视为数据,存储在内存中,这使得重新编程变得更容易。

2. 冯·诺依曼计算机的特点

按照冯·诺依曼设计的计算机具有以下基本特点:

(1)采用存储程序方式。程序是所要解决问题的解题步骤的集合,原始数据是所要解决问题的输入数据,只有把原始数据和程序都输入到存储器之后,计算机才能按照程序中的解题步骤对输入数据进行有序的处理。每一个解题步骤在计算机中对应于一条指令,所以程序其实是为了解决问题而编写的指令的集合。程序和数据存放在同一个存储器中,两者没有区别。指令同数据一样可以传送到运算器进行运算,即由指令组成的程序是可以修改的。

(2)存储器是按地址线性编址的存储器件,每个存储单元的位数都是固定的。程序按其书写顺序存放在由多个连续的存储单元组成的一片连续的存储空间中。

(3)指令由操作码和地址码组成。操作码指明指令应完成的功能。地址码指明操作数的存放地址。操作数本身无数据类型的标志,数据类型由操作码确定。

(4)逐条取出指令,把指令"解释"成操作控制信号进而控制计算机中的五大部件完成操作。程序按其书写顺序存放在由多个连续的存储单元组成的存储空间中,执行程序时由控制器中的指令计数器控制程序中指令的执行顺序。

(5)机器以运算器为中心,输入/输出设备与存储器间的数据传送都经过运算器。

(6)数据和指令均以二进制表示。

3. 冯·诺依曼计算机体系结构的部件

冯·诺依曼计算机体系结构五大部件之间的关系如图1.2所示。

1)运算器

运算器是对二进制数据进行加工处理的执行部件,它可以完成算术运算和逻辑运算。算术运算是按照算术规则进行的运算,如加、减、乘、除及它们的复合运算。逻辑运

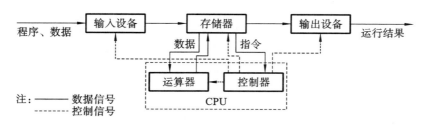

图 1.2　冯·诺依曼计算机体系结构图

算则一般泛指非算术运算,如比较、移位、逻辑加、逻辑乘等。

通常,运算器由算术逻辑单元(Arithmetic Logic Unit,ALU)、寄存器组及数据传送电路组成。其中,ALU 是具体完成算术与逻辑运算的部件,寄存器存放运算数据。

2)控制器

控制器是全机的指挥中心,统一指挥和控制计算机各部件进行协调工作。在控制器的控制下,计算机能够自动按照程序设定的步骤进行一系列操作,以完成特定任务。控制器工作时会按照计算程序的指令序列执行指令。首先从存储器中取出一条指令,然后对这条指令进行分析,明确指令需要完成的操作功能并指明操作数的地址,最后根据操作数所在的地址,取出操作数并完成相应的操作功能。当前指令执行完后,从存储器中再取出和执行下一条指令,直到整个程序执行完毕为止。

3)存储器

存储器是用来存放程序和数据的部件,具有"记忆"功能。存储器主要由地址寄存器、数据寄存器、存储体以及读/写控制电路组成。

为了实现自动计算,程序和数据都必须事先以二进制的形式存放在存储器中。存储体是用来存储这些信息的器件,它由能存储信息的介质组成。20 世纪 70 年代中期之前,存储体的主要介质是磁芯,现在已经被半导体存储器所取代。存储体由存储单元组成,存储单元又由存储元组成。每个存储元可以存储一位二进制数据"0"或"1"。由多个存储元组成的存储单元可以存储一串二进制数据,这串二进制数据称为存储字。存储字二进制数位的位数称为存储字长,存储字长一般为一个字节(8 bit)或字节的偶数倍。为了便于区分和寻找,存储单元按照某种顺序进行编号。每个存储单元对应一个编号,该编号称为单元地址,用二进制进行编码表示。存储单元地址与存储在其中的信息一一对应。单元地址只有一个,固定不变,而存储在其中的信息可以根据需要而任意变更。

向存储单元存入或从存储单元中取出信息,都称为访问存储器。访问存储器的两个基本操作是读出和写入。无论进行哪种操作,都需要先获得存储单元的地址。

访问存储器时,先由地址译码器将送来的单元地址进行译码,找到相应的存储单元;再由读/写控制电路,确定访问存储器的方式,即取出(读)或存入(写);然后,按照规定的方式具体完成取出或存入的操作。

与存储器有关的部件还有控制总线、地址总线和数据总线,它们分别用以在访问存储器时传送控制信息、地址信息和数据信息。

4)输入设备

输入设备是变换输入形式的部件。它将人们熟悉的数字、字母、文字、图形、图像、声音等多种信息形式变换成计算机能接收并识别的二进制数据的信息形式,并将这些信息存入计算机的存储器中。常用的输入设备有键盘、鼠标器、图像扫描仪等。

输入设备与主机间通过接口连接。接口把主机和输入设备有效地连接起来,通过接口不仅能进行数据缓冲,转换信息格式,而且还能在主机与输入设备之间互传状况。

5)输出设备

输出设备是变换输出信息形式的部件。它将计算机运算结果的二进制信息转换成其他设备能接收和识别的形式。常见的输出设备有显示器、打印机、绘图仪等。输出设备也通过接口与主机相连。

通常,将运算器和控制器统称为中央处理单元 CPU,CPU 连同主存储器一起称为主机,而主机之外的设备统称为外部设备。

按照冯·诺依曼思想,计算机的工作过程为:先把编制好的程序和原始数据通过输入设备送入存储器保存;然后,在计算机运行时,控制器从存储器中逐条取出指令,并将其进行分析解释成控制命令,去控制各部件的动作,使数据在运算器中进行加工处理;最后,处理后的结果通过输出设备输出。

1.2　程序设计与程序设计语言

某种意义上,程序设计的出现甚至早于电子计算机的出现。英国著名诗人拜伦的女儿爱达·勒芙蕾丝曾设计了在巴贝奇分析机上解伯努利方程的一个程序。她甚至还创建了循环和子程序的概念。由于她在程序设计上的开创性工作,爱达·勒芙蕾丝被称为世界上第一位程序员。本节将介绍程序设计和程序设计语言的有关内容。

1.2.1　程序设计

1. 程序与程序设计

程序(Program)并不是计算机科学中专有的概念。英语中的"program"一词来自于希腊语"programma",其最初的含义为"公告(a public notice)",后来用于表示为了实现某一目标所需要采取行动的计划。现实生活中,为了实现某项特定的活动或工作,人们通常会按照一定的逻辑顺序把该工作所包含的操作事先组织起来,制作成工作程序,以提高工作效率。如新生报到的工作流程或者生活中的菜谱等都是程序。计算机出现以后,为了利用计算机解决现实生活中的问题,就把工作程序映射到计算机中,称为计算机程序。也就是说,计算机程序是为解决特定的问题用某种计算机语言编写的、可在计算机上执行的指令序列。这里的指令就是可以由计算机执行的各种操作。

人们要利用计算机解决现实生活中的问题,就需要首先按照人们的意愿,借助某种计算机语言,把解决该问题的方法和步骤编写成程序;然后,把编写好的程序输入到计算机中,由计算机去执行这个程序,进而完成特定的任务。这个设计和编写程序的过程就是程序设计。也就是说,程序设计是利用某种计算机语言给出解决特定问题程序的过程,是软件构造活动中的重要组成部分。专业的程序设计人员常被称为程序员。计算机程序的执行过程是由计算机自动完成,期间不需要人的干预。因此,计算机程序必须按照计算机世界的规则设计。

任何设计活动都是在各种约束条件和相互矛盾的需求之间寻求一种平衡,程序设计也不例外。在计算机技术发展的早期,由于机器资源比较昂贵,程序的时间和空间代价往往是设计者关心的主要因素。随着硬件技术的飞速发展和软件规模的日益庞大,程序的结构、可维护性、复用性、可扩展性等因素日益重要。

2. 程序设计的步骤

通常情况下,程序设计过程应当包括分析问题、设计算法、编写程序、调试程序和编写程序文档等不同阶段。

1)分析问题

这一步的主要工作是对特定的问题进行分析,确定需要哪些数据、对已知数据进行哪些操作,才能够得到最终期望的输出结果。这就要求必须认真分析问题给定的条件和要求,从中抽象出需要处理的对象,用数据的形式对问题进行描述,把实际问题抽象成易于程序描述的数学模型。一般来说,分析问题是程序设计过程的第一步,也是最困难和最重要的步骤。

2)设计算法

算法是按照解决问题的方法设计的具体解决步骤。为了达到求解特定问题的目标,需要对分析出来描述问题的数据设计出相应的处理方法。算法由清晰明确的基本操作步骤构成,一般可以利用自然语言、伪代码或流程图等来表示和描述。设计算法是程序设计最关键的一步。一个好的算法,既便于程序员利用程序设计语言编写程序,又能够高效利用计算机的各种资源。

3)编写程序

程序设计的目标是借助计算机解决现实世界中遇到的各种问题,以提高工作效率或解决人类自身难以完成的任务。为此,必须首先让计算机理解任务本身。前述分析问题得到的特定问题处理对象和设计算法得到的数据对象处理操作步骤都是从人类世界的角度出发而得到的结果,以人类能够理解的语言形式展现出来。遗憾的是,到目前为止,计算机尚不能完整准确地理解人类语言。编写程序就是要把已经设计好的算法翻译成计算机能够读懂和理解的程序。这样,通过编写程序,就把在现实世界中解决特定问题的工作过程映射到了计算机世界,进而可以利用计算机的特性帮助人类解决问题。

4)调试程序

为了确保编写好的程序代码能够真正解决给定的问题任务,需要对程序进行测试。调试程序就是通过运行程序定位和排除程序中故障的过程。

5)编写程序文档

许多程序是提供给别人使用的,如同正式的产品应当提供产品说明书一样,正式提供给用户使用的程序,也必须向用户提供程序说明书。程序文档的主要内容包括程序名称、程序功能、运行环境、程序的装入和启动、需要输入的数据以及使用注意事项等。

3. 程序设计的方法

20 世纪 60 年代,随着计算机性能的快速提升,计算机的应用范围迅速扩大,借助计算机解决的问题越来越复杂,使得软件开发的进度难以预测、成本难以控制、功能难以满足、质量难以得到保障以及产品难以维护等,出现了"软件危机"。于是,人们开始系统化地研究程序设计方法,先后提出了结构化程序设计(Structured Programming,SP)方法和面向对象程序设计(Object Oriented Programming,OOP)方法。

1)结构化程序设计方法

结构化程序设计方法又称为面向过程的程序设计方法,它从人们解决问题过程的角度出发,采用"自顶向下,逐步求精"的思想进行编程。人们在求解复杂问题时,通常采用分而治之的方法,也就是把一个大问题分解成若干个比较容易求解的小问题,然后分别求解。程序员在设计一个复杂的应用程序时,往往也是把整个程序划分为若干功能较为单一的程序模块,然后分别予以实现,最后再把所有的程序模块像搭积木一样装配起来。划分出来的程序模块功能相对独立,利用顺序结构、选择(分支)结构和循环结构这三种基本结构就可以实现。每个模块都由三种基本结构构成,整个程序按照模块结构堆叠组织在一起,因此称为结构化方法。

结构化程序设计以数据为出发点,着眼于对数据处理的整个流程,即过程。流程被分解为一个个易于实现的步骤(功能),通过不同的模块(函数)实现不同的步骤,并按照程序的执行顺序调用相应的模块(函数),组成一个完整的可以运行的应用程序。比如,假设准备开发一个中国象棋的游戏系统,按照结构化程序设计方法,通过分析棋手甲乙双方的对弈过程,可以设计出如下步骤流程:

第一步:开始游戏。

第二步:棋手甲走棋。

第三步:绘制棋局。

第四步:判定胜负。

第五步:棋手乙走棋。

第六步:绘制棋局。

第七步:判定胜负。

第八步:转到第二步。

第九步:输出结果。

上面的每一步可以作为一个相对独立的功能模块,利用程序设计语言中的函数或过程可以比较容易地实现。然后,按照上面步骤的先后顺序把函数或过程组合到一起就完成了整个系统。

可见,结构化程序设计方法按照操作执行的流程设计程序,简单易学,模块结构清晰,易于正确性验证,易于纠错,既增强了程序的可读性,又降低了程序设计的复杂性。同时,由于模块具有较好的独立性,便于团队成员分工进行开发与调试,从而有利于提高程序的可靠性。

但是,结构化程序设计面向数据处理的过程,造成了数据与程序代码相互分离的现象。数据可能在程序中任何地方被访问,增加了程序模块之间的耦合性,使得程序的调试和维护比较困难。比如在中国象棋游戏系统中,绘制棋局出现在多个步骤中,这可能导致出现不同的绘制棋局版本。另外,采用结构化程序设计方法设计出来的程序严格依赖待解决问题的处理过程,一旦原始问题需求发生变化,比如处理流程进行了优化或增加了新的功能,就需要进行重新设计,程序扩展性和可重用性比较差。

2)面向对象程序设计方法

面向对象程序设计方法的出发点和基本原则是尽可能模拟人们习惯的思维方式,使程序设计的方法和过程尽可能与人们在现实世界中解决问题的方法与过程一致,也就是使描述问题的问题空间与实现解法的解空间在结构上尽可能一致。这样,当程序员把系统分析阶段得到的分析模型转换到系统设计阶段的设计模型时,就可以降低由于程序员对问题理解的差异所造成的系统不稳定性。

为此,面向对象的程序设计方法强调数据,而不是算法的过程。事实上,所有的程序都是由“数据”和“功能”组成的,编写程序的本质就是定义出问题所涉及的数据,然后按照要求定义出一系列功能对数据进行操作。在结构化程序设计方法中,数据和功能是相互分离的。而在面向对象程序设计方法中,试图把数据和功能整合到一起,称之为对象。面向对象程序设计以对象为核心,认为程序由一系列对象组成。现实世界中存在的任何事物都可以称为对象,对象由描述事物状态的属性(变量)和用来实现对象行为的方法(函数)组成,对象间通过消息传递相互通信,来模拟现实世界中不同实体间的联系。面向对象编程完成了从数据模型到处理模型的结合与统一。

仍然以前面的中国象棋游戏系统为例,如果采用面向对象程序设计方法,可以这样解决问题:通过系统分析抽取出棋手、棋盘和规则等对象。其中,棋手对象负责出棋和悔棋,棋盘对象负责绘制画面,规则对象负责判定胜负和是否犯规。整个下棋过程就变成了棋手对象接收对弈一方的输入,把棋子布局变化等信息以消息的形式发送给规则对象和棋盘对象;规则对象接收到消息后判定胜负或是否犯规并将判定结果发送给棋盘对象;棋盘对象接收到棋手对象的消息后在屏幕上显示出棋局变化情况,同时根据规则对象发送来的消息对棋局进行判定。从这个过程可以看出,面向对象程序设计方法是以对象而不是操作步骤来划分问题。比如这个例子中绘制棋局这项功能被划分到了棋盘对象中,在需要绘制棋局的任何步骤中,都不可能出现不同的绘制版本,从而保证了棋盘布局的统一。

可见,在面向对象程序设计方法中,数据不再贯穿整个程序,而是成为各个对象的私有属性,这使得数据和算法不再分离,更符合现实世界的实际情况。在面向对象程序设计方法中,这种特性被称为封装性,它大大便利了软件部件、包或者库的调用,并且更便于重复使用。当然,这样做会增加对象内部的复杂性,但大大降低了对象之间的耦合性,满足了对程序“低耦合、高内聚”的期望。

尽管程序设计方法划分为结构化和面向对象两类,但目的都是将一个复杂程序不断分解为不同模块和层次,逐步求精。两类方法都使用了分解和抽象思想,即对现有的现实问题进行不断地分解,同时也是对现实问题的一种抽象。分解有利于加深对现实问题的理解,降低解决问题的难度。抽象降低了程序模块之间的耦合性,使得不同模块之间不用过多地互相考虑细节,让不同模块对应分解后的不同子问题,并且利用抽象的性质良好地结合在一起。二者的区别在于其分解的方式不同,处理数据和操作的具体步骤、方法不同,从某种程度上可以认为是出发点或者动机不同。结构化方法更适合于强调过程和性能的软件,强调对数据的处理。比如管理 Linux 操作系统的 shell 脚本就不适合采用面向对象的方法。面向对象方法更适合于以对象为特性的软件,以对象为中心,强调对对象的操作和通信。比如用户界面程序,用户界面中有输入框、按钮、滚动条等各种元素,在鼠标的操作下,各类元素有着相应的动作,这类软件采用结构化程序设计就会带来低重用性和高耦合性。

1.2.2 程序设计语言

现实生活中的程序内容是用人能够理解的自然语言描述的,但计算机只能直接识别二进制形式的语言。因此,为了编写计算机程序,人们设计了面向计算机的语言,称为计算机语言。利用计算机语言编写的程序能够被计算机理解和执行。计算机语言也称为程序设计语言(Program Design Language,PDL)或编程语言(Programming Language,PL),即用来编写计算机程序的语言。类似于汉语和英语,程序设计语言也是一套符号和规则的集合,符号集描述了程序设计语言的基本构成要素,规则集则描述了如何使用符号构造程序。不同的符号集和规则集构成了不同的程序设计语言。

1. 程序设计语言的类型

1)机器语言

通常情况下,一台计算机本身只会完成几十种多至上百种不同的基本操作,每一种操作称为一条指令。一台计算机所有指令的集合称为该计算机的指令系统。每条指令用一串二进制编码来表示,其格式是通用的,一般由操作码和地址码构成,操作码说明了该指令的功能,地址码则描述了该指令的操作对象所在存储单元的地址信息。计算机唯一可以读懂的语言就是计算机的二进制指令组成的语言,称为机器语言。比如为了计算 $1+1$,用 Intel x86 系列计算机的机器语言编写的代码片段如下所示:

```
10111000
00000001
00000000
00000101
00000001
00000000
```

可见,直接使用机器语言编写出来的程序是一连串的 0 和 1 的组合,编写、调试和修改程序代码需要频繁查询指令手册,难以理解和掌握,不利于程序设计的推广和普及。另外,用机器语言编程还要考虑各种边界情况和底层硬件问题,开发效率十分低下。

2)汇编语言

为了更容易识别程序代码,人们想到了使用助记符来取代 0、1 代码串的方法,这就是汇编语言。汇编语言是机器语言的一种符号化表示,通常二者之间存在一一对应的关系,即每条汇编语言指令对应一条机器语言指令,只不过指令采用了英文缩写符号,更容易识别和记忆。用汇编语言编写的 1+1 程序代码段如下:

```
MOV AX, 1
ADD AX, 1
```

第一行代码的含义是把常数 1 放到 CPU 自带的寄存器 AX 中,执行完后寄存器 AX 中的值为 1。第二行代码的含义是把寄存器 AX 中的值 1 与常数 1 进行相加运算,运算结果再回放到 AX 中,执行完后寄存器 AX 中的值为 2,实现了 1+1 的运算。可见,用汇编语言编写的程序更容易理解。

由于计算机只能识别和执行机器语言,汇编语言程序在执行之前,必须先将其翻译成机器语言程序。完成这一翻译工作的是一个特殊的程序,称为汇编程序。

3)高级语言

随着计算机应用范围的扩大,越来越多的人需要编写更加复杂的程序,也希望编程语言更加易学易用,于是出现了计算机高级程序设计语言。高级语言通常由英语单词和短语构成,语法形式类似于自然语言,不需要对硬件进行直接操作,易于被普通人理解和使用,是目前绝大多数编程者的首选。目前,影响较大、使用普遍的高级语言有 Fortran、Basic、COBOL、Pascal、C、C++、Java、Python 等语言。高级语言程序在不同的平台上会被编译成不同的机器语言程序,才能被机器执行。与机器语言和汇编语言相比,高级语言不但将许多相关的机器指令合成为单条指令,而且还屏蔽了与具体操作有关但与完成工作无关的计算机硬件细节,例如使用堆栈、寄存器等,这样就大大简化了程序中的指令。比如,用 Basic 语言计算并显示 1+1 的程序代码如下:

```
PRINT 1+1
```

可见,高级语言语法更加符合人的习惯,易学易用,编写出的程序也更容易阅读和修改。使用高级程序设计语言,人们可以编制出规模更大、结构更复杂的程序。

2. 编译和解释

高级语言所编制的程序不能直接被计算机识别,必须翻译成机器语言才能执行,按翻译方式可将翻译过程分为两类:解释和编译。

1)解释方式

解释方式的执行类似于日常生活中的"同声翻译"。应用程序源代码一边由相应语言的解释器逐条"翻译"成目标代码(机器语言),一边执行。由于采用边"翻译"边执行的方式,应用程序的执行不能脱离解释器。一般情况下解释方式的执行效率偏低,而且不能生成可独立执行的可执行文件。优点是这种方式比较灵活,方便动态地调整和修改应用程序。常用的脚本语言、Python 和 R 语言等均采用这种翻译方式。

2)编译方式

编译方式的执行是在应用源程序执行之前事先将程序源代码全部"翻译"成目标代码(机器语言),然后由计算机直接执行目标代码。这种方式的优点是目标程序可以脱离其语言环境独立执行,使用比较方便、效率较高。但应用程序一旦需要修改,必须先修改源代码,再重新编译生成新的目标文件才能执行。C 语言和 C++语言是典型的编译类高级程序设计语言。

3)编译器和解释器

编译器(Compiler)和解释器(Interpreter)的作用都是将用高级语言编写的源程序代码翻译成低级语言的形式。编译器直接将源代码翻译成机器语言程序,而解释器则是将源代码翻译成介于高级语言和机器语言的中间形式。由于编译器直接把源代码整体翻译成了目标代码,在执行的时候就可以不再需要编译器而直接在支持目标代码的平台上运行。解释器是一条一条地解释执行源程序代码,程序运行时需要解释器执行环境。

1.2.3 C语言的发展与特点

1. 从汇编语言到C语言

早期的操作系统等系统软件主要是用汇编语言编写的。1965年前后,美国贝尔实验室、麻省理工学院和通用电气公司决定联合开发一款功能强大的操作系统 Multics,以实现让大型主机可以提供300个以上终端机连线使用的目标。由于 Multics 系统设计过于复杂,导致计划进度严重滞后。1969年前后,由于资金短缺,贝尔实验室退出了该研究计划。肯·汤普森(Ken Thompson)是参与 Multics 研究计划的贝尔实验室成员之一。出于自己的个人需要,汤普森对 Multics 系统进行了精简和改进,开发出了后来风靡全球的 Unix 操作系统。由于汇编语言依赖于计算机硬件,程序的可读性和可移植性都不是很好,汤普森把 BCPL 语言改进为 B 语言并作为 Unix 的系统编程语言。B 语言编译出来的核心性能不高,丹尼斯·里奇(Dennis Ritchie)对 B 语言再次进行了改进,称为 C 语言。C 语言既具有高级语言的特性,又不失低级语言的优点。1973年,汤普森和里奇用 C 语言重写了 Unix 操作系统。后来,Unix 在一些研究机构、大学和政府机关开始慢慢流行起来,进而带动了 C 语言的发展。到了20世纪80年代,C 语言开始进入其他操作系统,并很快在各类大、中、小和微型计算机上得到了广泛的使用,成为当代最优秀的程序设计语言之一。根据著名的全球编程语言排行榜 TIOBE 网站的统计,C 语言长期排在编程语言流行度的前两位,如表1.1所示。

表 1.1 全球编程语言排行长期变化情况

语言	2023	2018	2013	2008	2003	1998	1993	1988
Python	1	4	8	7	13	25	17	—
C	2	2	1	2	2	1	1	1
Java	3	1	2	1	1	18		
C++	4	3	4	4	3	2	2	6
C#	5	5	5	8	10	—		
Visual Basic	6	15	—	—	—	—		

续表

语言	2023	2018	2013	2008	2003	1998	1993	1988
JavaScript	7	7	11	9	8	22	—	—
Assembly Language	8	12	—	—	—	—	—	—
SQL	9	251	—	—	7	—	—	—
PHP	10	8	6	5	6	—	—	—
Objective-C	18	18	3	46	49	—	—	—
Ada	27	30	17	18	15	8	7	2
Lisp	29	31	13	16	14	7	4	3
Pascal	211	140	15	20	99	12	3	14
（Visual）Basic	—	—	7	3	5	3	8	5

2. C 语言的特点

C 语言是一种用途广泛、功能强大、使用灵活的面向过程语言,同时具有高级语言和汇编语言的优点。其设计使得用户可以自然地进行自顶向下的规划、结构化的编程以及模块化的设计。这种做法使得编写出的程序更可靠、更易懂。

C 语言有以下一些主要特点。

(1)高效。C 语言原本是专门为编写系统软件而设计的,高效性是 C 语言与生俱来的优点之一。C 语言的硬件控制能力、表达和运算能力都很强。事实上,C 语言可以表现出通常只有汇编语言才具有的精细控制能力。

(2)可移植。C 语言可以广泛应用于不同的操作系统,如 UNIX、MS-DOS、Microsoft Windows 及 Linux 等。当程序必须在多种机型上运行时,常常会用 C 语言来编写。C 语言编译器规模小且容易编写,这使得它们得以广泛应用。

(3)功能强大。C 语言拥有一个庞大的数据类型和运算符集合,以及包含了数百个可以用于输入/输出、字符串处理、存储分配以及其他实用操作函数的标准库,这使得 C 语言具有强大的表达能力,往往寥寥几行代码就可以实现许多功能。

(4)简洁灵活。C 语言是一种结构化语言,它的层次清晰,便于按模块化方式组织程序,易于调试和维护。实际上,C 语言是一个很小的内核语言,只包括极少的与硬件有关的成分,C 语言不直接提供输入和输出语句、有关文件操作的语句等。

(5)C 语言允许直接访问物理地址,能进行位(bit)操作,能实现汇编语言的大部分功能,可以直接对硬件进行操作。由于 C 语言的双重性,使它既是成功的系统描述语言,又是通用的程序设计语言,既可用于系统软件的开发,也适合于应用软件的开发。

1.3 初步认识 C 语言程序

任何一种程序设计语言的语法规则和表达方法都是特定的,正确掌握语法规则和表达方法才能够保证程序在计算机中能够正常运行。复杂的程序都是在简单程序的基础上编写的,为了更好地掌握 C 语言程序设计,需要先从基本结构入手。本节通过一些简单的 C 语言程序示例介绍其基本结构。

1.3.1 最简单的 C 语言程序

例 1.1 编写在显示器上显示一条信息的程序。

```
/*
        最简单的 C 语言程序示例
        功能:在屏幕上显示信息"Hello,World!"
*/
#include <stdio.h>                                //第 5 行
int main ()                                        //第 6 行
{                                                  //第 7 行
        printf("Hello,World! \n");                 //第 8 行
        return 0;                                  //第 9 行
}                                                  //第 10 行
```

【运行效果】

Hello,World!

【程序分析】

1. 注释

程序的第 1 行到第 4 行称为注释。注释通常用于对程序进行说明。使用注释的目的是让阅读者更容易理解程序,在编译程序时,编译器会忽略掉所有的注释内容。

C 语言以"/ * "和" * /"作为注释的开始和结束标记,二者之间的所有内容都看作是注释说明,允许跨行书写,如本程序中第 2 行和第 3 行都是注释内容。如果需要,可以添加更多的内容。

C 语言还支持单行注释方式。此时,只需要把注释的内容放到一对双斜线"//"后面即可。比如,本程序中的注释内容可以如下方式呈现:

```
// 最简单的 C 语言程序示例
// 功能:在屏幕上显示信息"Hello,World!"
```

程序中注释有两行内容,每一行都以"//"开始。如果注释内容不超过一行,这种方式更加简单明了。

在编写 C 语言程序时应多使用注释,以方便自己和他人理解程序各部分的作用。

2. 预处理指令

程序第 5 行♯include〈stdio.h〉是编译预处理指令。编译预处理指令的功能是告诉编译器在编译源代码之前先执行的一些操作。这样,编译器在编译过程开始之前的预处理阶段就会先处理这些指令。C 语言程序中的预处理指令都以"♯"开头,后跟具体的指令,一般放在源文件的开头。

第 5 行预处理指令的作用相当于把另一个文件 stdio.h 的全部内容拷贝一份,放在该指令的位置。stdio.h 是另一个文件的文件名,称为头文件。头文件中通常包含了建立最终的可执行程序时编译器需要用到的信息,比如说明函数的函数名称以及该函数如何使用等。函数的实际定义代码通常不在头文件中,而是在其他预编译代码的库文件中。程序实际执行的时候,由链接器负责找到函数代码所在的库文件,并把相应的函数代码链接到用户程序中。头文件所起的作用是指引编译器把库文件中的函数代码与用户程序正确结合。

stdio.h 头文件包含了编译器理解 printf()函数以及其他输入/输出函数的信息。C 语言程序没有专门用于基本输入/输出的语句,程序需要输入/输出数据时,通过该编译预处理指令使用系统预先定义好的输入/输出函数。

3. 定义 main()函数

接下来的第 6 行到第 10 行代码用来定义 main()函数。

函数是实现一定功能的一段程序代码,是构成 C 语言程序的重要组成成分。一个 C 语言程序由一个或多个函数组成,一个函数完成一种特定的功能。从某种意义来说,编写 C 语言程序就是编写 C 语言函数。

C 语言程序的函数定义代码由函数首部和函数体两部分构成。如本例中第 6 行代码是函数首部,第 7 行和第 10 行之间的代码是函数体。需要注意的是,函数定义时函数首部和函数体是一个整体,第 6 行的末尾不能加分号(;),否则其含义完全发生变化。

第 6 行函数首部的代码以关键字 int 开始,它表示 main()函数的返回值的类型,int 表示 main()函数执行完后需要返回一个整数值,这个整数值将返回给调用 main()函数的操作系统,操作系统以它接收到的返回值判断程序是否正常结束。相应地,函数体中的第 9 行代码:

```
return 0;
```

表示结束 main()函数的执行,并把整数值 0 返回。如果程序能够执行到这条 return 语句,就表明前面的程序代码都得到了正常执行,操作系统从 main()函数得到的返回值为 0,代表程序正常结束。如果前面的语句发生了异常,程序在 return 语句执行之前就会被终止,main()函数的返回值就不是 0。可见,操作系统通过 main()函数的返回值就可以判断程序是否正常结束。

函数首部中的 main 是函数的名称,也称为函数名,用于同其他的函数相区分。C 语言规定,每个程序必须包含且只能包含一个 main()函数。这是因为 C 语言程序的执行总是从 main()函数开始的。紧跟 main 后面的一对小括号用于说明 main 是一个函数。

第 7 行的左大括号({)和第 10 行的右大括号(})是函数体的开始和结束标识。函数体是实现函数具体功能的代码段,通常由一系列 C 语言语句构成。函数体中的所有语句都放到这对大括号内,如本例中的第 8 行和第 9 行代码,其中第 8 行代码的功能是向屏幕输出"Hello,World!"。

　　C 语言语句可以看作是 C 语言程序运行时执行的命令。C 语言规定,C 语言程序的语句以分号(;)作为结束标志,其作用类似于汉语中的句号。C 语言书写格式比较灵活,既可以一行书写一条语句,也可以一行书写多条语句。需要注意的是,C 语言程序中的所有符号都必须在英文状态下输入,否则编译无法通过。

　　图 1.3 描述了 main()函数的一般结构。

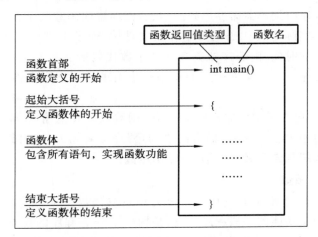

图 1.3　main()函数的一般结构

1.3.2　包含多个函数的 C 语言程序

　　除了 main()函数之外,还可以在 C 语言程序中定义其他的函数。

　　例 1.2　求两个整数中较大的数。

```
#include <stdio.h>                          //第 1 行
//定义主函数
int main()                                  //第 3 行
{                                           //第 4 行
    int imax(int x, int y);                 //第 5 行
    int a,b,c;
    scanf("%d,%d",&a,&b);
    c = imax(a,b);
    printf("max=%d\n",c);
    return 0;                               //第 10 行
}                                           //第 11 行
//定义 imax()函数
int imax(int x,int y)                       //第 13 行
{                                           //第 14 行
```

```
        int z;                                      //第15行
        if( x > y)   z = x;
        else z = y;
        return z;                                   //第18行
    }                                               //第19行
```

【运行效果】

```
3,5
max=5
```

【程序分析】

程序第 1 行依然是编译预处理指令,是因为在 main() 函数中使用了库函数 printf()。

第 3 行到第 11 行定义了 main() 函数。与例 1.1 的区别是函数体由第 5 行到第 10 行共 6 条语句构成,函数整体结构是一样的。

第 13 行到第 19 行定义了另一个函数 imax()。其中第 13 行是函数首部;第 14 行的左大括号({)和第 19 行的右大括号(})分别是函数体的起始和结束标识;第 15 行到第 18 行的语句是函数体,实现求解 x 和 y 两个整数中较大数的功能。可见,从基本结构上来看,imax() 函数和 main() 函数并没有区别。

与例 1.1 所示的程序相比,本程序中定义了两个函数。程序中需要定义多少个函数,是通过对需要解决的实际问题分析后确定的。一般来说,如果要解决的实际问题比较复杂,程序员就把它分解成若干个功能相对独立的小问题,每个小问题可以通过定义一个函数来解决。

1.3.3　C 语言程序的基本结构

对于更加复杂的问题,C 语言允许把程序代码分解为多个源程序文件。这样,不同的源程序文件就可以由不同的开发人员分别进行编写,既有利于充分发挥项目团队的分工与合作,又降低了解决问题的复杂性。一个完整的 C 语言程序的基本结构可以用图 1.4描述。

由图 1.4 可知,一个 C 语言程序由一个或多个源程序文件组成。一个源程序文件包括预处理指令、全局变量声明和若干个函数定义。其中,全局变量声明用来声明源程序文件中所有函数都能使用的变量。函数是 C 语言程序的主要组成部分。一个 C 语言程序由一个或多个函数组成,其中必须包含一个且仅一个名为 main() 的函数,程序总是从 main() 函数开始执行。程序中使用的函数可以是系统提供的库函数,也可以是用户根据需要自己编制设计的函数。一个函数包括两个部分:函数首部和函数体。函数体一般包括声明部分和执行部分。声明部分用于声明所有将在执行部分使用的变量和函数。函数体位于一对大括号中间,以左大括号({)为程序的运行开始处,以右大括号(})为程序的逻辑结束位。在每个数据声明语句或执行语句的最后必须有一个分号,且符号在英文状态下输入。

程序中的操作是由函数中的 C 语言语句完成的,这些语句用于完成特定的任务。C

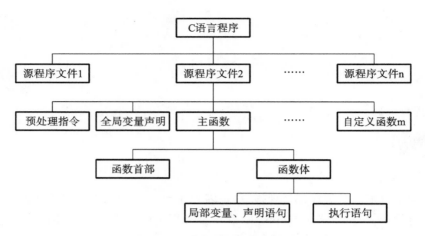

图 1.4   C 语言程序的基本结构

语言本身不提供输入/输出语句,要从外部链接,链接部分提供了一些指令,告诉编译器从系统库中要链接哪些函数。例如,通过链接 stdio.h 文件来完成输入/输出操作。

程序应当包含注释,用于给出程序的解释信息,方便他人以后使用这些信息理解程序。

1.4   C 语言编程环境

1.4.1   C 语言程序的开发步骤

C 语言程序的开发过程可以分为定义程序目标、设计程序、编辑源程序、编译源程序、链接目标代码和运行目标代码六个步骤,如图 1.5 所示。

1. 定义程序目标

编写程序是用来解决实际问题的,对编写出来的程序能够做什么、解决什么问题应该有一个清晰的想法。为此,在编写程序之前需要首先定义好所编写程序的目标。定义程序目标就是要描述清楚所要解决的问题,程序运行时需要输入哪些信息、执行哪些功能操作以及最终可以得到哪些输出结果。一般情况下,这一步只需要用一般概念来考虑问题,不涉及具体的计算机术语。

2. 设计程序

在确定完程序的既定目标后,进一步确定程序如何完成目标,即设计程序的解题步骤。它包括如何在程序中表示数据以及用什么方法来处理数据。选择合适的设计方法通常可以使程序设计和数据更容易处理。一般情况下,这一步也只需要用一般概念来考虑问题,不需要考虑具体代码。

3. 编辑源程序

在程序有了清晰的设计后,就可以通过编写代码来实现目标任务。这一步的主要工

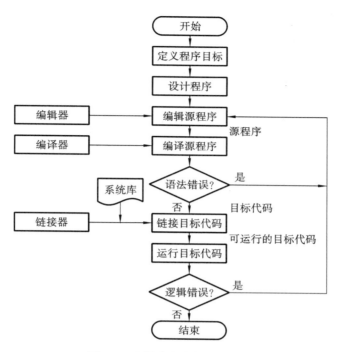

图 1.5　C 语言程序的开发步骤

作是用 C 语言来表示程序设计的内容,通常使用文本编辑器创建和修改 C 语言程序代码。编辑好的程序代码可以保存到文件中,称为源(程序)文件。相应地,源程序文件中的代码称为源代码或源程序。

4. 编译源程序

计算机只能直接识别二进制形式的机器语言。因此,编辑好的 C 语言程序源代码不能被计算机直接执行。编译的工作就是通过编译器把文本形式的 C 语言源代码转换成为机器语言形式。编译器在编译过程中还能够检查所编写的源代码是否存在不符合 C 语言规则的语法错误,返回错误报告以便及时修改。源文件经过编译器编译后会生成程序的目标代码文件,目标代码也称为目标程序。

5. 链接目标代码

编译器把编写的源代码翻译成二进制形式,但一个完整的程序还可能需要使用像标准库、动态链接库等这样的系统组件或其他目标代码文件。链接目标代码就是通过链接器把程序所需要的所有二进制形式的目标代码文件及系统组件链接到源程序编译生成的目标程序中,以装配组合成一个可执行的目标代码文件,生成一个完全可执行的程序。

链接器可以简化程序开发。当开发程序太大时,可以将其拆分成几个源文件,每个源文件提供程序的一部分功能,再用链接器连接起来。源文件是分开编译的,这样做能够避免简单的输入错误。链接阶段如果出现错误,就需要重新编辑源代码。如果链接成功,会产生一个可执行文件。

6. 运行目标代码

在操作系统或集成开发环境(Integrated Development Environment,IDE)下运行链

接生成的可执行文件,得到程序运行的结果。如果程序运行的结果是错误的,就说明程序中存在问题。这一阶段发现的问题基本上都是程序算法逻辑上的问题,需要重新修改源代码,再重复进行编译、链接和执行,直到最终得到正确的结果。

从以上过程可以看出,在程序开发过程中编译、链接和运行阶段都有可能出现错误。一旦出现错误,就需要回到编辑阶段重新检查和修改源程序,然后再进行编译、链接和运行。因而,程序开发的过程是一个不断迭代的过程。为了减轻程序设计人员的工作量,人们设计出了集代码编写、分析、编译、调试和执行等功能于一体的软件开发服务套件,称为集成开发环境。集成开发环境中一般包括代码编辑器、编译器、链接器、调试器和图形用户界面等工具,如微软的 Visual Studio 系列,Borland 公司的 C++ Builder、Delphi 系列等。本书使用集成开发环境软件 CodeBlocks,它可以简化 C 语言程序的开发过程。

1.4.2 CodeBlocks 的安装和使用

CodeBlocks 是一款可用于 C/C++和 Fortran 语言程序开发的开源跨平台集成开发环境。它具有良好的可扩展性和可配置性,通过安装或编写插件可以添加任何类型的功能。本小节介绍 CodeBlocks 的安装和使用。

1. 下载 CodeBlocks 安装包

(1)在浏览器的地址栏输入 https://www.codeblocks.org 进入官网主页,如图 1.6 所示。

图 1.6 CodeBlocks 官网界面

(2)点击左侧菜单栏的 Downloads 菜单项进入下载页面,如图 1.7 所示。

(3)CodeBlocks 允许以多种方式进行安装,这里我们选择"Download the binary release"方式,如图 1.8 所示。

(4)根据自己的操作系统类型选择相应的安装包。CodeBlocks 可以跨平台安装与使用,官网上提供了 Windows、Linux 和 Mac 三种操作系统的安装包。本书以 Windows 系统为例下载安装包,在官网上找到 Windows 区域,如图 1.9 所示。

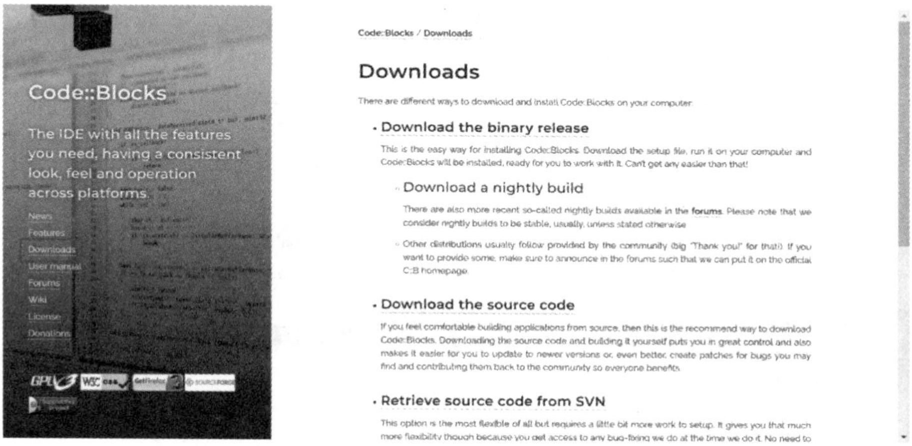

图 1.7　CodeBlocks 下载页面

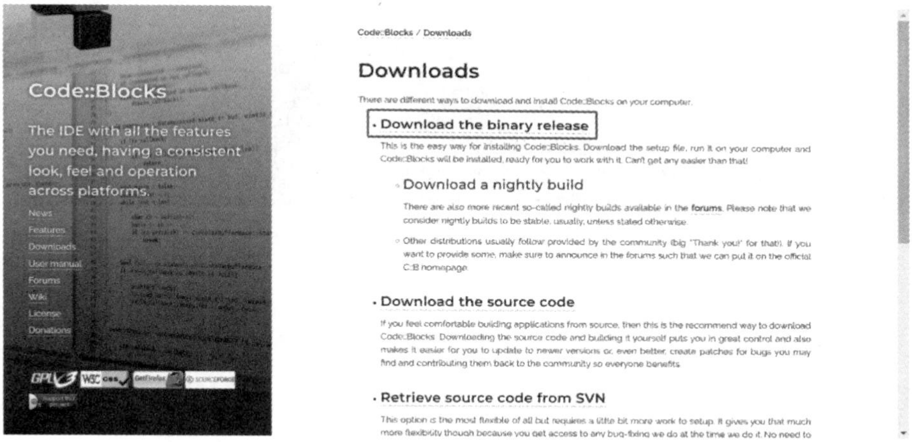

图 1.8　CodeBlocks 下载页面

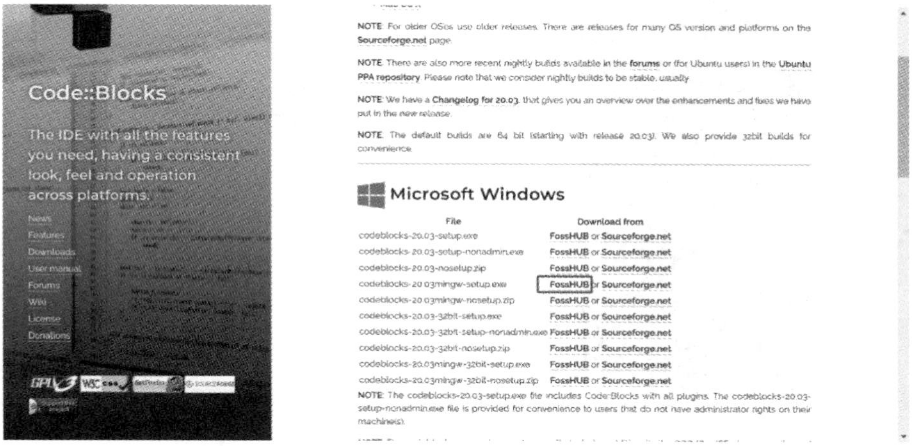

图 1.9　适用 Windows 的安装包

　　适用于 Windows 系统的安装包有很多种,其中文件名中带－32 的适用于 Windows 32 位系统,不带－32 的适用于 Windows 64 位系统,文件名中包含"mingw"的表示安装包中自带 GCC 编译器和 GDB 调试器。本书以 Windows 64 位系统为例,选择第 4 项,找到后面对应的下载链接,单击即可。

　　(5)进入下载过程,如图 1.10 所示。

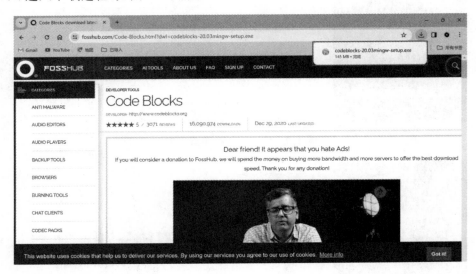

图 1.10　文件下载

2. 安装 CodeBlocks

　　(1)找到下载文件,双击启动运行,进入欢迎界面,如图 1.11 所示,点击"Next"按钮继续安装过程。

图 1.11　欢迎界面

（2）进入软件许可协议界面，如图 1.12 所示，点击"I Agree"按钮同意许可协议。

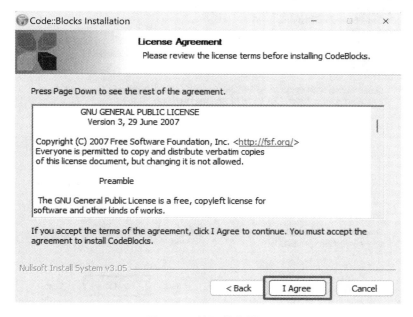

图 1.12　许可协议界面

（3）进入组件选择界面，如图 1.13 所示，采用默认安装，单击"Next"按钮即可。

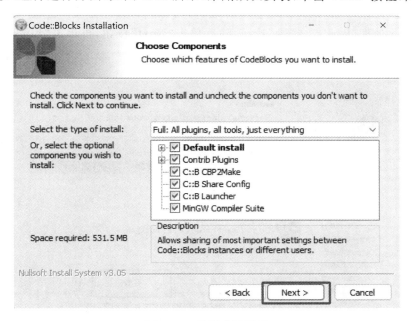

图 1.13　默认安装界面

（4）选择安装位置。可以根据计算机配置情况指定 CodeBlocks 的安装位置。单击"Browse…"按钮可以选择安装位置，也可以在左边的文本框中直接输入要安装的位置，比如图 1.14 中输入的内容表示要安装在 C 盘的 CodeBlocks 文件夹下。设定好安装位置后,单击"Install"按钮开始安装。

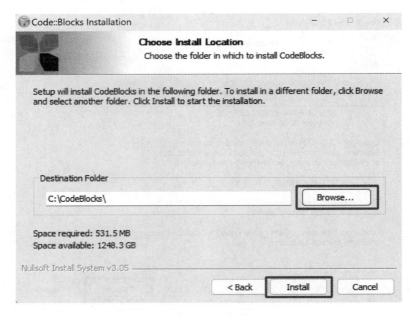

图 1.14   选择安装路径

(5)安装完成后,会弹出一个信息框询问是否立即运行 CodeBlocks,如图 1.15 所示。如果点击"是"按钮,CodeBlocks 就会立即运行,可以进行程序开发。这里我们要对开发环境进行汉化处理,因此点击"否"按钮,随后单击"Next"按钮,再单击"Finish"按钮完成安装但不运行 CodeBlocks。

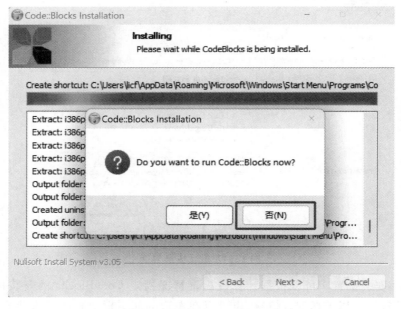

图 1.15   选择是否立即运行界面

3. CodeBlocks 汉化

（1）准备好汉化包。在网上搜索并下载 CodeBlocks 汉化包，进行解压，进入解压后的文件夹中找到 locale 子文件夹，选中并剪切该子文件夹，如图 1.16 所示。

图 1.16　CodeBlocks 汉化包

（2）找到安装好的 CodeBlocks 位置。以本次安装为例，进入 C 盘找到 CodeBlocks 文件夹，双击打开，找到 share 文件夹，如图 1.17 所示。

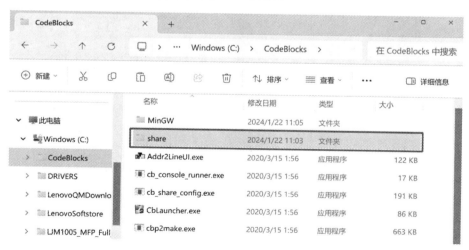

图 1.17　找到 CodeBlocks 文件夹下的 share 文件夹

双击打开 share 文件夹，可以看到又有一个 CodeBlocks 文件夹，再双击打开，并把剪切的 locale 文件夹粘贴到此文件夹中,如图 1.18 所示。

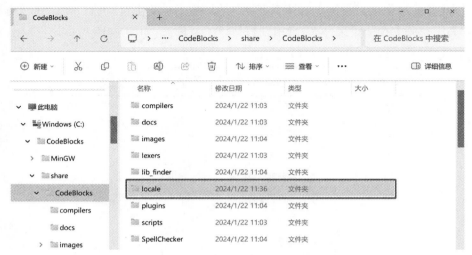

图 1.18 复制 locale 完成界面

（3）设置中文开发环境。打开 CodeBlocks 应用程序,会发现 CodeBlocks 环境处于英文状态。点击上方菜单栏的"Settings",选择"Environment settings",出现界面后点击左方 View,再勾选右方的第二个选项,在选项后方选择"Chinese(Simplified)",如图 1.19 所示,完成后点击下方"OK"按钮。关闭后重新打开 CodeBlocks 应用程序则是中文状态。

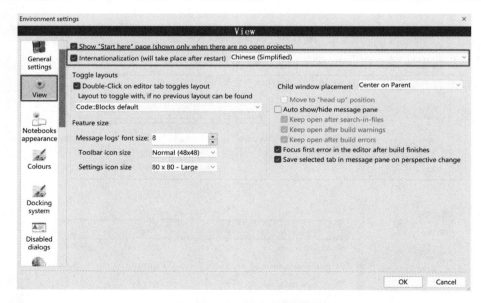

图 1.19 选择中文状态界面

4. CodeBlocks 的使用

（1）为了更好地管理我们自己编写的程序,在 CodeBlocks 中开发 C 语言程序之前,首先需要新建一个文件夹用来存放将要编写的程序,比如可以在 F 盘下新建一个名为

"MyCProject"的文件夹。接下来运行 CodeBlocks 应用程序,在主界面中单击菜单栏中的"文件"菜单项,选择"新建",找到"文件…"并单击,如图 1.20 所示。

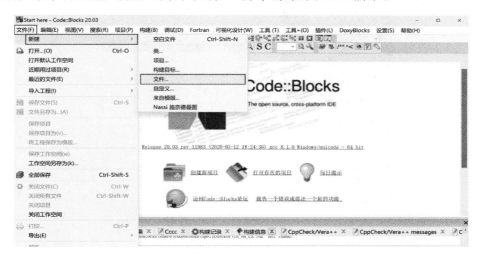

图 1.20　运行 CodeBlocks 程序并新建文件

（2）在弹出的对话框左侧找到"文件"并单击,然后在中间区域选择"C/C++ source file",最后单击右侧的"前进"按钮,如图 1.21 所示。

图 1.21　根据模板新建 C 语言程序

（3）进入到如图 1.22 所示的界面后,选择"C",单击"下一步"。

（4）为新建的源程序文件命名。新建源程序的文件名是一个带有完整路径的文件名,包含文件所在的路径和文件名两部分。为此,单击文本框右侧的"..."分别予以指定,如图 1.23 所示。

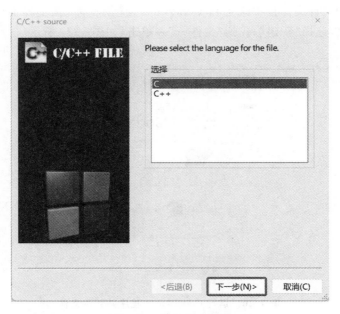

图 1.22　选择语言界面

图 1.23　指定带完整路径的文件名

　　在弹出的"选择文件名"对话框中,首先从下拉列表框选择源程序文件存放的文件夹,这里我们找到前面建立的"F:\MyCProject"文件夹并选中,然后在下方"文件名"后面的文本框中输入要新建的具体文件的名字,这里命名为"Hello",单击"保存"按钮,再单击"完成"按钮,进入到编辑源代码的界面,在这个界面中就可以把所编写的程序输入进去,如图 1.24 所示。

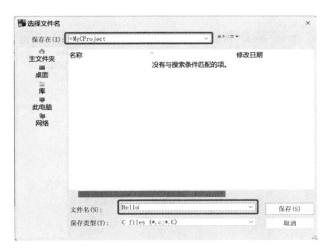

图 1.24　文件命名界面

（5）编写程序。在工作窗口中输入如图 1.25 所示的 C 语言程序代码。单击工具栏中的"保存"图标保存文件。

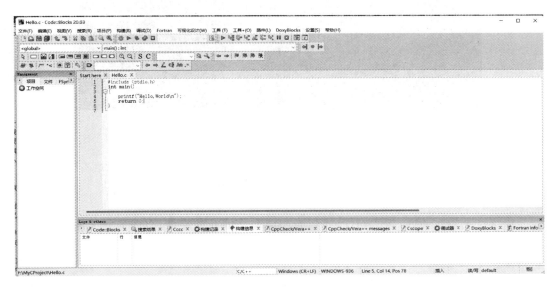

图 1.25　编写程序界面

（6）编译 C 语言程序。在上方菜单栏中选择"构建"菜单项，点击"编译当前文件"，在下方的窗口中未发现错误及警告，说明编译成功，如图 1.26 所示。

（7）再次选择菜单栏中的"构建"菜单项，在下拉列表中选择"构建"，对编译好的目标代码进行链接。再次选择"构建"菜单项，选择"运行"，可以看到如图 1.27 所示的运行结果。在后续的学习过程中也可以选择"构建"中的"构建并运行"直接运行程序，作为初学者，建议按照编译、链接和运行的顺序来进行。

图 1.26　编译界面

图 1.27　运行成功界面

1.5　扩展阅读

　　中华文明源远流长、博大精深,不仅是中国文化创新的宝藏,也为人类文明进步事业做出了重大贡献。计算机和程序设计的产生和发展也都处处蕴藏着我国古代文明的思想精髓。

　　采用二进制表示数据和指令是现代计算机的重要特征之一。二进制是由德国哲学家和数学家戈特弗里德·威廉·莱布尼茨首先提出并对其算术体系进行深入论证的(目前人们基本上公认微积分也是牛顿和莱布尼茨分别独立创建的)。然而,在莱布尼茨提出二进制算术体系后的 20 余年时间里并没有得到人们的认可。他在 1701 年初向巴黎皇家学会提交论述二进制的正式论文《数字科学新论》后,当时的科学院院长认为二进制没有什么用处。历史上,16 和 17 世纪是西方传教士到中国传教的活跃时期,莱布尼茨通过传教士较早地接触到了中华文化。其中,他通过法国汉学大师若阿基姆·布韦(中文名白晋)了解到的《周易》和八卦对其影响最深。他也深受道家思想的影响,甚至还亲自翻译了《道德经》。在莱布尼茨眼中,"阴"与"阳"基本上就是他的二进制的中国版。他曾断言:"二进制乃是具有世界普遍性的、最完美的逻辑语言。"目前在德国图林根著名的郭塔王宫图书馆内仍保存着一份莱布尼茨的标题为"1 与 0,一切数字的神奇渊源"的手稿。1703 年,在补充了伏羲六十四卦次序图和伏羲六十四卦方位图后,莱布尼茨在法国《皇家科学院院刊》上发表了题为《二进制算术阐释——仅仅使用数字 0 和 1 兼论其效能及伏羲数字的意义》的研究成果。成果根据二进制先天六十四卦方圆图,指出伏羲先天原图已经包含了他所发明的东西。《易经》有云:"易有太极,是生两仪,两仪生四象,四象生八卦。"《道德经》第四十二章开头曰:"道生一,一生二,二生三,三生万物。"二者本质上都是在说道是独一无二的,道本身包含阴阳二气,阴阳二气相交而形成一种适匀的状态,万物在这种状态中产生。这里阴阳正好对应二进制的 0 和 1。万物由阴阳二气相交而生对应二进制不同组合后的文字、图片、视频等最终结果,体现了三生万物的思想。也正因为如此,莱布尼茨才发出感慨:"这是一个宇宙最高的奥秘!""中国人太伟大了,我要给太极阴阳八卦起一个西洋名字'辩证法'。"

编程的思想要远远早于现代计算机的发明,最早可以追溯到提花机的使用。提花机作为一种纺织工具,是我国古代的一项重要发明。据考古证实,我国早在商代就开始使用提花机了。到了东汉时期(公元 25 年—220 年),为了在衣服上设计出绚丽多彩的图案,我国古人研制出了花本提花机。花本是提花机上存储纹样信息的一套程序,它是由代表经线的脚子线和代表纬线的耳子线根据纹样的要求编织而成的。织布工人提前将织布图案精心编织设计在花本上,这个编织花本的过程就可以看作现在程序员的编程,织布线可以看作现在的编程语言,花本就是对应编程出来的程序,织布工人就是现在的程序员。东汉王逸《机妇赋》中,用"纤纤静女,经之络之,动摇多容,俯仰生姿"来形容织工和提花工合作操纵提花机的场面。明代宋应星《天工开物》这样描述:"凡工匠结花本者,心计最精巧。画师先画何等花色于纸上,结本者以丝线随画量度,算计分寸秒忽而结成之"。提花机在 11~12 世纪通过丝绸之路传到欧洲。

1.6　小　　结

计算思维已经成为新时代解决问题的基本思维方式,理解计算机基本工作原理,掌握程序设计基本技术和一门编程语言已经成为当代社会每个大学生必备的技能。本章介绍了现代计算机的工作原理、程序设计的基本概念、程序设计语言的发展、C 语言的基本结构及 C 语言编程步骤等,其主要内容如下:

(1)一个完整的计算机系统是由硬件系统和软件系统组成的,硬件系统是物质基础,软件系统是灵魂。

(2)现代计算机工作的原理都是建立在冯·诺依曼体系结构的基础上。冯·诺依曼计算机体系结构思想的主要内容包括:

①采用二进制来表示数据和指令;

②事先存储程序和数据;

③计算机硬件由运算器、控制器、存储器、输入设备和输出设备五大部件构成。

(3)计算机程序是为解决特定问题用计算机语言编写的指令序列。利用某种计算机语言给出解决特定问题程序的过程称为程序设计。

(4)程序设计语言是用来定义计算机程序的形式语言,包含一套符号和规则的集合,符号集描述了程序设计语言的基本构成要素,规则集则描述了如何使用符号构造程序。不同的符号集和规则集就构成了不同的程序设计语言。

(5)C语言是一种面向过程的高级程序设计语言,具有高效、可移植、简单灵活等特点。

(6)简单C语言程序的构成要素参见图1.28。

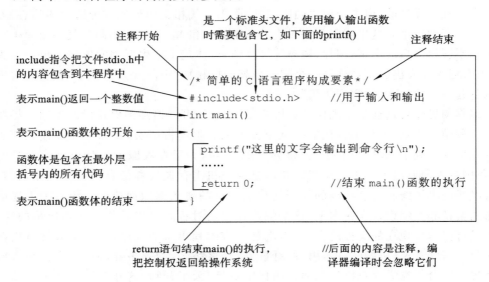

图 1.28 简单 C 语言程序的构成要素

习　　题

1. 简述冯·诺依曼体系结构的核心思想。

2. 什么是程序?什么是程序设计?什么是程序设计语言?三者之间有什么联系?

3. 判断下列说法的对错:

(1)C语言程序的每一行都应以分号结尾。

(2)注释可以使计算机运行程序时显示出位于"/＊"和"＊/"之间的文本。

(3)一条 printf 语句只能生成一行输出。

(4)C语言程序中的某一行可以有多条语句。

(5)编译器可以检测语法错误。

(6)main()函数是一个 C 语言程序开始运行的地方。

4. C语言有哪些优点?

5. 源代码文件、目标代码文件和可执行文件有什么区别?

6. 编写一个程序,用两条 printf 语句分别输出自己的学号和姓名。

第2章

计算机算法

在日常生活中,我们随处可见算法的应用,例如在淘宝、京东、抖音等电商平台,推荐算法帮助我们发现了许多喜欢的商品和小视频。开车导航时滴滴出行能在数百万条道路中规划出一条合理的路线,离不开大数据的分析算法。在我国古代,算法的应用历史悠久。西汉时期的《周髀算经》记载了勾股定理,而魏晋时期的《九章算术》介绍的使用割圆术计算圆周率,这些实际上都属于算法的范畴。在公元825年,波斯著名数学家阿尔·花拉子密创作了《印度数字算术》,其中花拉子密的拉丁语英译正是"算法"(Algorithm)一词的起源。

著名理论计算机科学家沃斯(Niklaus Wirth)提出了一个公式:程序=数据结构+算法。一个程序主要包括数据结构和算法两方面。

1. 数据结构

数据结构是带"结构"的数据元素的集合,是对数据的描述,包括逻辑结构和存储结构。逻辑结构从逻辑关系上描述数据,独立于计算机之外,如集合结构、线性结构、树结构和图结构。存储结构是数据对象在计算机中的存储表示。存储时既要存储数据元素,又要存储数据元素之间的逻辑关系。简单来说,数据结构就是程序中待处理的数据需要用到哪些数据类型和数据如何组织。

2. 算法

待处理的数据通过怎样的步骤能得到预期的结果呢?这其中的方法、步骤的设计和安排就是算法的设计。

3. 两者的关系

数据类似于原材料,数据结构类似于原材料的组织结构,算法类似于加工方法。例如盖房子,数据结构就类似于砖、瓦、钢筋、水泥等原料的组织结构,而算法就是房屋的建造设计,必须按照图纸的要求和步骤严格执行才能造完房子。算法总是依赖于某种数据结构来实现,通常在设计某种算法的时候,会选用适合于这种算法的数据结构。编程时首先根据程序要处理的数据选用或设计出合适的数据结构,再设计相应的算法来实现程序要达到的功能,最后再用一种程序设计语言来进行编码。数据(结构)是待加工的对象,算法是加工的过程,程序设计语言是实现的工具。

本章将从算法的概念开始,介绍算法的特点、算法的评价和算法的表示。

2.1 算法的概念

生活中完成一件简单的事情其实是有步骤和方法的。比如煮米饭,首先根据吃饭的人口数量估算好需要大米的数量,然后从米缸里取米、洗米,再将米和适量的水放入电饭锅中,加电,设定好煮饭模式,按下开始键,大约 15 分钟之后就有一锅香喷喷的米饭。煮饭是人们特别熟悉的事情,完成煮饭的过程几乎是无意识的动作,但事实上这件事情是在按照一定的操作步骤进行。类似于煮饭这样为完成一件事情或者解决一个问题而设计出的方法、步骤就是"算法"。

2.1.1 算法的定义

当代著名计算机科学家高德纳(D. E. Knuth)在他撰写的《计算机程序设计艺术》(*The Art of Computer Programming*)一书中指出:一个算法,就是一个有穷规则的集合,其中的规则规定了一个解决某一特定类型问题的运算序列。简单来说,算法就是解决问题的有限步骤。计算机功能强大,能够帮助人类做很多事情,但是计算机在解决某个问题的时候也是遵循一定的步骤,这一系列的步骤就是计算机的算法。

例 2.1 计算 $1+2+3+4+5+6$ 的和。

原始计算步骤如下:

第 1 步:先求 1 加 2,得到结果 3。

第 2 步:将第 1 步得到的结果 3 再加上 3,得到结果 6。

第 3 步:将 6 再加上 4,得到 10。

第 4 步:将 10 再加上 5,得到 15。

第 5 步:将 15 再加上 6,得到 21。

这样逐步计算就可以计算出最终结果。

但是如果要计算 $1+2+3+4+5+\cdots+100000$,则需要写 99999 个步骤,显然不现实。能不能找到一种更通用的方法呢?

将方法做这样的改进:设置两个变量,一个变量代表和,其初始值设为零;另一个变量代表要相加的数,可以直接把要相加的数加到代表和的变量上,每一步计算的结果也都存放到代表和的变量中。设变量 S 为和,j 为待相加的数,上述方法、步骤可以改写如下:

Step1:初始化,$0 \rightarrow S$,$1 \rightarrow j$。

Step2:$S+j \rightarrow S$。

Step3:$j+1 \rightarrow j$。

Step4:如果 j 小于等于 6,返回执行 Step2、Step3 和 Step4;否则 j 的值大于 6,算法结束,最后得到 S 的值就是 1+2+3+4+5+6 的结果。

改写后的步骤中 0→S 的含义是 S=0,1→j 的含义是 j=1,表示给变量一个初始值。S+j→S 表示计算 S+j 的和仍存放到 S 中。j+1→j 表示将 j+1 的和仍存放到 j 中。

改写后步骤显然要比原始步骤简练,且更具有一般通用性。比如,如果要计算 1+2+3+…+100,只需将 Step4 中的 6 修改为 100 即可。另外,改写后的步骤更加灵活,可以根据题目要求做一些简单的变化。比如,如果题目修改为 1+3+5+7+…+99,则将 Step3 修改为 j+2→j。如果题目修改为 1×2×3×4×5×6,则将 Step1 中的 0→S 修改为 1→S,将 Step2 修改为 S×j→S 即可。事实上,Step2、Step3、Step4 构成一个循环,在满足条件 j<=6 的情况下,反复多次执行 Step2、Step3 和 Step4,直到不满足条件 j<=6 为止,此时得到的结果就是待求数据的和。重复性计算是计算机的强项,而所有高级编程语言都有相应的语句实现循环结构,因此上述求解问题的算法是正确、有效、可行的。

例 2.2　有 40 个人,输出达到法定结婚年龄的人。

分析:40 个人中性别有男有女,我国现行法律规定结婚年龄男不得早于 22 周岁,女不得早于 20 周岁。假设将 40 个人排成一排,用 j 代表第几个人,用 name_j 代表第 j 个人的姓名,用 sex_j 代表其性别,用 age_j 代表其年龄。先判断第 1 个人的性别 sex_1,如果为男且年龄 age_1 大于等于 22,则是达到法定结婚年龄的人,将其信息输出;如果性别为女且年龄 age_1 大于等于 20,则是达到法定结婚年龄的人,将其信息输出。然后,再判断第 2 个人……直到判断完第 40 个人为止。

如果像上述文字描述那样将 40 个人的判断写成一个一个的步骤,表达算法的步骤就会很烦琐,中间用省略号表述也不够科学。分析其过程不难发现每次检查的内容和处理方法都是相似的,只是检查的人不同,可以将算法表述改进如下:

S1:1→j。

S2:如果 sex_j == "男" and　age_j >= 22　or　sex_j == "女"　and　age_j >= 20,则输出 name_j;否则不输出。

S3:j+1→j。

S4:如果 j<=40,返回到 S2 继续执行;否则,算法结束。

从上述例子中可以看出,一个算法由若干步骤构成,并且这些步骤按照一定的次序执行。简单来说,就是先定义一个良好的计算过程,把一个或一组数据作为输入,通过执行算法制定的步骤,能够产生出一个或一组数据作为输出,计算机算法的目的就是对某个问题进行求解,当给定一个问题的输入实例,应该总能产生该问题的正确输出结果,并且能够充分有效地利用计算机资源。

2.1.2　典型的算法

计算机算法是用计算机来解决问题的方法和步骤,是独立于计算机系统的人的计算思维活动。常用的计算机思维和算法有枚举法、排序法、递归法和迭代法等。

1. 鸡兔同笼问题——枚举法

我国古代数学名著《孙子算经》上有这样一道题:今有鸡兔同笼,上有三十五头,下有九十四足，问鸡兔各几何？

这是我们熟悉的鸡兔同笼问题。人工计算的时候通常会采用二元一次方程组的方法求解。分别将鸡和兔用 x,y 表示，得到如下方程组：

$$\begin{cases} x+y=35 \\ 2x+4y=94 \end{cases}$$

通过数学方程式求解得出如下结果：

$$\begin{cases} x=23 \\ y=12 \end{cases}$$

用计算机如何求解呢？

计算机难于进行形象思维和决策，易于进行重复性计算，可以通过穷举来求解。将鸡和兔的数量从 1 到 35 对所有可能情况进行遍历，从中找出符合要求的答案，步骤如下：

Step1：鸡为 0，兔为 35，计算脚的总数是否等于 94，即 $0\times2+35\times4$ 是否等于 94，不等于。

Step2：鸡为 1，兔为 34，计算脚的总数是否等于 94，即 $1\times2+34\times4$ 是否等于 94，不等于。

……

Step24：鸡为 23，兔为 12，计算脚的总数是否等于 94，即 $23\times2+12\times4$ 是否等于 94，等于。

……

Step36：鸡为 35，兔为 0，计算脚的总数是否等于 94，即 $35\times2+0\times4$ 是否等于 94，不等于。

当所有的可能性都列举完毕，得出最终结果就是鸡 23 只，兔 12 只。

上述算法的描述非常烦琐，中间为了省略篇幅还用到省略号，若鸡兔数量增加，描述将更为冗长。这种穷举法更一般性的描述如下：

S1：35→tou。

S2：94→jiao。

S3：0→ji。

S4：tou－ji→tu。

S5：判断 $2\times$ji $+$ $4\times$tu 的和是否等于 94，如果相等，则将结果保留。

S6：ji $+1$→ji，如果 ji 的值为 36，则停止列举，否则返回 S4，循环执行 S4、S5、S6。

用更接近编程语言的写法如下：

for　ji＝0 to 35 Do：

　　tu＝tou－ji

　　if　$2\times$ji$+4\times$tu＝＝94：

　　　　将 ji,tu 的结果输出或保存

用枚举方法解决鸡兔同笼问题，其思想是将问题的所有可能答案一一列举，然后根据条件判断答案是否合适，合适的保留，不合适的丢弃。这种算法一般按照三个步骤进行：

(1)解的可能范围，不能遗漏任何一个真正解，也要避免重复。

（2）判断是否是真正解。

（3）使可能解的范围降至最小，以便提高解决问题的效率。

2. 成绩排名问题——排序法

某单位组织歌唱比赛，有 6 位参赛选手，最终的成绩分别是 7，6，9，5，8，4，如何将比赛成绩从低分到高分进行升序排序呢？

详细实现过程如下：

Step1：待排序数据放入列表[7，6，9，5，8，4]中，第一次比较 7 和 6，将第二个元素 6 与前面的元素 7 比较，发现 6 较小，进行交换。

Step2：第 1 步比较以后的结果为[6，7，9，5，8，4]，将第三个元素 9 与前一个元素 7 比较，9 大于前一个元素 7，所以不进行交换。

Step3：第 2 步比较以后的结果为[6，7，9，5，8，4]，将第四个元素 5 与前一个元素 9 比较，5 比前一个元素 9 小，9 后移，5 继续与前一个元素 7 比较，发现比元素 7 小，7 后移，继续与前一个元素 6 比较，发现比元素 6 小，6 后移，前面再没有比较的元素，执行插入元素 5。

Step4：第 3 步比较以后的结果为[5，6，7，9，8，4]，将第五个元素 8 与前一个元素 9 比较，8 比 9 小，9 后移，8 比前一个元素 7 大，执行插入。

Step5：第 4 步比较以后的结果为[5，6，7，8，9，4]，将第六个元素 4 与前一个元素 9 比较，4 比 9 小，9 后移，4 比前一个元素 8 小，8 后移，4 比前一个元素 7 小，7 后移，4 比前一个元素 6 小，6 后移，4 比前一个元素 5 小，5 后移，5 已经是第一个元素，插入 4，得到最终排序结果为[4，5，6，7，8，9]。

通过不断地将后面的数据插入到前面已经排好序的数列中得到最终想要的结果，这样插入排序的方法可以解决排序问题。但是这样写步骤太过烦琐，一旦待排序的数据量大，排序的步骤就需要写很长，用更接近编程语言的描写如下：

```
Input：A[1,2,3,…,n] = n 个数
Output：A[1,2,3,…,n] = n 个排好序的数
for j＝2 to n Do：
    k ← A[j]
    i ← j－1
    while i＞0 and A[i]＞ k DO
            A[i＋1]←A[i]
            i ← i－1
    A[i＋1]←k
```

3. 阶乘的计算——递归法

递归法在程序设计中应用广泛。递归是一个函数在其定义或说明中直接或间接调用自身的过程。它的基本思想是把一个大型复杂的问题层层转化为一个与原问题相似的规模较小的问题来求解。递归策略只需少量的程序就可描述出解题过程所需的多次重复计算，大大地减少了程序的代码量。

例如，计算 5! 的过程可以如下描述：

$5! ＝5×4×3×2×1＝5×4!$

$$4!=4\times3!$$
$$3!=3\times2!$$
$$2!=2\times1!$$
$$1!=1$$

可以定义函数 fact(n),功能是计算 n!。现在要计算 5! 就换成调用函数 fact(5),计算过程如图 2.1 所示。

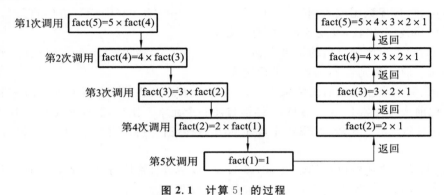

图 2.1　计算 5! 的过程

接近高级编程语言的写法如下:

1)定义函数

def　fact(n)：

　　if　n＝＝1：

　　　　返回结果 1

　　else：

　　　　返回结果 n×fact(n−1)

2)调用函数 fact(5)就能计算出 5!

递归算法往往用函数的形式来体现,需要预先定义好函数,这些函数拥有独立的功能,能够实现解决某个问题的具体功能,当需要使用时直接进行调用即可。

4. 银行存款收益计算——迭代法

例如,复利计算。张三将 10000 元存到银行,假设银行的存款利率为 5%,计算存多少年以后张三银行账户上的钱会超过 20000 元。

分析:10000 元存到银行里一年以后的利息是 10000×5%,即为 500 元,那么张三账户上的余额为 10000＋500,即 10500;将 10500 存到银行里,再过一年(即张三存钱 2 年后),10500 的利息为 10500×5%,即 525,张三账户上的余额为 10500＋525,即为 11025,逐年计算的详细过程如表 2.1 所示。

表 2.1　银行存款收益计算表

year	interest	account
		10000
1	500	10500

year	interest	account
2	525	11025
3	551.25	11576.25
4	578.8125	12155.0625
5	607.753125	12762.81563
6	638.1407813	13400.95641
7	670.0478203	14071.00423
8	703.5502113	14774.55444
9	738.7277219	15513.28216
10	775.664108	16288.94627
11	814.4473134	17103.39358
12	855.1696791	17958.56326
13	897.928163	18856.49142
14	942.8245712	19799.31599
15	989.9657997	20789.28179

　　通过计算结果发现 15 年以后,张三账户的余额将超过 20000 元。如果按照这种方法一年一年地计算账户余额,当数据量大的时候计算会比较烦琐而且容易出错,将这个计算过程进行如下抽象。

　　账户余额用 account 表示,每年的利息用 interest 表示,year 表示历经的年数,步骤如下:

S1：10000→account。

S2：year→0。

S3：account×5%→interest。

S4：account + interest→account。

S5：year+1→year。

S6：判断 account 的值是否小于 20000,如果是则返回 S3,重复执行 S3、S4、S5、S6;如果 account 的值大于等于 20000,则停止计算。

更接近编程语言的写法如下:

account→10000

year→0

interest→0

while account ＜ 20000 Do：

　　　account×0.05→interest

　　　account + interest→account

　　　year +1→year

输出 year 的值

这是一种不断用变量的旧值递推新值的过程,是用计算机解决问题的一种基本方法。利用计算机运算速度快,适合做重复性操作的特点,让计算机循环执行一些步骤。

2.1.3 算法的特征

算法具有以下五个特征:

(1)有穷性/终止性:一个算法应包含有限的操作步骤,每一个操作步骤也必须保证能够在有限的时间内执行完成。也就是说,整个算法的执行时间应该是有限的。

(2)确定性:算法中的每一个步骤都应当是确定的,而不应当是含糊的、模棱两可的,这是由计算机指令的确定性所决定的。

(3)可行性:算法中的每一个动作能够精确执行,进行有限次运算后即可完成一种操作。

(4)输入:一个算法有零个或多个输入。输入是指在执行算法时需要从外界取得的必要信息,如果信息都已经包含在算法中,也可以没有输入。

(5)输出:算法的目的是求解,"解"就是输出。一个算法有一个或多个输出。

2.1.4 算法的评价

算法的评价有以下几个指标:

1. 正确性

算法的正确性是评价一个算法优劣的最重要的标准。要判断某个问题的算法是否正确,要求以该问题的任意一个实例作为输入,算法都能得到一个正确的结果作为输出,算法能正确地实现预定的功能,满足具体问题的需要。

2. 可读性

算法设计的另一个目标是易于阅读、理解和交流,便于调试、修改和扩充。设计的算法如果通俗易懂,在系统调试和修改或者功能扩充的时候,系统维护就会更为便捷。

3. 健壮性

健壮性是指输入非法数据时,算法也能适当地做出反应并进行处理,不会产生预料不到的运行结果。数据的形式多种多样,算法可能面临着接收各种各样的数据。当算法接收到不适合算法处理的异常数据时,算法能够处理异常数据,处理能力越强,健壮性越好。

4. 时空性

算法的时空性是算法的时间性能和空间性能,主要指算法在执行过程中的时间长短和空间占用多少。算法处理数据过程中,不同的算法耗费的时间和内存空间是不同的。

1)时间复杂度

算法的时间复杂度是指执行算法所需要时间的长短程度。一般来说,计算机算法是问题规模 n 的函数 f(n)，算法的时间复杂度用 T(n)＝O(f(n)) 表示。其含义是随着问题规模 n 的增大，算法执行时间的增长率与 f(n) 的增长率正相关，称作渐近时间复杂度。

2) 空间复杂度

算法的空间复杂度是指算法需要消耗内存空间的多寡程度，其计算和表示方法与时间复杂度类似，一般用复杂度的渐近性来表示。

2.2　算法的表示

算法可以用自然语言、程序流程图、N-S 图和伪代码等多种方法表示和描述。自然语言贴近人类语言，易于理解，但是随着问题复杂度的提高，语言的丰富多彩，一是容易产生歧义或者不够严谨，二是描述会很烦琐。本节介绍几种其他形式的算法表示方法。

2.2.1　程序流程图

程序流程图用图形化的形式表示算法，直观形象，易于理解，是一种常用的算法表示方法。程序流程图中所用到的图形符号主要包括 6 种，如图 2.2 所示。

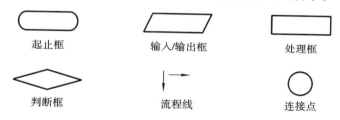

图 2.2　常见的程序流程图符号

(1) 起止框。起止框用椭圆形符号表示，用来表示算法的入口和出口。当它表示入口时在框内写上"开始"两个字，表示出口时在框内写上"结束"两个字。

(2) 输入/输出框。输入/输出框用平行四边形符号表示，用来表示算法执行前需要输入的数据或算法执行完需要输出的结果，表示输入时在框内写上从外界输入到算法的数据，表示输出时在框内写上算法输出的结果。

(3) 处理框。处理框用长方形符号表示，用来表示算法中一个单独的步骤，一般在框内写上完成该步骤的主要操作说明。

(4) 判断框。判断框用菱形符号表示，用来表示对一个给定的条件进行判断，判断的说明条件写在菱形内，常以问题的形式出现。对该问题的回答决定了判断符号之外引出的路线，每条路线标上相应的回答，通常为"是"与"否"、"真"与"假"、"T"与"F"（分别表示 true 与 false）、"Y"与"N"（分别表示 yes 与 no）。

(5) 流程线。流程线用带箭头的线段表示，用来表示前后两个操作的先后顺序。

(6) 连接点。连接点用圆圈符号表示，用来将画在不同地方的流程线连接起来，表示它们其实是同一个点，只是因为画不下才分开来画。

例 2.3　计算 1＋2＋3＋4＋…＋100 的程序流程图表示如图 2.3、图 2.4（带结果输出)所示。

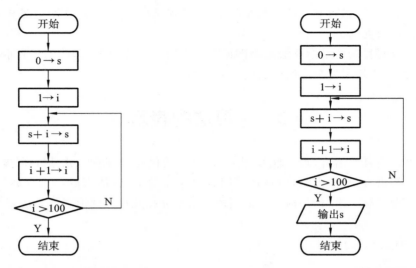

图 2.3 例 2.3 的程序流程图   图 2.4 例 2.3 带结果输出的程序流程图

例 2.4　有 40 个人,输出达到法定结婚年龄的人。其程序流程图如图 2.5 所示。

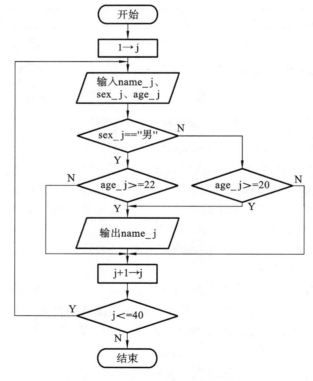

图 2.5　例 2.4 的程序流程图

通过以上例子可以看出程序流程图是表示算法的一种较好的工具。

在 C 语言编程中,程序的流程控制有 3 种基本结构:顺序结构、分支结构和循环结构。

顺序结构就是程序中的语句逐行顺序执行,每一行代码都会被执行且仅执行一次,是简单的线性结构,用程序流程图表示如图 2.6 所示。其执行流程为:语句 A 执行完后执行语句 B,然后执行语句 C。

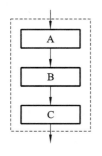

图 2.6　顺序结构

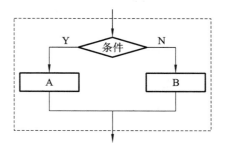

图 2.7　分支结构

分支结构也称选择结构,用程序流程图表示如图 2.7 所示。其执行流程为:对给定的条件进行判断,当条件满足也就是条件表达式的结果为真或者等同于真的时候,就执行语句 A,否则就执行语句 B。

循环结构也称重复结构,有一部分代码块需要反复执行。循环结构有两类,一类是 while 型,一类是 do…while 型。while 型用程序流程图表示如图 2.8 所示,其执行流程为:当条件为真时,反复执行语句 A,一旦条件为假,就跳出循环,执行循环后面的语句。do…while 型用程序流程图表示如图 2.9 所示,其执行流程为:先执行语句 A,再判断条件,条件为真时,一直循环执行语句 A,一旦条件为假,结束循环,执行循环后面的下一条语句。

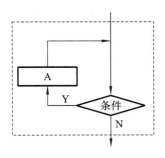

图 2.8　while 结构

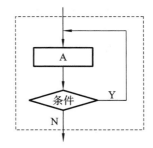

图 2.9　do…while 结构

2.2.2　N-S 图

N-S 图是由美国人 I. Nassi 和 B. Shneiderman 共同提出的一种新的图形化算法表示方法。N-S 图完全去掉了带箭头的流程线,用一个矩形框表达对一个数据的基本操作或处理。将全部算法写在一个矩形框内,框内还可以包含其他从属于它的框。

N-S 图使用的符号如下:

(1)顺序结构,如图 2.10 所示。A 和 B 两个框组成一个顺序结构。

(2)分支结构,如图 2.11 所示。当条件成立时,执行语句块 A;当条件不成立时,执行语句块 B。图 2.11 是一个整体,代表一个基本结构。

(3)循环结构:当型循环结构如图 2.12 所示,当条件成立时反复执行语句块 A,直到条件不成立为止;直到型循环结构如图 2.13 所示,先执行语句块 A,再判断循环条件,条件成立则继续执行语句块 A,条件不成立则跳出循环。

图 2.10　顺序结构

图 2.11　分支结构

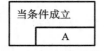

图 2.12　当循环结构

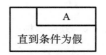

图 2.13　直到型循环结构

以上三种 N-S 图中的基本框可以组成复杂的 N-S 图,以表示算法。

例 2.5　画出计算 $1+2+3+4+5+\cdots+100$ 的 N-S 图。

图 2.14 为当型循环表示,图 2.15 为直到型循环表示。

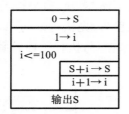

图 2.14　当循环结构

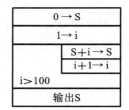

图 2.15　直到型循环结构

2.2.3　伪代码

伪代码通常混合使用自然语言、数学公式和符号来描述算法的步骤,同时采用计算机高级语言的控制结构来描述算法的执行顺序。这种表示方法不能被计算机识别,但是稍加修改就能成为可执行的计算机程序。

例 2.6　计算 $1+2+3+4+5+\cdots+100$ 的伪代码如下:

(1)算法开始

(2)S←0　　//为变量 S 赋初值为 0

(3)i←1　　//为变量 i 赋初值为 1

(4)do while i<=100　　　　//当 i<=100 时,重复执行(6)和(7)

(5){

(6)　S←S+i;

（7）　i←i＋1

（8）}

（9）输出 S 的值

（10）算法结束

伪代码自上而下书写,每一行或几行表示一个基本操作。用伪代码描述算法并无固定、严格的语法规则,可以中英文混合,把意思表达清楚且便于书写和阅读即可。

2.3　扩展阅读

传说西塔发明了国际象棋而使国王十分高兴,他决定要重赏西塔,西塔说:"我不要您的重赏,陛下,只要您在我的棋盘上赏一些麦子就行了。在棋盘的第 1 个格子里放 1 粒,在第 2 个格子里放 2 粒,在第 3 个格子里放 4 粒,在第 4 个格子里放 8 粒,依此类推,以后每一个格子里放的麦粒数都是前一个格子里放的麦粒数的 2 倍,直到放满第 64 个格子就行了。"国王觉得赏几粒麦子,这要求很简单,满口答应着,令人如数付给西塔。

摆放麦子的工作开始了,没多久一袋麦子就空了。一袋又一袋的麦子被扛到国王面前来。但是,麦粒数一格接一格飞快增长着,国王很快就看出来,即便拿出全国的粮食,也兑现不了他对西塔的诺言。

那么,64 个格子到底放了多少麦子呢? 请试着写一写算法。

2.4　小　　　结

算法是解决问题的有限步骤。本章介绍了算法的定义、典型算法的设计、算法的特征及评价;还介绍了算法的表示,重点介绍了流程图、N-S 图以及伪代码的表示。其中,典型的算法介绍了枚举法、排序法、递归法、迭代法。算法的五个特征是指有穷性、确定性、可行性以及输入、输出。

习　　　题

1. 什么是算法?

2. 现有斐波那契数列:1,1,2,3,5,8,13,21,34,55,89,…,计算第 30 项的问题采用哪种算法合适。

3. 公约数亦称"公因数"。如果一个整数同时是几个整数的约数,称这个整数为它们的公约数;公约数中最大的称为最大公约数。分析求最大公约数的算法。

4. 求 x,y,z 这三个不同的数中的最小数。要求:

(1)设计算法;

(2)画流程图。

第3章

顺序结构程序设计

本章介绍 C 语言程序的基本语法,包括 C 语言中常用的基本数据类型、基本运算以及程序的顺序结构。

3.1　数据类型、标识符、常量与变量

3.1.1　数据类型

数学中数以及数的运算都是抽象的,数据不分类型,运算都要求绝对精确,如 88 －8＝80,1/6＝0.16666…(循环小数)。然而,从纯数学的计算过渡到用计算机来解决问题时,数和计算就变成了一个实际的工程问题。

在计算机中,数值是具体存在的,需要存放在计算机的内存储器中。而内存中每一个存储单元存放的数据范围都是有限的,不可能无穷大也不可能无穷小,像 1/6 ＝0.16666…这样的循环小数用计算机是表示不出来的。也就是说,计算机的计算不是抽象的理论值的计算,而是用工程方法实现的计算,在许多情况下只能得到近似的结果。用计算机来计算 1/6,得到的结果为 0.166667,而不是无穷的小数位。

那么,计算机如何为不同种类的数据分配合理的存储空间呢? 为了解决这个问题,计算机对不同种类的数据用不同的数据类型来表示,不同的数据类型有不同的存储空间和存储形式,所表示的数的范围也不相同。

数据类型是指编程语言中用来定义数据存储类型的一种机制,它规定了数据存储的格式、范围和操作方式。数据类型决定了数据的取值范围、数据占内存的字节数及其可进行的操作。

C 语言中常见的数据类型如图 3.1 所示。

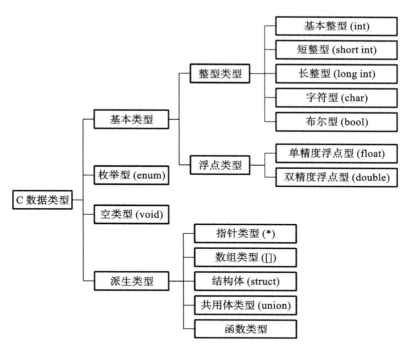

图 3.1　C 语言常见的数据类型

3.1.2　标识符

编程过程中,经常需要定义一些符号来标记一些名称,如变量名、函数名、数组名等,这些符号称为标识符。C 语言中标识符是按照一定命名规则定义的字符序列。基本的标识符命名规范包括以下几点:

(1)标识符只能由字母、数字、下划线组成,且第一个字符必须是字母或下划线。

(2)不能将 C 语言中已有的关键字作为标识符。关键字是特殊的语言保留字,是对编译器有特殊意义的单词,如 int、float、enum 等。

(3)标识符区分大小写字母,如 A1 和 a1 是不同的标识符。

(4)尽量做到"见名知意",以增加程序的可读性,如用 name 表示姓名,age 表示年龄。

(5)标识符可以包含任意多个字符,但建议标识符的长度不要超过 8 个字符。

以下是一些合法的标识符:

_123Test

HelloWord

_char

Lotus_1_1

StudentName

以下是一些不合法的标识符:

123Test　　　　　　//标识符不能以数字开头

Hello Word!	//标识符只能由字母、数字、下划线组成,不允许有标点符号
char	//标识符不能使用关键字
a＞b	//标识符只能由字母、数字、下划线组成

3.1.3 常 量

1. 常量的概念

常量又称常数,程序运行期间其值不变。常量在程序中不需要做任何说明就可以直接使用。C 语言中,常量分为直接常量和符号常量。

1)直接常量

直接常量即字面值,就是一眼看上去就知道是多少的数据,比如整型常量 10。字面值也区分数据类型,每一个字面值在内存中都依据其数据类型占用不同大小的存储空间。直接常量包括以下几种类型:

(1)整型常量:包括正整数、负整数和零,如 100、−20、0。

(2)实型常量:就是带小数点的数,实数或者浮点数,如 3.14、−90.33。

(3)字符型常量:用一对单引号括起来的任意字符,如' s '、' 3 '和' ？'。

(4)字符串常量:用一对双引号括起来的 0 个或多个字符,如"abced"和"123455"等。

2)符号常量

C 语言中还可以用一个标识符来代表一个常量,称为符号常量。符号常量需先定义后使用。语法格式如下:

♯define　符号常量　字面值

【说明】define 是关键字,前面的井号(♯)表示是一条预处理指令。这样定义之后,程序中需要使用"字面值"这个常量时,就可以用"符号常量"来代替。

【注意】定义符号常量时"字面值"的后面不能有分号。"符号常量"的标识符最好用大写字母表示。

使用符号常量可以让常量在使用时含义更清晰,便于常量值的修改。如果需要修改符号常量所代表的直接常量,只需要在符号常量的定义处修改"字面值",就可以改变程序中所有使用符号常量位置符号常量所代表的常量值。

例 3.1　计算半径为 3 的圆面积,并输出计算结果。

```
# include <stdio.h>
# include <stdlib.h>
# define PI 3.14          //定义了符号常量 PI,其字面值为 3.14
int main()
{
    int   r =3;
    float s1,s2;
    s1 =3.14* r* r;        //直接使用 3.14 字面值计算
    s2 =PI * r* r;         // 采用符号常量 PI
```

```
    printf("%f\n",s1);
    printf("%f\n",s2);
    return 0;
}
```

【运行效果】

```
28.260000
28.260000
```

【程序分析】

程序中第 3 行定义了一个字面值为 3.14 的符号常量 PI。定义了 PI 之后,在程序中所有出现标识符 PI 的地方均用字面值 3.14 代替符号常量 PI 参与运算。

3.1.4　变量

1. 变量的概念

在程序运行期间值可以被改变的量称为变量。在程序运行期间,随时可能会产生一些临时数据,这些临时数据被保存在内存单元中,每个内存单元用一个标识符来标识,这个标识符就叫变量名,内存单元中存储的数据是变量的值。

2. 变量的定义

C 语言规定,程序中用到的变量在使用之前必须先进行定义。要存储一个什么类型的数据,就需要定义一个什么类型的变量。在定义变量时,需要声明变量的类型和变量名。语法格式如下:

数据类型 变量名 1[,变量名 2,…,变量名 n];

【说明】

(1)"数据类型"决定分配内存空间大小(字节数)和数据的表示范围,如整型、浮点型、字符型等。

(2)"变量名"必须是 C 语言中的合法标识符。

(3)以分号结束变量定义。

(4)若同时定义多个同类型的变量,"变量名"之间须用逗号分隔。比如要定义 3 个短整型变量 a、b 和 c,使用以下语句:

```
    short  int  a,b,c;
```

变量本质上代表内存中的一块存储空间。这块空间有"类型"、"变量名"和"值"。"类型"表明所占内存空间的大小,不同类型的变量在内存中所占空间的大小是不同的;通过"变量名"可以访问存储在这块内存空间中的数据;变量的"值"就是变量要存储的数据内容。

3. 变量的赋值

给变量赋值有如下两种方法:

(1)使用赋值运算符(=),语法格式如下:

变量名 = 值;

（2）定义变量时进行赋值,称为初始化。语法格式如下：

数据类型　变量名 ＝ 初始值；

例 3.2　变量的定义与赋值。

```
#include <stdio.h>
int main()
{
    short int a=1,b=-3,c;                        //第4行
    printf("a=%d,b=%d,c=%d\n",a,b,c);            //第5行
    a=3;                                         //第6行
    b=5;                                         //第7行
    c=8;                                         //第8行
    printf("a=%d,b=%d,c=%d\n",a,b,c);            //第9行
    return 0;
}
```

【运行效果】

```
a=1,b=-3,c=0
a=3,b=5,c=8
```

【程序分析】

程序第 4 行定义了三个 short int 型的变量 a、b 和 c,同时给变量 a 赋初值 1,变量 b 赋初值−3,变量 c 没有赋初始值。

程序第 5 行打印输出三个变量的值,由于变量 c 并没有初始化,系统随机分配一个初始值。

程序第 6、7 行再次给变量 a 和 b 赋值,相当于修改变量 a 和 b 的值为 3 和 5。

程序第 8 行给变量 c 赋值 8。

程序第 9 行输出变量 a、b 和 c 的值。

3.2　整数类型

3.2.1　整型常量

整型常量即整数,以二进制补码的形式存储在内存单元中,有以下 3 种表示方式：

（1）十进制整数:用多个十进制数位的数字和正负号表示,每个十进制数位的取值范围在 0～9 之间,如 123、−456、0。

（2）八进制整数:用多个八进制数位的数字和正负号表示,每个八进制数位的取值范围在 0～7 之间。为了区别于十进制整数,八进制整数要在数据位前面添加数字 0 作为前缀,如 0123、−01。

（3）十六进制整数:用多个十六进制数位的数字和正负号表示,每个十六进制数位的

取值范围在 0～9、a～f/A～F 之间。为了区别于其他进制的数据,十六进制整数的数值部分要添加 0x 或 0X 作为前缀,如 0x123、−0Xff。

整型常量在使用时需要注意前缀的使用,比如 7B、078 是不合法的数据。7B 不加前缀默认是十进制整数,而十进制数位的取值范围在 0～9 之间,没有 B。078 以 0 开头表示是八进制数,但是八进制数位的取值范围在 0～7 之间,不包含 8。

整数在内存中用二进制补码的形式存放,其最高位是符号位,符号位为 0 表示正数,符号位为 1 表示负数;后面的数值位用二进制补码的形式加以表示。通常,数据在内存中的存放位置是数据的高位放在高地址的存储单元,数据低位放在低地址的存储单元中。例如:

$(+14)_补$ = 0000 0000 0000 0000 0000 0000 0000 1110,最高位是符号位,其值为 0 表示这是个正数。正数的补码等于原码,即符号位用 0 表示,后面的数值位等于真值的数值位。+14 在内存中的存储情况如图 3.2 表示。

$(-14)_补$ = 1111 1111 1111 1111 1111 1111 1111 0010,最高位是符号位,其值为 1 表示这是个负数。负数的补码符号位用 1 表示,后面的数值位在真值的数值位基础上按位求反后末位加 1。−14 在内存中的存储情况如图 3.3 表示。

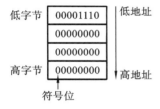

图 3.2　十进制数+14 内存实际存放形式图

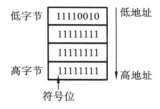

图 3.3　十进制数−14 内存实际存放形式图

例 3.3　以十进制整数的形式输出。

```c
#include <stdio.h>
int main()
{
    printf("The first number is %d.\n",10);       //第 4 行
    printf("The second number is %d.\n",010);      //第 5 行
    printf("The third number is %d.\n",0x10);      //第 6 行
    return 0;
}
```

【运行效果】

```
The first number is 10.
The second number is 8.
The third  number is 16.
```

【程序分析】

(1)程序第 4 行中的 10 是十进制整数。第 5 行中的 010 是八进制整数,转换成十进制数是 8。第 6 行中的 0x10 是十六进制整数,转换成十进制数是 16。

(2)程序中的 printf 是 C 语言中标准库 stdio.h 提供用来输出数据的函数。

(3)程序第 4 行的 printf()函数有两个参数:"The first number is %d.\n"和 10,两个参数中间用逗号分隔开。第一个参数是一个用双引号括起来的格式字符串,字符串里面以%开头的是格式声明,格式声明由%和格式字符构成,如%d 表示以十进制整数的形式来进行输出;%d 以外的字符串,如"The first number is"和".",是普通字符串,普通字符串原样输出;"\n"也是普通字符,表示回车换行。printf()函数的第二个参数是输出表列,可包含多个输出数据项,每个输出数据项对应于第一个参数中的格式声明参数,表示该输出数据项按照格式声明参数的输出格式输出。每个输出数据项既可以是常量,也可以是变量。比如,第 4 行的输出数据项是整数 10,它对应于第一个参数中的格式声明参数%d,表示 10 这个输出数据要按照十进制整数的格式进行输出。第 4 行程序的运行结果为"The first number is 10."。

(4)程序第 5 行是将八进制整数 010 以第一个参数格式字符串中的格式声明参数%d 所表示的十进制整数的格式进行输出,其运行结果为"The second number is 8."。

(5)程序第 6 行是将十六进制整数 0x10 以第一个参数格式字符串中的格式声明参数%d 所表示的十进制整数的格式进行输出,其运行结果为"The third number is 16."。

3.2.2　整型变量

整型变量定义的语法格式如下:
int 变量名 1[,变量名 2,…,变量名 n];
比如:

```
int a,b,c;
```

在 C 语言中,根据整型变量是否有符号,可以把整型变量分为有符号型(signed)和无符号型(unsigned),默认为有符号型。根据变量的取值范围,可以将整型变量分为短整型(short int)、基本整型(int)和长整型(long short),详见表 3.1。表 3.1 中"[int]"表示可以省略 int,也可以不省略 int。

表 3.1　整型类型分类

类　型	关　键　字	字节数	取值范围
带符号短整型	[signed]short [int]	2	$-2^{15} \sim 2^{15}-1$
无符号短整型	unsigned short [int]	2	$0 \sim 2^{16}-1$
普通整型	[signed]int	4	$-2^{31} \sim 2^{31}-1$
无符号普通整型	unsigned int	4	$0 \sim 2^{32}-1$
带符号长整型	[signed]long [int]	4	$-2^{31} \sim 2^{31}-1$
无符号长整型	unsigned long [int]	4	$0 \sim 2^{32}-1$
带符号双长整型	[signed]long long [int]	8	$-2^{63} \sim 2^{63}-1$
无符号双整型	unsigned long long [int]	8	$0 \sim 2^{64}-1$

1. 有符号类型

用关键字 signed 修饰,表示该变量是带符号位的,可以用来存放负数。如果存放的整数为正数或零,则最高位的符号位取值为 0。如果存放的整数是负数,则最高位的符号位取值为 1。比如,2 字节带符号短整型变量能表示的最大正整数形式为 011111111111111,其对应的十进制整数为 $2^{15}-1$。

2. 无符号类型

关键字 unsigned 表示变量是不带符号位的,最高位不是符号位,而是数值位,因而无符号类型的变量不能存放负数,只能存放正数和零。比如,2 字节无符号短整型变量能表示的最大正整数为 1111111111111111,即 $2^{16}-1$。由此可见,无符号类型变量可存放的正数数据范围比有符号类型变量所能存放正数的数据范围大。

默认情况下,C 语言的整型变量都是有符号的。声明有符号整型变量时,可以省去 signed 关键字。但若要声明无符号整型变量,则不能省去 unsigned 关键字。

需要注意的是,整型数据在内存中所占的字节数与计算机上安装的操作系统有关,想要知道具体所占字节数,可以通过 sizeof 操作符来获得。

3. sizeof 操作符的使用

sizeof 操作符可用以计算不同数据类型或不同数据类型的变量在内存中所分配的存储空间的大小,其返回值是存储空间所包含的字节的个数,其使用形式如下:

(1)sizeof(type):括号内的操作数是数据类型,如 sizeof(int)。

(2)sizeof(变量名)或 sizeof 变量名。

int、short int、long int、unsigned int、unsigned short、unsigned long 类型在 ANSI C 中没有具体规定其存储空间的大小,其大小依赖于计算机上安装的操作系统。比如:

```c
#include <stdio.h>
int main()
{
    printf("int is %d\n",sizeof(int));
    printf("short int is %d\n",sizeof(short int));
    printf("long int is %d\n",sizeof(long int));
    printf("unsigned int is %d\n",sizeof(unsigned int));
    printf("unsigned short is %d\n",sizeof(unsigned short int));
    printf("unsigned long is %d\n",sizeof(unsigned long int));
    return 0;
}
```

【运行效果】

```
int is 4
short int is 2
long int is 4
unsigned int is 4
unsigned short is 2
unsigned long is 4
```

【程序分析】

程序使用 sizeof 操作符把 int、short int、long int、unsigned int、unsigned short int 和

unsigned long int 类型的数据在内存中所分配的字节数输出来,比如 sizeof(short int)计算出短整型在内存中所占字节数目为 2 个字节。

例 3.4 整型变量的定义与输出。

```
#include <stdio.h>
int main()
{
    short s1=2,s2=-2;
    unsigned short s3=3;
    int i1=5,i2=-5;
    unsigned int i3=6;
    long int l1=7,l2=-7;
    unsigned long l3 =8;
    printf("s1=%hd\n",s1);
    printf("s2=%hd\n",s2);                          //第 11 行
    printf("s3=%hu\n\n ",s3);
    printf("i1=%d\n",i1);
    printf("i2=%d\n",i2);
    printf("i3=%u\n\n",i3);
    printf("l1=%ld\n",l1);
    printf("l2=%ld\n",l2);
    printf("l3=%lu\n",l3);
    return 0;
}
```

【运行效果】

```
s1=2
s2=-2
s3=3

i1=5
i2=-5
i3=6

l1=7
l2=-7
l3=8
```

【程序分析】

(1)short int 型变量输出时对应的格式控制字符为%hd,unsigned short 型变量输出时对应的格式控制字符为%hu。

(2)int 型变量输出时对应的格式控制字符为%d,unsigned int 型变量输出时对应的格式控制字符为%u。

(3)long int 型变量输出时对应的格式控制字符为%ld,unsigned long int 型变量输出时对应的格式控制字符为%lu。

(4)如果将第 11 行代码修改成"printf("s2=%hu\n",s2);",则把 s2 用无符号整数

格式进行输出,代码运行后的结果为 s2＝65534,而不是－2。在对数据进行输出时,格式控制字符需与输出数据的类型一致。如果格式字符与数据类型不匹配,编译器会在编译时发现警告,或者在运行时发生错误,因此,确保格式字符与数据类型一致是编写正确代码的重要部分。

3.3　实数类型

C 语言中,实数类型主要用以表示带小数点的实数,也称为浮点型数据。

在 C 语言中,实数以指数的形式存放在存储单元中。比如 $3.14159＝3.14159\times10^0$ $＝0.314159\times10^1＝314.159\times10^{-2}$,随着指数的不同,小数点可以前后浮动,只要随着小数点的浮动而相应改变指数的值可以保证数据的值不会改变。由于小数点位置可以浮动,所以实数的指数形式称为浮点数。

3.3.1　实型常量

实型常量也称实数或浮点数,也就是数学中有小数部分的数据。C 语言中实型常量有两种表示形式:十进制小数形式和指数形式。

1. 十进制小数形式

由 0～9 和小数点组成,如 0.0、5.6、0.5 等均为合法的实型常量。

2. 指数形式

由十进制数、阶码标志 e 或 E、阶码组成,一般形式为"aen"或"aEn",其中:

(1)a 为尾数部分,十进制数,一般规定用纯小数,正负均可。

(2)E 或 e 是阶码标志。

(3)n 为阶码,正负均可,必须是十进制纯整数,不能为小数。

(4)其值表示 a 乘以 10 的 n 次方,如 2.1E6 表示 2.1×10^6,3.1E－3 表示 3.1×10^{-3}。

需要注意的是指数形式"aEn"中 E(或 e)之前必须有数字且后面的 n 必须为整数(如 3.4e2.3 是不合法的数据),E(或 e)前后不能有空格。

3.3.2　实型变量

实型变量也称为浮点型变量,用来存储实型数据。

1. 实型变量的类型

C 语言中的实型变量分为单精度实型(float)、双精度实型(double)和长双精度实型(long double)三种类型,具体情况见表 3.2 所示。表 3.2 列出了每种实型变量的定义方法、所占字节数以及有效数字的数位。

表3.2　实型变量的三种类型

类　型	关键字	变量声明实例	字节数	有效数字
单精度实型	float	float a;	4	6 或 7 位
双精度实型	double	double b;	8	15 或 16 位
长双精度实型	long double	long double c;	16(gcc)	18 或 19 位

2. 实型变量的定义

实型变量的定义格式和书写规则与整型变量类似,比如:

```
float x,y;            // x,y 为单精度实型变量
double a,b,c;         // a,b,c 为双精度实型变量
long double u,v;      //u,v 为长双精度实型变量
```

3. 实型数据在内存中的存储方式

实型数据无论是小数的表示形式还是指数的表示形式,在计算机内部都采用浮点形式来存储。通常,浮点数将实数分成阶码和尾数两部分来表示。例如,实数 N 可表示为

$$N = S \times r^j$$

其中:S 为尾数(正负均可),一般规定用纯小数形式;j 为阶码(必须为整数,正负均可);r 是基数,对二进制而言是 2。比如二进制数 $100.0111 = 0.1000111 \times 2^{11}$。

浮点数在计算机中的存储格式如图 3.4 所示:

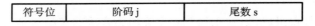

符号位	阶码 j	尾数 s

图3.4　浮点数在计算机中的存储格式

其中,符号位决定实数的正负,为 0 表示正数,为 1 表示负数。阶码是实数的指数部分,所占位数决定了实数所能表示的数据范围。尾数所占位数越多,表示实数的精度变小,但阶码的位数减少,所能表示的数据范围会变小。相反,尾数所占位数越少,表示实数的精度越低,但阶码的位数增多,所能表示的数据范围就越大。标准 C 并没有明确规定三种浮点类型的阶码和尾数所占的位数,不同的编译器分配给阶码和尾数的位数可能不同。

浮点数在计算机内部的存储遵循特定的标准,最常见的是 IEEE 754 标准。IEEE 754 标准定义了浮点数的存储方式和运算规则,它被大多数现代计算机系统所采用。在 IEEE 754 标准中,浮点数的表示方法为

$$(-1)^{sign} \times 2^{(exponent-bias)} \times (1+fraction)$$

其中:sign 是符号位,0 表示正数,1 表示负数。exponent 是指数部分,但它是一个偏移量或偏移值(bias),用于将实际的指数值转换为存储在计算机中的形式。对于单精度,偏移量是 127;对于双精度,偏移量是 1023。fraction 是尾数部分,它是二进制小数点后面的数字,但是在 IEEE 754 标准中,二进制小数点前面的 1 被隐藏(因为它总是 1),所以只存储小数点后面的部分。

例如,单精度浮点数 0.15625 的存储过程如下。

(1)将 0.15625 转换为二进制:0.15625 = 0.00101(二进制)。

(2)将二进制数转换为科学记数法:0.00101 = 1.01 * 2^−3。

(3)将科学记数法转换为 IEEE 754 格式:

符号位 sign:0(正数)。

指数 exponent:−3 ＋ 127 ＝ 124(二进制为 01111100)。

尾数:1.01 中的 01(去掉隐藏的 1)。

因此,0.15625 的 IEEE 754 格式表示为 0 01111100 01000000000000000000000。

这就是计算机内部存储浮点数的方式。由于尾数的位数有限,浮点数无法精确表示所有实数,这可能导致舍入误差。

例 3.5　实型变量的定义与输出。

```c
#include <stdio.h>
int main()
{
    float a;                                      //第 4 行
    double b,c;                                    //第 5 行
    a =123.456789;                                //第 6 行
    b =a;                                         //第 7 行
    c =123.456789;                                //第 8 行
    printf("a=%f  b=%lf  c =%lf\n",a,b,c);
    return 0;
}
```

【运行效果】

```
a=123.456787  b=123.456787  c = 123.456789
```

【程序分析】

(1)程序第 4 行,a 定义为 float 型变量。

(2)程序第 5 行,b、c 定义为 double 型变量。

(3)程序第 6 行给变量 a 赋值为 123.456789,从程序输出结果可以看出,输出的 a 的值为 123.456787,并不等于 123.456789。这是因为 float 型数据在内存中占 4 个字节的空间,在保存数据的时候精确度会有所损耗。

(4)程序第 7 行将变量 a 的值赋给变量 b,从程序输出结果可以看出,输出的 double 型变量 b 的值也是 123.456787。由于 a 是 float 型,其保存下来的数据为 123.456787,再把 a 赋值给 b,所以 b 的值为 123.456787。如果直接给 b 赋值 123.456789,然后以%lf 格式输出时,最后 b 的值为 123.456789,精度是没有损耗的。

(5)程序第 8 行给变量 c 直接赋值为 123.456789,以%lf 输出 c 的值为 123.456789。相对于 float 型而言,double 型数据在内存中占 8 个字节的空间,保存数据的精确程度比 float 型精度更高,保存数据的范围比 float 型更大些,所以变量 c 中直接完整保存了 123.456789。

(6)在 printf()函数进行格式输出时,float 型数据的输出格式控制字符为%f。长双精度浮点型和 double 型数据的输出格式控制字符为%lf。

3.4 字符型数据

3.4.1 字符型常量

C语言中的字符型常量分为两种:一种是可以直接输出的普通字符;另一种是特殊形式的字符常量,它有特定的含义,用于描述特定的控制字符,称为转义字符。

1. 普通字符

字符型常量是用一对单引号括起来的单个普通字符,如'a'、'A'、'+'、'?'和'6'都是字符常量。注意'a'和'A'是不同的字符常量,单引号中的字符只能是一个字符。

在计算机中,字符是经编码之后进行存储,存储的是字符所对应的 ASCII 码的值。该值是一个整数,因此字符型数据可以当作整数来对待。如小写母'a'的 ASCII 码值是97,字符'a'在内存中存储的数据值为 97 对应的二进制数值。

2. 转义字符

有些字符无法从键盘上输入,也不能在屏幕上显示,如回车符、退格符等,但是在编程中又需要使用这些字符。C语言采用以反斜线(\)开头后面跟一个字符或代码值来表示这些字符,称为转义字符。常见的转义字符如表 3.3 所示。

表 3.3　转义字符

转义字符	含　义	转义字符	含　义
\n	换行	\a	响铃
\r	回车	\\	反斜线
\t	水平制表符(相当于 TAB 键)	\'	单引号
\v	垂直制表符	\"	双引号
\b	退格	\ddd	3 位 8 进制数表示的符号
\f	换页	\xhh	2 位 16 进制数所代表的符号

例 3.6　转义字符的使用。

```
#include <stdio.h>
int main()
{
    printf("hello\tC语言\n");                    //第 4 行
    printf("I\'m a student\n");                  //第 5 行
    return 0;
}
```

【运行效果】

```
hello   C语言
I'm a student
```

【程序分析】

（1）程序第 4 行代码中"\t"表示水平制表符，相当于按一下 TAB 键，从运行结果可以看到"hello"和"C 语言"之间空出一个制表符的位置。

（2）程序第 5 行中"\'"表示输出一个单引号。

（3）转义字符主要用来表示一些键盘上无法输入也无法打印输出的非图形字符。

3.4.2　字符型变量

字符型变量用于存储一个单一字符。C 语言中定义字符型变量的语法格式如下：

char　变量名 1[，变量名 2，…，变量名 n]；

【说明】

（1）char 为定义字符型变量的关键字。

（2）每个字符变量占用一个字节（8 位）的内存空间，用以存放其 ASCII 码值，因此 char 与 int 数据间可进行算术运算，但须注意取值范围。

（3）字符型变量分为有符号型字符变量和无符号型字符变量，无符号型字符变量用 unsigned char 说明，默认为有符号型。

（4）C 语言允许给字符型变量赋整数值，也允许给整型变量赋一字符常量。在输出时，允许将字符按整型输出，也允许整型数据按字符型输出。

例 3.7　字符型变量的定义与使用。

```
#include <stdio.h>
int main()
{
    char ch1,ch2;
    unsigned char ch3;                          //第 5 行
    int i;
    ch1 ='A';                                   //第 7 行
    printf("%d\n",sizeof(char));                //第 8 行
    printf("ch1=%c\n",ch1);                     //第 9 行
    printf("%d\n\n",ch1);                       //第 10 行
    ch2 =ch1+1;                                 //第 11 行
    printf("%d\n",ch2);                         //第 12 行
    printf("%c\n\n",ch2);                       //第 13 行
    ch3 ='0';                                   //第 14 行
    printf("%c\n",ch3);                         //第 15 行
    printf("%d\n\n",ch3);                       //第 16 行
    ch2 =80 +50;                               //第 17 行
    i =80 +50;                                  //第 18 行
    printf("%d\n",ch2);
    printf("%d\n",i);
    return 0;
}
```

【运行效果】

【程序分析】

(1)程序第 8 行中 sizeof(char)的结果为 1,说明系统为每个字符变量分配一个字节的内存空间。

(2)程序第 7 行中给变量 ch1 赋值为'A',内存中存放的数据实际上是一个整数 65,程序第 10 行用%d 定义的整数格式输出,结果为 65。

(3)字符变量也可以进行十进制的加减乘除运算,如程序第 11 行"ch2 = ch1 + 1",ch1 加 1 之后 ch2 的值为 66。

(4)printf()函数中以字符形式输出字符型常量或变量时,对应的格式控制字符是%c。

(5)程序第 12 行将 ch2 用%d 定义的整数格式输出,结果为 66。程序第 13 行将 ch2 用%c 定义的字符型格式输出,输出的结果是 ASCII 码值为 66 所对应的字符'B'。

(6)程序第 14 行给无符号型变量 ch3 赋值一个字符'0',其 ASCII 码值为 48,同样可以按照%d 定义的整数格式和%c 定义的字符型格式进行输出。

(7)程序第 17 行、第 18 行分别将 80+50 的结果赋值给变量 ch2 和 i,同样是用%d 定义的格式进行输出,其结果却不相同,ch2 输出结果为 −126,i 的输出结果为 130,原因是 ch2 是有符号的字符型变量,其数据范围是 −128 ~ 127 之间;无符号型字符型变量的数据范围是 0 ~255 之间。由此可见,将 130 赋值给 ch1,超出了该变量的取值范围,默认为以 130 的补码输出,结果为−126。将 130 赋值给变量 i,没有超出 int 型变量表示的数据范围,所以能够正常输出。

3.4.3 字符串常量

用双引号(" ")括起来的字符序列,如"abcdefgh"即为字符串常量。双引号括起来的字符串在存储时会按照字符顺序存放在内存中,占据一块连续的存储空间,而且会在字符串尾部自动加一个'\0'作为字符串结束标志。

比如,字符串"HELLO"在内存中的存储情况如图 3.5 所示,除了存储 HELLO 中的五个英文字母以外,结尾还增加了一个'\0'字符。

需要注意的是,字符型常量与字符串常量是不同的,字符型常量不能用双引号括起

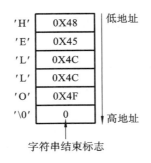

图 3.5　字符串的内存存储结构

来,而字符串常量不能用单引号括起来。

C 语言把字符串作为字符数组处理,具体处理方式后续章节详细介绍。

3.5　数值型数据间的混合运算

C 语言中,一般情况下相同类型的数据可直接进行运算,运算结果也是同一种类型。比如 7/2,即 7 除以 2,7 和 2 都是整型常量,计算结果为 3。再比如 7.0/2.0,即 7.0 除以 2.0,7.0 和 2.0 都是实型常量,计算结果为 3.5。那么,如果不同类型的数据参与运算,其结果是什么类型呢?

C 语言中,不同类型的数据可以混合运算:整型数据与实型数据可以混合运算,字符型与整型数据也可以混合运算。通常,在进行运算时,如果运算符两侧的数据类型不同,则需要先进行类型转换,使二者成为同一种类型后再进行运算。

数据类型的转换有自动类型转换和强制类型转换两种方式。

3.5.1　自动类型转换

自动类型转换由编译系统自动完成,也称隐式转换。不同类型的数据在进行表达式运算、赋值运算时常常会发生数据类型的自动转换。

1. 表达式中的自动类型转换

自动类型转换时,编译系统会在运算之前自动将级别低(取值范围小)的数据类型转换成级别高(取值范围大)的数据类型,然后再进行运算,运算结果的数据类型为级别高的数据类型。数据类型级别的高低由该数据类型所占内存空间的大小来决定,占用空间越大,级别越高,如图 3.6 所示。

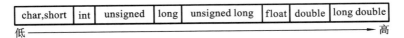

图 3.6　运算过程的转换规则

【说明】

(1)当 char 型数据或 short 型数据与 int 型数据运算时,char 型和 short 型数据会自动转换成 int 型数据。

(2)当 int 型数据与 float 型数据混合运算时,并不是按 unsigned→long→unsigned long→float 型的路线进行自动类型转换,而是由 int 型数据直接自动转换成 float 型数据。

(3)当 unsigned 型数据与 long 型数据混合运算时,如果 unsigned 型的数据值不能用 long 型表示,则把它们都转成 unsigned long 型数据再进行运算。

2. 赋值中的自动类型转换

如果赋值运算符两侧的数据类型不一致,在赋值时需要先进行类型转换。转换的基本原则如下:

(1)将 int 型数据赋给 float 型或 double 型变量时,int 型数据的数值不变,但以浮点数形式存储到变量中。

(2)将 float 型或 double 型数据赋值给 int 型变量时,舍弃实数的小数部分。

(3)同类型的“短”数据赋值给“长”变量时,自动类型转换都不会出错。例如:char 型或 short 型数据赋值给 int 型变量,float 型数据和 double 型数据赋值给 long double 型变量时,都不会出错。

(4)同类型的“长”数据赋值给“短”变量可能出错。例如:当 unsigned int 型的数据赋值给 int 型变量时,因为 unsigned int 型数据的数据值可能超过了 int 变量的取值范围,赋值时做自动类型转换就可能会出错。

一般而言,将取值范围小的类型转换为取值范围大的类型是安全的,反之则是不安全的。在编写代码过程中应当选取合适的数据类型以保证运算的正确性,如果确实需要转换数据类型,建议使用强制类型转换。

3.5.2　强制类型转换

在编程中进行不同数据类型之间的运算时,可以强制将某种类型数据转换成另外一种类型的数据。语法格式如下:

(类型说明)(表达式)

功能:强行将表达式的类型转换成括号内的类型。表达式和类型说明均加括号,若表达式仅为一个变量或数据时,括号可以省略。

比如:

```
(double) a;                        //将 a 的值转换成 double 型
(int) (x+y);                       //将 x+y 的值转换成 int 型
(float) (5%3);                     //将 5%3 的值转换成 float 型
(int)x+y;                          //只将 x 的值转换成整型,然后与 y 相加
int a;float x;double b;
a = (int) x;
```

【注意】自动类型转换和强制类型转换仅为了执行当前的运算而临时改变数据类型，并没有改变变量定义时的数据类型。

例 3.8　数据类型的转换。

```
#include <stdio.h>
int main()
{
    char ch1 ='a';
    int   i =15;
    float  b =3.1415;
    double  c =3.123e4;
    printf("%lf\n",ch1+i+b*c);                    //第 8 行
    printf("i/2=%d\n",i/2);                        //第 9 行
    printf("(float)(i/2)=%f\n",(float)(i/2));      //第 10 行
    printf("(float)i/2=%f\n",(float) i/2);         //第 11 行
    printf("i=%d\n",i);                            //第 12 行
    return 0;
}
```

【运行效果】

```
98221.044881
i/2=7
(float)(i/2)=7.000000
(float)i/2=7.500000
i=15
```

【程序分析】

(1)程序第 8 行中计算表达式 ch1＋i＋b＊c 时，数据类型的转换步骤如下：

①先将 b 转换成 double 型，计算 b＊c，结果为 double 类型。

②再将 char 型 ch1 转换成 int 型，再计算 ch1＋i。因为字符'a'的 ASCH 码值为 97，则 ch1 为 97，i 为 15，故计算结果为 112，类型为 int 型。

③最后将 ch1＋i 的值 112 转换成 double 型，与 b＊c 的计算结果相加，表达式的值最后为 double 类型。

(2)程序第 9 行中 i/2 是整数除法运算，故结果为 7。

(3)程序第 10 行中计算表达式(float)(i/2)时，将(i/2)的结果 7 强制转换成 float 型，因此，输出结果为 7.000000。

(4)程序第 11 行中计算表达式(float) i/2 时强制将整型 i 转换成 float 型后再除以2。为了匹配强制转换后的 float 型变量 i，在运算过程中会将 2 自动转换成 float 型，再执行除法，相当于计算 15.0/2.0，结果为 7.5。

(5)从程序第 12 行的输出结果来看，i 最开始被定义成整型变量，最后输出的依然是整型数据。可见，数据类型的转换只是为了完成当前运算而做的临时类型转换，它并不能改变变量的数据类型。

3.6　运算符和表达式

　　运算符是指完成某种运算的符号。C 语言提供了 34 种运算符,包括算术运算符、赋值运算符、关系运算符、逻辑运算符、条件运算符、逗号运算符以及位运算符等类别。按照参加运算符运算的对象个数,可以把运算符分为单目运算符、双目运算符和三目运算符。单目运算符只要求一个运算对象参与运算,如＋＋、－－运算。双目运算符要求两个操作数参加运算,如＋、－等运算。三目运算符要求三个操作数参加运算,如条件运算符(?:)等。

　　C 语言中常见的运算符如表 3.4 所示。

表 3.4　C 语言中常见的运算符

序　号	运算类型	运算符
1	算术运算符	＋　－　*　/　%　++　－－
2	关系运算符	<　<　>=　<=　==　!=
3	逻辑运算符	!　&&　||
4	位运算符	<<　>>　~　|　^　&
5	赋值运算符	＝ 及其扩展赋值运算符
6	条件运算符	?:
7	逗号运算符	,
8	指针运算符	*　&
9	求字节数运算符	sizeof
10	强制类型转换运算符	(类型)
11	成员运算符	.　->
12	下标运算符	[]
13	其他	如函数运算符()

　　表 3.4 列举了 C 语言中常见的运算符,每种运算符有不同的作用。参与运算的数据又称为操作数,使用运算符将操作数连接而成的式子称为表达式。表达式具有以下特点:

　　(1)一个常量或一个变量也是一个表达式,比如常量 10、变量 x 等都是表达式。

　　(2)算术运算符对应算术表达式,关系运算符对应关系表达式等。

　　(3)任何一个表达式都有运算结果。

3.6.1　算术运算符

　　C 语言中的算术运算符包括基本算术运算符、自增和自减运算符。

1. 基本算术运算符

基本算术运算符对数值型、字符型数据进行加、减、乘、除和求余运算,详见表 3.5所示。

表 3.5　基本的算术运算

运算符	含　义	举　例	结　果
＋	正号运算符(单目运算符)	＋a	a 的值
－	负号运算符(单目运算符)	－a	a 的算术负值
＊	乘法运算符	a＊b	a 和 b 的乘积
/	除法运算符	a/b	a 除以 b 的商
％	求余运算符	a％b	a 除以 b 的余数
＋	加法运算符	a＋b	a 和 b 的和
－	减法运算符	a－b	a 和 b 的差

【说明】

(1)乘法运算 x＊y 中＊号不能省略。

(2)除法运算 x/y 中,y 不能为 0。两个整型数相除的结果为整型,两个实数相除的结果为双精度实数。

(3)求余运算％要求参加运算的运算对象为整型数据,结果也是整型数据。

(4)当整型、实数型和字符型数据混合运算时,不同类型的数据要先转换成相同类型的数据才能进行计算。

(5)C 语言中没有幂运算符。

2. 自增和自减运算符

自增运算符(＋＋)和自减运算符(－－)都是单目运算符,只能用于变量进行加 1 或减 1 运算,不能用于常量或表达式,如表 3.6 所示。

表 3.6　自增、自减运算符

运算符	名　称	应用举例	实现功能
＋＋	自增运算符	＋＋x	变量 x 的值加 1 后再参与其他运算
		x＋＋	变量 x 参与运算后再增加 1
－－	自减运算符	－－x	变量 x 的值减 1 后再参与其他运算
		x－－	变量 x 的值运算后再减少 1

【说明】如果变量在自增或自减运算符的后面,则先执行自增或自减运算,之后才能使用变量的值。如＋＋i,先执行 i＝i＋1,再使用 i 的值。如果变量在自增或自减运算符的前面,则先使用变量的值,之后才执行自增或自减运算。如 i－－,先使用 i 的值,再执行 i＝i－1。

例 3.9　自增自减运算符的使用。

```
#include <stdio.h>
int main()
{
    int i = 9;
    int j1,j2;
    j1 = i++;                                        //第 6 行
    j2 = ++i;                                        //第 7 行
    printf("j1=%d,j2=%d\n",j1,j2);
    return 0;
}
```

【运行效果】

j1=9, j2=11

【程序分析】

(1)程序第 6 行先将 i 的值 9 赋值给 j1,然后自增 1。结果 i 的值为 10,j1 的值为 9。

(2)程序第 7 行,i 的值先增加 1,即为 11,然后将 11 赋值给 j2,j2 的值为 11。

(3)建议谨慎使用＋＋和－－运算符,只用最简单的形式,即 i＋＋,i－－,且把它们作为单独的表达式。

3.6.2　算术运算的优先级与结合性

算术表达式是用算术运算符和括号将运算对象连接起来的、符合 C 语言规范的式子。其中,运算对象包括常量、变量和函数等,如 a－5＊b＋c。当表达式中有多种运算符时须考虑运算符的优先级。比如,在表达式 a－5＊b＋c 的计算过程中,先进行乘法运算,再进行减法,最后进行加法运算。

运算符的结合性是指当一个运算对象两侧的运算符的优先等级相同时,应该是从左往右进行结合,还是从右往左进行结合。左结合性是指从左往右进行结合,右结合性是指从右往左进行结合。

算术运算符的结合方向都具有左结合性,如 a＋b－c,先计算加法,再计算减法。赋值运算符的结合方向都具有右结合性,如 a＝b ＝3,先将 3 赋值给 b,再把 b 赋值给 a。

C 语言中常用运算符的优先级和结合性参见附录 C。

例 3.10　算术表达式的计算。

```
#include <stdio.h>
int main()
{
    int a =2,b=3,c=4;
    float x =9.3,y=4.2,z;
    z = (a+b)/c +(int)y%c* 1.2+x;
    printf("z=%f\n",z);
    return 0;
}
```

【运行效果】

z=10.300000

3.6.3　赋值运算符与赋值表达式

C 语言的赋值运算符包括简单赋值运算符和复合赋值运算符。

1. 简单赋值运算符

"="即为赋值运算符,作用是把运算符右边表达式的值赋给"="左边的变量,自右向左结合。比如"a=3"就是把常量 3 赋值给变量 a。

例 3.11　简单赋值运算应用举例。

```
#include <stdio.h>
int main()
{
    int a,b;
    float c;
    b =10;                              //第 6 行
    a =b =10;                           //第 7 行
    printf("a=%d,b=%d\n",a,b);          //第 8 行
    a =3+ (b =12);                      //第 9 行
    printf("a=%d,b=%d\n",a,b);          //第 10 行
    a =3.74;                            //第 11 行
    c =10;                              //第 12 行
    printf("a=%d,c=%f\n",a,c);          //第 13 行
    return 0;
}
```

【运行效果】

a=10,b= 10
a=15,b= 12
a=3,c= 10.000000

【程序分析】

(1)程序第 6 行把 10 赋给变量 b。

(2)程序第 7 行先把 10 赋给 b,再把 b 的值赋给 a,a 的值也是 10。

(3)程序第 9 行先把 12 赋给 b,再计算 3+b,结果为 15,再把 15 赋给 a。

(4)程序第 11 行把实数赋值给整型变量,会舍掉小数部分,a 的值为 3。

(5)程序第 12 行把整数赋值给 float 型变量,则会添加小数部分。

2. 复合赋值运算符

复合赋值运算符有 5 个:+=、-=、*=、/=和%=(注意=号前不能有空格)。

比如:

```
int a =10;
int b =2;
a+=5;        //等价于 a =a +5。先计算右边表达式 a+5 的值为 15,再把 15 赋给变量 a
a* =b+3;   //等价于 a* =(b+3),a =a* (b+3),不要错写成 a =a*b+3
```

3. 赋值语句

由赋值运算符将一个变量和一个表达式连接起来的式子称为赋值表达式,赋值表达式后面加一个分号(;)就是赋值语句。赋值表达式是一种表达式,可以出现在任何表达式允许出现的位置,赋值语句则不行,赋值语句的语法格式为:

变量   赋值运算符 表达式;

【说明】

(1)最右边的表达式可以是算术表达式、关系表达式等,也可以是一个赋值表达式。如赋值语句"a=b=c=d=10;"是合法的。它先求赋值运算符(=)右侧表达式的值,然后赋值给运算符左侧的变量,拆解开就等价于:

```
d =10;
c =d;
b =c;
a =b;
```

(2)在声明变量时不允许出现连续赋值。如"int a =b= c= d=10 ;"是错误的,必须写成"int a=10,b=10,c=10,d=10;"。

例 3.12   赋值表达式与赋值语句的应用。

```
#include <stdio.h>
int main()
{
    int a,b,c ;
    a =b =5 ;                                      //第 4 行
    printf("a =%d,b =%d\n",a,b);                    //第 5 行
    a =(b=1)+4;                                     //第 6 行
    printf("a =%d,b =%d\n",a,b);                    //第 7 行
    c =(a=4) * (b=5);                               //第 8 行
    printf("a =%d,b =%d,c =%d\n",a,b,c);
    return 0;
}
```

【运行效果】

```
a = 5,b = 5
a = 5,b = 1
a = 4,b = 5,c = 20
```

【程序分析】

(1)程序第 4 行中赋值运算具有右结合性,先计算 b =5,得到两个结果:变量 b 的值为 5,表达式 b=5 的值也为 5;然后再把表达式 b=5 的值 5 赋值给 a,这样 a 的值也为 5。

(2)程序第 6 行先计算 b=1,得到两个结果:变量 b 的值为 1,表达式 b=1 的值也为 1;然后把表达式 b=1 的值 1 与 4 相加,结果为 5;最后把 5 赋给 a,a 的值为 5。

(3)程序第 8 行先计算 a＝4,得到变量 a 和表达式 a＝4 的值都为 4;之后计算 b＝5,得到变量 b 和表达式 b＝5 的值都为 5;再把表达式 a＝4 的值 4 和表达式 b＝5 的值 5 相乘,结果为 20;最后把 20 赋值给变量 c,c 的值为 20。

3.7　数据输入输出

C 语言中数据的输入输出是以计算机主机为主体,通过键盘把数据传送到主机中称为输入,把主机中的数据传送到显示器上进行显示称为输出。C 语言本身不提供输入输出语句,输入输出操作是由标准函数库来实现的。输入/输出函数包括格式输入函数 scanf()、格式输出函数 printf()、字符输入函数 getchar()、字符输出函数 putchar()、字符串输入函数 gets()和字符串输出函数 puts(),这些函数在使用之前要在程序文件的开头用预处理指令"＃include〈stdio.h〉"把有关头文件放在本程序中。

3.7.1　格式输出函数 printf()

1. printf()函数的一般格式

printf()函数的功能是将数据按指定格式在屏幕上输出,其一般调用格式如下:

printf(格式控制,输出表列);

【说明】

(1)"格式控制"是用双引号括起来的一个字符串,称为格式控制字符串,简称格式字符串。格式字符串由两部分构成:格式声明和普通字符。格式声明由"％"和格式字符组成,其作用是将待输出表列中的数据按指定的格式输出。普通字符原样输出。

比如:

```
printf("i=%d,c=%c\n",i,c);
```

①输出表列中有两个变量 i 和 c。

②printf()函数的第 1 个参数,即用双引号括起来的"i＝％d,c＝％c\n"为格式控制字符串,其中"i＝"、"c＝"和"\n"是普通字符,原样输出;而格式控制字符串中的％d 和％c是两个格式声明,表示变量 i 和 c 的值将在％d 和％c 所在位置上输出,并且变量 i 的值按照％d规定的格式输出,变量 c 的值按照％c 规定的格式输出。

(2)输出表列是程序中需要输出的一些数据,可以是常量、变量或表达式。输出表列中输出数据的个数和排列顺序需与格式控制中的格式声明一一对应。

(3)单纯输出字符串时可以没有输出表列。例如:

```
#include <stdio.h>
int main()
{
    printf("程序");
    printf("设计");
    printf("基础");
    return 0;
}
```

【运行效果】

程序设计基础

将代码修改如下：

```
#include <stdio.h>
int main()
{
    printf("程序\n");
    printf("设计\n");
    printf("基础\n");
    return 0;
}
```

程序运行结果如下：

(4)printf()函数中的格式声明由%、格式修饰符和格式字符组成,基本用法如下：

%　格式修饰符　格式字符

2.格式声明中的格式字符

常用的格式字符如表3.7所示。

表3.7　常用的格式字符

格式字符	用　　法
d,i	以带符号的十进制整数形式输出(正数不输出符号)
o	以无符号八进制整数形式输出(不输出前导符0)
X,x	以无符号十六进制整数形式输出(不输出前导符0x)。用 x,则输出十六进制数位的 a～f 数值时,以小写形式输出;用 X,则以大写字母输出
u	以无符号十进制整数形式输出
c	以字符形式输出,只输出一个字符
s	输出字符串
f	以小数形式输出单、双精度实数,隐含输出 6 位小数
E,e	以指数形式输出实数。用 e 时指数以"e"表示(如 1.2e+02),用 E 时指数以"E"表示(如 1.2E+02),要求小数点前必须有且仅有 1 位非零数字
G,g	用以输出实数。输出时,会选用%f 或%e 格式中输出宽度较短的一种格式,且不输出无意义的 0。用 G 时,若以指数形式输出,则指数以大写 E 表示
%%	输出%

printf()函数在输出时需要注意以下事项：

(1)输出对象的类型必须与格式字符相匹配，否则会出现错误。

(2)一个格式声明以％开头，以格式字符之一为结束，中间可以插入格式修饰符。

(3)除了 X、E、G 外，其他格式字符必须用小写字母，如％d 不能写成％D。

(4)格式控制字符串可以包含转义字符，如\n、\t、\b、\r、\f 和\377 等。

(5)如果需要输出字符％，应该在格式控制字符串中连续用两个％表示。

3. 格式声明中的格式修饰符

在 printf()函数的格式控制字符串里的格式声明中，还可以在％和格式字符之间插入如表 3.8 所示的格式修饰符，用于在输出格式中指定输出数据宽度、显示精度等。

表 3.8　格式修饰符

格式修饰符	用　　法
l	可用以修饰格式字符 d、o、x 和 u，以输出 long 型数据
L	可用以修饰格式符 f、e 和 g，以输出 long 型数据
h	可用以修饰格式符 d、o 和 x，以输出 short 型数据
m(整数)	m 为输出宽度，用来指定输出时所占的列数： ①若 m 为正整数，当输出数据的宽度小于 m 时，向右靠齐，左边多余位补空格；当输出数据的宽度大于 m 时，按数据的实际宽度全部输出； ②若 m 为负整数，则输出数据向左靠齐； ③若 m 有前导符，则左边多余位补前导符
.n(显示精度)	n 为大于等于 0 的整数，用于显示精度 .n 位于 m 后 对于浮点数，n 用于指定输出的浮点数的小数位数 对于字符串，n 用于指定从字符串左侧开始截取的子串所包含的字符个数

例 3.13　printf 格式化输出。

```
#include <stdio.h>
int main()
{
    int a =-346;
    float b =10000/3.0;
    double c =1.0;
    char d='a';
    printf("a=%8d%8o%8x\n",a,-a,-a);        //第 8 行
    printf("b=%f\n",b);                     //第 9 行
    printf("c/3=%12.3lf,%-12.3lf\n",c/3,c/3); //第 10 行
    printf("c/3=%12.3e\n",c/3);             //第 11 行
    printf("d=%5c\n",d);                    //第 12 行
    printf("%s\n","CHINA");                 //第 13 行
    return 0;
}
```

71

【运行效果】

```
a=     -346     532     15a
b=3333.333252
c/3=          0.333, 0.333
c/3=  3.333e-001
d=   a
CHINA
```

【程序分析】

(1)程序中第 8 行 printf()函数中输出表列有 a、-a 和-a 三个参数。在格式字符串中,%8d 对应输出表列第一个参数 a,表示以整数形式、宽度为 8 的格式输出 a 的值;%8o 对应输出表列的第二个参数-a,表示以八进制整数形式、宽度为 8 的格式输出-a 的值;%8x 对应输出表列的第三个参数-a,表示以十六进制整数形式、宽度为 8 的格式输出-a 的值,默认为右对齐。从输出结果"a=   -346   532   15a"可以看出-346 占用 4 个字符的宽度,前面留出了 4 个字符的宽度,刚好 8 个字符的宽度;532 则是-a 即 346 对应的八进制整数,15a 是-a 即 346 对应的十六进制整数。

(2)程序中第 9 行将 float 型变量以%f 的格式输出,从结果 b=3333.333252 可以看出,以%f 的格式输出一个单精度浮点数时,默认小数点后保留 6 位小数,小数末尾的数字 252 是由于精度欠缺造成的,是无效的。

(3)程序中第 10 行代码中 c 是 double 型,c/3 时整数 3 会转换成 double 型再进行计算,结果为 double 型,与其对应的格式符为%lf;%12.3lf 中 12 表示输出时占用的宽度为 12 个字符的宽度,".3"表示小数点后保留 3 位,所以输出结果前半部分"c/3=0.333"的中间有 7 个空格。c/3 的结果用%-12.3lf 的格式输出时,%后的"-"表示左端对齐,其实输出结果"c/3=   0.333,0.333   "的尾部有 7 个空格。

(4)程序中第 11 行代码中 c/3 的结果以指数形式输出,%12.3e 表示宽度为 12,尾数部分的小数位为 3 位,输出结果"c/3= 3.333e-001"中的空格数为 2 个空格。

(5)程序中第 12 行代码中以%5c 的形式输出 d,d 是字符型数据,以 5 个字符宽度的位置输出字符'a',默认靠右对齐。

(6)程序中第 13 行代码中%s 表示以字符串的形式输出字符串"CHINA"。

3.7.2　格式输入函数 scanf()

1. scanf()函数的一般格式

scanf()函数用于读取用户从键盘上输入的数据,可以灵活接收各种数据类型的数据,例如字符串、字符、整数、浮点数等。在读取数据时,scanf()函数会根据格式化控制字符串中指定的格式来解析输入,将解析的结果存储到指定的变量中。函数 scanf()调用的一般格式如下:

scanf(格式化字符串,参数地址表列);

【说明】

(1)格式化字符串:用双引号括起来的一个字符串,包括格式声明和分隔符两个部分。类似于 printf( ) 函数中的格式声明,scanf( ) 函数格式声明部分也用%开始,并以一个格式字符结束,用于指定各参数的输入格式。scanf( ) 函数的格式字符见表 3.9 所示。

(2)参数地址表列:由若干个变量的地址组成的列表,可以是变量的地址,或字符串的首地址,这些参数之间用逗号分隔。例如:

```
int  a ;
char  c ;
float  f ;
scanf("%d,%c,%f",&a,&c,&f);          //第 4 行
```

其中,第 4 行中的"&a,&c,&f"是参数地址表列,"%d,%c,%f"是格式化字符串。

表 3.9 scanf( ) 函数中的格式字符

格式字符	用　　法
d、i	输入有符号的十进制整数
u	输入无符号的十进制整数
o	输入无符号的八进制整数
x,X	输入无符号的十六进制整数
c	输入单个字符,空格、回车、制表符也作为有效字符输入
s	输入字符串,将字符串送到一个字符数组中,在输入时以非空白字符开始,以第一个空白字符结束,字符串以串结束标志'\0 '作为其最后一个字符
f	输入实数,可以用小数形式或指数形式输入
e,E,g,G	与 f 作用相同,e 与 f、g 可以互相转换(大小写作用相同)
%%	输入一个%

2. scanf( ) 函数中的格式修饰符

在 scanf( ) 函数的格式声明部分,%与格式字符中间也可以插入格式修饰符,常用的格式修饰符见表 3.10 所示。

表 3.10 scanf( ) 函数的格式修饰符

字　　符	用　　法
英文字母 l	加在格式符 d、o、x、u 之前用于输入长整型数据以及 double 型数据(用%lf 或%le)
英文字母 L	加在格式符 f、e 之前,用于输入 long double 型数据
英文字母 h	加在格式符 d、o、x 之前,用于输入 short 型数据
域宽 m(正整数)	指定输入数据所占宽度(列数),宽度为正整数
*	表示本输入项在读入后不赋给相应的变量

在使用 scanf( ) 函数过程中,需要注意以下事项:

(1)scanf( ) 函数中的参数地址表列中不是变量名,而是变量地址。

(2)如果在格式化字符串中有格式声明以外的普通字符,在输入数据时须在对应的

位置上输入与这些字符相同的字符。

(3)用％c格式声明输入字符时,空格字符和转义字符都作为有效字符输入。

(4)输入数值数据时,如输入空格、回车、TAB键或不属于数值的字符,则该数值数据输入结束。

例3.14 用scanf()函数输入整数。

```c
#include <stdio.h>
int main()
{
    int a;
    scanf("%d",&a);
    printf("a=%d\n",a);
    return 0;
}
```

【运行效果】

```
12345678
a=12345678
```

【程序分析】

(1)程序运行时直接出来一个光标闪烁,在光标的地方输入12345678,按回车键结束,程序的运行结果为a=12345678。

(2)"scanf("％d",＆a);"表示输入一个数,scanf将其解析成％d指定格式的整数,存入变量a中。

(3)假如在光标地方的输入12345.678,最后输出的结果为a = 12345,其运行效果为:

```
12345.678
a=12345
```

例3.15 用scanf()函数输入指定宽度的整数。

```c
#include <stdio.h>
int main()
{
    int a;
    scanf("%3d",&a);                                        //第5行
    printf("   a=%d\n",a);
    return 0;
}
```

【运行效果】

```
123456789
   a=123
```

【程序分析】

程序第 5 行中%3d 表示输入 3 位十进制整数,当输入数据 123456789 时,9 位整数只读取前 3 位 123 之后赋值给变量 a,最后 a 输出的结果为 123。

例 3.16　用 scanf()函数输入八进制整数。

```
#include <stdio.h>
int main()
{
    int a;
    scanf("%o",&a);                             //第 5 行
    printf("a=%d\n",a);                         //第 6 行
    printf("a=%o\n",a);                         //第 7 行
    return 0;
}
```

【运行效果】

```
123456789
a=342391
a=1234567
```

【程序分析】

a 是整型变量,程序第 5 行中%o 表示用八进制整数形式输入,当输入整数 123456789 时,实际上输入的是八进制数 1234567,因为后面的两位数字 8 和 9 都不是八进制数据。程序第 6 行中当以%d 即十进制整数形式输出时,输出的是八进制数 1234567 对应的十进制整数 342391。程序第 7 行中以%o 即八进制整数形式输出,输出的是八进制整数 1234567。

例 3.17　scanf()函数输入三个数。

```
#include <stdio.h>
int main()
{
    int a;
    float b;
    double c;
    scanf("%d%f%lf",&a,&b,&c);                  //第 7 行
    printf("a=%d,b=%f,c=%lf\n",a,b,c);
    return 0;
}
```

【运行效果】

```
123 45.67 890.12345
a=123,b=45.669998,c=890.123450
```

【程序分析】

(1)变量 a 是整型,b 是 float 型,c 是 double 型,在 scanf()函数中的格式符分别为 %d、%f 和%lf。

（2）程序第 7 行代码中格式化字符串%d%f%lf 中%d、%f 与%lf 之间没有任何其他字符，程序运行时输入整数 123 后敲一个空格（或者回车）以表示变量 a 的数据输入完毕，接着输入 45.67，再敲一个空格（或者回车）表示变量 b 的数据输入完毕，最后输入 890.12345 后敲回车表示结束数据的输入。

（3）如果 scanf() 函数调用中格式声明中含有其他字符，比如将第 7 行代码修改如下：

```
scanf("a=%d,b=%f,c=%lf",&a,&b,&c);
```

函数 scanf() 格式化字符串中有普通字符"a=,b=,c="，则在运行程序时需要完整输入"a=123,b=45.67,c=890.1234567"，然后按回车键结束数据输入。

（4）运行结果中 b=45.669998，变量 b 是单精度浮点型数据，输出时默认小数点后面保留 6 位，单精度数据空间有限，精确度会有所损失，所以与输入的数据之间有差异。

例 3.18　使用 scanf() 函数输入单个字符型变量的值。

```
#include <stdio.h>
int main()
{
    char d;
    scanf("%c",&d);
    printf("d=%d\n",d);
    printf("d=%c\n",d);
    return 0 ;
}
```

【运行效果】

```
abcdefg
d=97
d=a
```

【程序分析】

在运行程序时输入 abcdefg 后敲回车键结束数据输入，最后输出变量 d 的值为字符'a'。scanf() 函数中的格式控制符%c 表示输入单个字符，当输入 abcdefg 时只有一个字符'a'被接收并存入变量 d 中。

例 3.19　使用 scanf() 函数输入多个字符型变量的值。

```
#include <stdio.h>
int main()
{
    char c1,c2,c3;
    scanf("%c%c%c",&c1,&c2,&c3);
    printf("c1=%c,c2=%c,c3=%c",c1,c2,c3);
    return 0;
}
```

【运行效果】

```
abcdef
c1=a, c2=b, c3=c
```

【程序分析】

（1）scanf()函数中使用%c格式声明输入字符时,空格字符和转义字符都作为有效字符输入,在程序运行过程中应连续输入字符后敲回车键,中间不加空格。程序中scanf()函数解析后的结果为变量 c1 接收字符'a',变量 c2 接收字符'b',变量 c3 接收字符'c'。

（2）若输入时在两个字符间插入空格,其运行结果如下:

```
a b c
c1=a, c2= , c3=b
```

这里第 1 个字符'a'传给 c1,第 2 个字符(空格)传给 c2,第 3 个字符'b'传给 c3。

3.7.3　字符数据的输入输出

除了可以用 printf()函数和 scanf()函数输出和输入字符外,C 语言函数库还提供了一些专门用于输入和输出字符的函数,分别是 getchar()函数和 putchar()函数。这两个函数定义在头文件〈stdio.h〉中,因此在使用之前需要包含这个头文件。

1. putchar()函数

putchar()函数的作用是把一个字符输出到屏幕的当前光标位置,既可以输出可显示字符,也可以输出控制字符和转义字符。

调用 putchar()函数的一般形式如下:

putchar(c);

【说明】c 可以是字符常量、整型常量、字符变量或整型变量。如果是整型数据,其值需在字符的 ASCII 码范围内。

2. getchar()函数

函数 getchar()的作用是从输入设备(一般指键盘)输入一个字符。getchar()没有参数,函数的值是从输入设备得到的字符。调用 getchar()函数的一般形式如下:

getchar();

【说明】getchar()函数只能接收一个字符。如果需要输入多个字符就要多次使用getchar()函数。此外,getchar()函数不仅可以从输入设备输入一个可显示的字符,也可以输入一个控制字符。

例 3.20　getchar()函数和 putchar()函数的使用。

```c
#include <stdio.h>
int main()
{
    char a,b;
    a =getchar();
    b =getchar();
    putchar(a);
    putchar(b);
    return 0;
}
```

【运行效果】

【程序分析】

(1)程序运行时输入 abcde,结果输出 ab。因为 getchar()函数只能接收一个字符,当输入"abcde"时,getchar()函数会将字符'a'赋值给变量 a,将字符'b'赋值给变量 b,因此运行结果为 ab。

(2)将代码进行如下修改:

```c
#include <stdio.h>
int main()
{
    char a,b;
    a =getchar();
    b =getchar();
    putchar(a);
    putchar(b);
    putchar(69);
    putchar(b+32);
    putchar('\n');
    return 0;
}
```

【运行效果】

【程序分析】

运行程序时,输入 AB,代码的运行结果为 ABEb。

其中,putchar(69)输出 ASCII 码值 69 对应字符'E'。因为输入给变量 b 的值为'B',字符'B'的 ASCII 码值为 66,b+32 即 66+32,结果为 98,字符'b'的 ASCII 码值为 98,因此输出结果为 ABEb。最后的"putchar('\n');"输出换行符。

3.8　C 语句分类

C 语句可以分成五类:控制语句、函数调用语句、表达式语句、空语句和复合语句。

1. 控制语句

控制语句主要用来控制语句的执行顺序,有如下 9 种:

(1)条件语句:if (　)…else …。

(2)for 循环语句: for (　) …。

(3)while 循环语句:while (　) …。

（4）do … while 循环语句：do … while（　）。

（5）continue 语句：结束本轮循环的语句。

（6）break 语句：中止执行循环语句或 switch 语句。

（7）多分支选择语句：switch …。

（8）return 语句：函数返回语句。

（9）goto 语句：转向语句，在结构化程序中基本不用。

【说明】"（　）"表示括号中是一个判别条件，"…"表示内嵌的语句。

2. 函数调用语句

除了主函数之外，程序中可以根据需要调用一些系统已经定义好的函数或自定义函数。函数调用语句由一个函数调用加一个分号构成。比如"printf（"This is a C statement."）;"就是一个函数调用语句。

关于函数的具体操作将在后续章节中讨论。

3. 表达式语句

表达式语句由一个表达式加一个分号构成。最典型的是由赋值表达式构成一个赋值语句。如"a = 3"是一个赋值表达式，而"a = 3;"则是一条赋值语句。

4. 空语句

只有一个分号的语句叫空语句，主要用来作为流程的转向点，表示流程从程序其他地方转到此语句处。另外，空语句也可以用来作为循环语句中的循环体，表示循环体什么也不做。

5. 复合语句

多条 C 语言语句可以组成复合语句，形式上是用"{"和"}"把一些语句和声明括起来，也称语句块。比如：

```
{
    float pi=3.1415,r =3.1,area;
    area =pi * r* r;
    printf("area=%f",area);
}
```

上述 C 语言程序语句是一个计算圆面积的复合语句。其中，先定义了 3 个变量，再计算和输出面积。

3.9　顺序结构程序设计

结构化程序设计有三种基本结构：顺序结构、选择结构和循环结构。程序中语句按其书写顺序自上而下逐条执行，这种程序结构称为顺序结构。顺序结构是程序开发过程中最常见的一种结构。

例 3.21　把用华氏法表示的温度转换为以摄氏法表示的温度。

【解题方法】

从键盘输入一个华氏法表示的温度值存入变量 f,然后通过转换公式计算出其相对应的摄氏法表示的温度值 c,最后将计算结果输出,N-S 图如图 3.7 所示。

输入 f 的值
c=5*(f-32)/9
输出 c 的值

图 3.7　例 3.21 的 N-S 图

```c
#include <stdio.h>                           //第 1 行
int main()                                   //第 2 行
{
    float f,c;                               //第 4 行
    scanf("%f",&f);                          //第 5 行
    c = (5.0/9) * (f-32);                    //第 6 行
    printf("f =%f\nc=%f\n",f,c);             //第 7 行
    return 0 ;
}
```

【运行效果】

```
64
f = 64.000000
c=17.777779
```

【程序分析】

(1)程序第 1 行导入预处理库 stdio.h。

(2)程序采用顺序结构来实现。

(3)程序第 4 行定义了 f 和 c 两个单精度浮点型变量。

(4)程序第 5 行使用 scanf()函数输入华氏法表示的温度值,存入变量 f 中。

(5)程序第 6 行利用公式计算摄氏法表示的温度值 c。

(6)程序第 7 行输出最终计算结果 c 的值。

例 3.22　从键盘输入一个小写英文字母,将其转换为大写字母,再显示到屏幕上。

```c
#include <stdio.h>
int main()
{
    char ch;
    ch =getchar();
    ch =ch - 32;
    putchar(ch);
    putchar('\n');
    return 0;
}
```

【运行效果】

例 3.23　将两个两位数的正整数 a、b 合并形成一个整数放在 c 中。合并的方式是：将 a 数的十位和个位数依次放在 c 数的千位和百位上，将 b 数的十位和个位依次放在 c 数的十位和个位上。例如：

输入：

56　13

输出：

5613

程序代码如下：

```c
#include <stdio.h>
int main()
{
    int a =0;
    int b =0;
    scanf("%d%d",&a,&b);
    int m =a%10;
    int n =a/10;
    int w =b%10;
    int v =b/10;
    int c =n*1000+m*100+v*10+w;
    printf("%d",c);
    return 0;
}
```

3.10　扩展阅读

"韩信点兵"是中国历史上著名的故事，出自《史记·淮阴侯列传》。故事讲述了韩信在刘邦手下时，刘邦问他："你觉得我可以带多少兵？"韩信回答说："陛下不过能带十万。"刘邦又问："那你呢？"韩信回答："臣多多益善。"意思是越多越好。这个故事体现了韩信的自信和军事才能。秦末时期，楚汉相争，汉初三杰之一的韩信有一次带 1500 名兵士打仗，战死四五百人。为了统计剩余士兵的个数，韩信令士兵 3 人一排，多出 2 人；5 人一排，多出 4 人；7 人一排，多出 6 人。韩信据此很快说出人数：1049 人。那么，韩信是如何快速算出士兵人数的呢？"韩信点兵问题"可以用现代数学语言描述如下：一个整数除以 3 余 2，除以 5 余 4，除以 7 余 6，求这个整数。

"韩信点兵"后来演变成了一个著名的数学问题，称为"韩信点兵问题"或"中国剩余定理"，是古代数学中的一个重要成就。这个问题涉及同余方程组的求解，即在一定的条件下,找出一个数,它除以几个给定数的余数分别是给定的。例如:小林同学非常喜欢吃棒棒糖。一天他买了一盒棒棒糖,他算了一下,如果每天吃 3 颗,最后剩下 1 颗;如果每天吃 4 颗,最后剩下 2 颗;如果每天吃 5 颗,最后剩下 3 颗。那么,"韩信点兵问题"就可以帮你算出小林至少买了多少颗棒棒糖。

"韩信点兵问题"在现实生活中有多种应用,其中一个例子是计算机科学中的密码学。在这个领域中,"韩信点兵问题"被用于设计公钥密码系统,特别是在秘密共享方案和多线性映射的构造中。

例如,假设有一个公司想要安全地分享一个秘密信息给几个高层管理人员,但是不希望任何单独一个管理人员能够获得完整的秘密。使用"韩信点兵问题",公司可以将这个秘密分割成几个部分,每个部分都是秘密的一个同余表达。每个管理人员获得一部分,没有足够多的部分就无法恢复原始秘密。

在数据库系统中,"韩信点兵问题"可以用来解决数据去重和校验的问题。例如,如果有一个很大的数据集,我们想要检查其中是否有重复的数据,可以使用"韩信点兵问题"将每个数据项映射到一个唯一的同余类,从而快速检测重复。在分布式计算中,"韩信点兵问题"可以帮助多个计算节点协同工作,每个节点处理一部分数据,最终将结果汇总。例如,在大数据分析和机器学习中,数据集往往非常大,可以通过"韩信点兵问题"将数据分割成多个部分,每个节点处理一个部分,最后将结果合并。

从"韩信点兵问题"问题中我们可以学习:

1. 智慧与自信

韩信回答刘邦的问题时,表现出了他的智慧和自信。他不仅对自己的军事才能有清晰的认识,而且还充满自信。这种自信和智慧在故事中给人以启发,鼓励人们在面对挑战时要有信心和清晰的自我认知。

2. 忠诚与领导

韩信在刘邦手下效力,展示了他的忠诚和领导才能。他不仅在军事上有卓越的表现,而且在政治上也表现出了忠诚和领导力。这种忠诚和领导力是故事中情感价值的体现,鼓励人们要忠诚并提升领导能力。

3. 团队合作

韩信点兵的故事也体现了团队合作的重要性。在战争中,韩信需要依靠士兵和将领们的通力合作和努力来实现他的目标。这种团队合作的精神在故事中得到了体现,鼓励人们在面对困难时要有团队合作的精神。

4. 智慧与勇气

韩信在回答刘邦的问题时,展现出了他的智慧和勇气。他知道自己的能力,也愿意承担责任。这种智慧和勇气是故事中情感价值的体现,鼓励人们在面对困难时要有智慧和勇气。

总的来说,"韩信点兵问题"作为一个历史故事,鼓励我们在面对挑战时要有自信、智慧、勇气和团队合作的精神,同学们在 C 语言的学习过程中,尝试着编写"韩信点兵问题"的代码。

3.11 小   结

本章介绍了 C 语言编程入门的基本知识,主要包括以下几个方面:

(1)标识符、常量与变量的概念。

(2)C 语言的基本数据类型:整数类型、实数类型、字符型,以及各数据类型的特点及运算。

(3)数据输入/输出语句的使用及使用过程中的注意事项,包括格式输入函数 scanf()、格式输出函数 printf()、字符输入函数 getchar()和字符输出函数 putchar()。

(4)C 语句的分类。

(5)顺序结构的程序编写。

习   题

1. 下列不合法的字符常量是(   )。

A.'2'   B.'ab'   C.'\n'   D.'\101'

2. 下列合法的转义字符是(   )。

A.'\"'   B.'\ee'   C.'\018'   D.'xab'

3. 若已定义 x 和 y 为 double 型变量,则表达式 x=1,y=x+3/2 的值是(   )。

A.2   B.2.5   C.2.0   D.1

4. 若 x,a,b 均为 int 型变量,则执行语句"x=(a=5,b=a——);"后,x,a,b 的值分别是(   )。

A.5,4,4   B.5,5,4   C.5,4,5   D.4,5,4

5. 已知"int x=5,y=5,z=5;",则执行语句"x%=y+z;"后,x 的值是(   )。

A.6   B.1   C.0   D.5

6. 若变量 x,y 均定义为 int 型,z 定义为 double 型,下列不合法的 scanf 语句是(   )。

A. scanf("%d%d%lf",&x,&y,&z);

B. scanf("%d,%x,%lf",&x,&y,&z);

C. scanf("%x,%o,%6.2f",&x,&y,&z);

D. scanf("%x,%o",&x,&y);

7. 以下程序的输出结果是(   )。

```
#include<stdio.h>
int main()
{
    int x=10,y=3,z;
    printf("%d\n",z=(x%y,x/y));
    return 0;
}
```

A. 4   B. 3   C. 1   D. 0

8. 以下程序的输出结果是（　　）。

```
#include<stdio.h>
int main()
{
    int a=010,b=0x10,c=10;
    printf("%d,%d,%d",a,b,c);
    return 0;
}
```

A. 10,10,10   B. 8,16,10   C. 16,8,10   D. 8,10,10

9. 输入"12345,xyz〈回车〉"，下列程序的输出结果是（　　）。

```
#include<stdio.h>
int main()
{
    int a;
    char c;
    scanf("%3d%c",&a,&c);
    printf("%d,%c",a,c);
    return 0;
}
```

A. 12,4   B. 12,34   C. 123,4   D. 1234

10. 若 a 为实型变量，则以下程序段的输出结果是（　　）。

```
a=2.389;
printf("%.2f",a);
```

A. 2.389   B. 0.38   C. 2.4   D. 2.39

11. 使用"scanf("a=%d,b=%d",&a,&b);"，要使 a,b 的值均为 25，正确的输入是（　　）。

A. a=25 b=25（空格分开）   B. 25 25（空格分开）

C. 25,25   D. a=25,b=25

12. 以下可以实现"输入一个字符到变量 ch"的语句是（　　）。

A. scanf("%c",ch);   B. ch=getchar();

C. getchar(ch);   D. getchar("%c",ch);

13. 若 x 为 float 型变量，则以下语句（　　）。

```
x=213.82631;
printf("%-4.2f\n",x);
```

A. 输出为 213.83   B. 输出格式描述符的域宽不够，不能输出

C. 输出为 213.82   D. 输出为 −213.82

14. putchar()函数可以向终端输出一个（　　）。

A. 字符串   B. 字符或字符型变量值

C. 实型变量值   D. 浮点型变量值

15. 能正确定义整型变量 a 和 b,并为它们赋初值 5 的语句是(　　)。

A. a＝b＝5;　　　　　　　　　　B. int a＝5,b＝5;

C. int a＝b＝5;　　　　　　　　　D. int a,b＝5;

16. 判断下列说法的对错并说明原因:

(1)－6.2e4 是不合法的实型常量。

(2)程序调试是指对程序进行编译。

(3)若有"int x＝8,y＝5,z;",则执行语句"z＝x/y＋0.4;"后,z 的值为 1。

(4)对 C 的源程序进行编译是指将 C 源程序翻译成目标程序。

(5)格式化输入函数 scanf()的返回值是输入数据的个数。

(6)在 C 语言的源程序函数中,函数体中可以没有任何语句。

(7)C 语言的每条可执行语句最终都将被转换成二进制的机器指令。

17. 调用 printf()函数分别输出"我""爱""中""国",在屏幕上同一行显示。

18. 编写程序计算圆的面积与周长,要求:

(1)从键盘上输入圆的半径。

(2)计算圆的面积和周长并将结果输出到屏幕。

19. 简述 C 语言的基本数据类型及其特点。

20. 简述标识符的命名规则。

21. 对表达式 2＞5＆＆2‖3＜4－!0 的运算优先级进行分析。

22. 简述自增运算符放在变量前面和后面的区别。

23. 编写一个程序,从键盘输入某个分钟数,将其转换成用小时和分钟表示,并将表示结果输出。比如,输入 320 分钟,转换输出"5(h):20(m)"。

24. 编写程序,输入一个八进制数(不超过 3 位),输出该数对应的十进制数。

25. 输入一个三位的正整数,按逆序打印输出该数的各位数字。

第4章

选择结构程序设计

结构化程序设计有顺序、选择和循环三种基本结构。在程序流程中需要根据条件的满足情况选择执行不同的代码的结构就是选择结构,也称为分支结构。本章将重点学习选择结构及其运用。

4.1　选择结构与条件判断

现实生活中人们常常面临各种选择,比如,午餐选择吃米饭还是吃面条,缴纳个人所得税时根据收入不同适用不同的税率,根据学生成绩所处的分数段给予不同的等级等。这些问题具有共同的特点,即先判断条件是否满足,再选择怎么做,在不同的条件下做出不同的选择。编程中也会面临类似问题,C 语言中采用选择结构来实现此类问题的编程。

比如,从键盘输入一个整数,判断其奇偶性,代码如下:

```c
#include<stdio.h>
int main()
{
    int x;
    scanf("%d",&x);
    if (x%2==0)
        printf("输入的是偶数");
    else
        printf("输入的是奇数");
    return 0;
}
```

代码中首先定义一个 int 型变量 x,从键盘上输入一个值赋给 x,通过 if-else 语句进行判断:如果 x 除以 2 的余数为 0,表示 x 为偶数,否则就是奇数。程序流程如

图 4.1 所示。

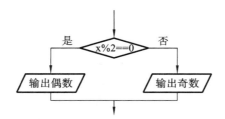

图 4.1　选择结构的局部程序流程图

代码中 x％2＝＝0 为条件表达式,其计算结果决定了程序流程的走向。

C 语言中,选择结构用于根据条件的真假来执行不同的代码路径。C 语言提供两种选择结构:一种是条件语句,又称 if 语句,用来实现两个分支的选择结构;另一种是开关语句,又称 switch 语句,可以实现多分支的处理。

4.2　关系表达式与逻辑表达式

4.2.1　关系表达式

1. 关系运算符

关系运算也称比较运算,目的是比较两个数据的大小。在 C 语言中,用于比较运算的运算符称为关系运算符,详见表 4.1。

表 4.1　关系运算符

运算符	运　算	范　例	结　果
＞	大于	7＞8	0
＞＝	大于等于	7＞＝8	0
＜	小于	7＜8	1
＜＝	小于等于	7＜＝8	1
＝＝	等于	7＝＝8	0
！＝	不等于	7！＝8	1

2. 关系运算符及其优先次序

表 4.1 的六种关系运算符中,＞、＞＝、＜、＜＝运算优先级高于＝＝、！＝。关系运算符的优先级比算术运算符低,但高于赋值运算符。

比如,c＞a＋b 等效于 c＞(a＋b),先计算 a＋b 的和,然后再与 c 进行比较。

3. 关系表达式

用关系运算符将两个操作数或表达式连接起来的式子,称为关系表达式。关系表达式的计算结果是一个逻辑值,即"真"(断定关系表达式表示的关系成立)或"假"(断定关系表达

式表示的关系不成立)。C语言的逻辑运算中,以"1"代表"真",以"0"代表"假"。比如:

```
a=3;
b=2;
c=1;
d=a>b;
f=a>b>c;
```

代码中d的计算结果为1。先计算a>b的结果为真(即为1),再将1赋值给d,因此d的值为1。而f的值为0,因为">"运算符是自左至右的方向结合,先执行a>b得到结果为1,再执行关系运算1>c得到结果为0,最后把0赋值给f。

4.2.2 逻辑表达式

用逻辑运算符可以将关系表达式或其他逻辑量连接起来,逻辑运算符详见表4.2。

表4.2 C语言中的逻辑运算符

逻辑符	含 义	举 例	说 明
&&	逻辑与(AND)	a&&b	如果a和b都为真,则结果为真,否则为假
‖	逻辑或(OR)	a‖b	如果a和b有一个以上为真,则结果为真,二者都为假时结果为假
!	逻辑非(NOT)	!a	如果a为假,则!a为真;如果a为真,则!a为假

【说明】

(1)运算符"&&"表示与操作,是双目运算符,运算符前后需有两个运算对象。当且仅当"&&"前后的运算对象都为真时,结果才为真,否则为假。运算符"‖"也是双目运算符,当且仅当"‖"前后的运算对象都为假时,结果为假,否则为真。详见表4.3与或非运算真值表。

表4.3 与或非运算真值表

a	b	!a	!b	a&&b	a‖b
真(非0)	真(非0)	假(0)	假(0)	真(1)	真(1)
真(非0)	假(0)	假(0)	真(1)	假(0)	真(1)
假(0)	真(非0)	真(1)	假(0)	假(0)	真(1)
假(0)	假(0)	真(1)	真(1)	假(0)	假(0)

(2)"!"是单目运算符,只有一个运算对象。

(3)从优先级关系上看,"!"运算优先于"&&","&&"优先于"‖"运算,即"!"为三者中最高的。而且,逻辑与运算符"&&"和逻辑或运算符"‖"的优先级低于关系运算符,逻辑非运算符"!"的优先级高于算术运算符。

(4)逻辑运算结果不是0(假)就是1(真),不可能是其他数值。但在逻辑表达式中,作为参加逻辑运算的运算对象可以是0或任何非0的数值,0就是假,非0值按"真"

对待。

(5)在执行逻辑表达式时,并不是所有的逻辑运算符都被执行,只是在必须执行下一个逻辑运算符才能求出整个表达式的解时,才执行该运算符。比如在计算表达式 a&&b&&c 的值时,只有 a 为真(非 0)时,才需要判断 b 的值。只有当 a 和 b 都为真时才需要判断 c 的值。如果 a 为假(0),则后续的逻辑与运算都不需要计算,结果即为假(0)。再比如计算表达式 a‖b‖c 的值时,若 a 为真(非 0),则后续的逻辑或运算也不需要计算,最终结果为真(1)。只有当 a 为假时,才需要判断 b;只有当 a 和 b 都为假时,才需要判断 c。

例 4.1 从键盘输入一个年份,判断该年是否为闰年。

【解题方法】

从键盘接收的年份用变量 year 表示,判断一个年份为闰年的条件是能被 4 整除但不能同时被 100 整除,或能被 400 整除,则判断闰年的逻辑表达式为:

year % 4 == 0 && year % 100 != 0 ‖ year % 400 == 0

程序代码如下:

```c
#include <stdio.h>
int main()
{
    int year;
    scanf("%d",&year);
    if (year%4==0 && year%100!=0 || year%400==0)
        printf("%d是闰年",year);
    else
        printf("%d是平年",year);
    return 0;
}
```

【运行效果】

【程序分析】

运行程序后,从键盘输入 2023,输出结果为"2023 是平年"。如果输入 2024,则输出结果为"2024 是闰年"。

当程序中涉及的条件判断有两个或者两个以上时,就需要用逻辑与(&&)或者逻辑或(‖)运算符将各个条件表达式连接起来。

4.2.3 条件运算符

条件运算符由"?"和":"组成,两个符号必须一起使用。条件运算符是 C 语言中唯一的三目运算符,要求有 3 个操作对象,语法形式如下:

表达式 1 ? 表达式 2 : 表达式 3

条件运算符的执行顺序是先求解表达式 1,若表达式 1 的结果为真(非 0),则求解表达式 2,此时表达式 2 的值就作为整个表达式的计算结果;若表达式 1 的结果为假(0),则求解表达式 3,表达式 3 的值就是整个表达式的计算结果。

比如,可以使用以下代码计算 x 的绝对值:

```
y = (x>=0)?x:-x;
```

等价于如下代码:

```
if (x>=0)
    y = x;
else:
    y=-x;
```

当 x>=0 时,y 的值等于 x;否则,y 的值等于 -x。

4.3　用 if 语句实现选择结构

if 条件语句实现选择结构有 3 种:单分支结构、二分支结构和多分支结构。

4.3.1　单分支结构 if 语句

单分支结构 if 语句的语法格式如下:

if (条件判断表达式 P)

{

　　　　语句块 1

}

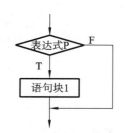

图 4.2　单分支选择结构的程序流程图

【说明】单分支结构 if 语句执行过程中,首先计算表达式 P 的值,结果如果为真(非 0),则执行语句块 1,否则什么都不做。单分支结构 if 语句的程序流程图表示如图 4.2 所示。

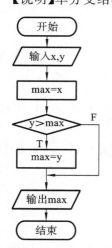

图 4.3　比较两数的大小的程序流程图

表达式 P 可以为任意表达式,一般为关系或逻辑表达式。只要表达式 P 计算的结果值非零,就表示表达式 P 的值为真,否则就为假。另外,如果 if 后{}中的语句块只有一条语句,{}可以省略不写,但建议都写上,便于阅读和修改。

例 4.2　从键盘上输入两个整数,输出两个整数中的较大值。

【解题方法】

从键盘上输入两个整数分别存入变量 x ,y,把 x 赋值给变量 max,再将 max 与 y 进行比较。如果 y 大于 max,则将 y 的值赋给 max,否则就什么都不做。程序的流程图如图 4.3 所示。

程序代码如下：

```c
#include<stdio.h>
int main()
{
    int x,y,max;
    scanf("%d%d",&x,&y);
    max=x;
    if (y>max)
        max=y;
    printf("max=%d\n",max);
    return 0;
}
```

【运行效果】

4.3.2　二分支结构 if 语句

二分支结构的 if 语句的语法格式如下：

if　（条件判断表达式 P)

{

　　语句块 1

}

else

{

　　语句块 2

}

【说明】二分支结构的 if 语句执行时先计算表达式 P 的值，如果结果为真(非 0)，就执行语句块 1，否则执行语句块 2。二分支结构中的两个语句块，只有一个语句块会被执行，另一个语句块不会被执行。表达式 P 一般为关系表达式或逻辑表达式。

二分支结构的程序流程图如 4.4 所示。

例 4.3　输入的一个整数，判断其是否能同时被 3 和 7 整除，如能，则输出"YES"，否则输出"NO"。

【解题方法】

先把输入的整数存入变量 m，再判断 m 中的整数是否能同时被 3 和 7 整除，条件表达为 m%3==0 && m%7==0。程序代码如下：

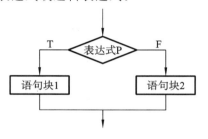

图 4.4　二分支结构程序流程图

```
#include<stdio.h>
int main()
{
    int m;
    scanf("%d",&m);
    if (m%3==0 && m%7==0)
        printf("YES");
    else
        printf("NO");
    return 0;
}
```

【运行效果】

例 4.4 编写程序模拟用户输入密码登录过程。

【解题方法】

假设密码为 123,将密码 123 设定为一个固定的常量 PSW。从键盘输入一个密码存入变量 a,将键盘输入的密码 a 与提前设定好的密码进行比对,如果相同则表示密码正确,登录成功,否则输出密码错误的提示信息。程序流程图如图 4.5 所示。

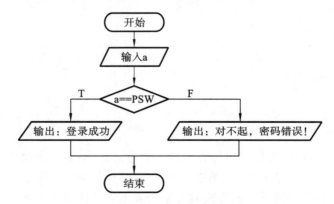

图 4.5 用户登录程序流程图

程序代码如下:

```
#include<stdio.h>
int main()
{
    const int PSW=123;   //正确密码
    int a;
    scanf("%d",&a);
```

```
        if (a==PSW)
        {
            printf("登录成功");
        }
        else
        {
            printf("对不起,密码错误!");
        }
        return 0;
    }
```

【运行效果】

```
123
登录成功
```

```
456
对不起，密码错误!
```

【程序分析】

第一次运行程序,输入 123 后回车,得出结果"登录成功";第二次运行程序,输入 456,得出结果"对不起,密码错误!"

4.3.3　多分支结构 if 语句

多分支结构的 if 语句语法格式如下:

if （条件判断表达式 1)

{

　　语句块 1

}

else if（条件判断表达式 2)

{

　　语句块 2

}

……

else if（条件判断表达式 n)

{

　　语句块 n

}

else

{

　　语句块 n＋1

}

多分支结构 if 语句的程序流程图如图 4.6 所示。

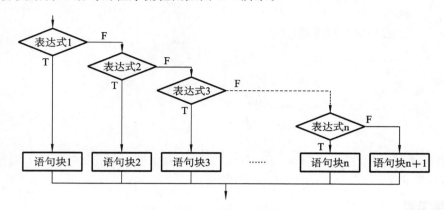

图 4.6　多分支结构程序流程图

【说明】程序进入多分支结构,首先判断条件表达式 1 的计算结果是否为真(非 0),如果是,则执行语句块 1,语句块 1 执行完毕结束多分支结构,继续执行多分支结构以后的语句;如果条件表达式 1 的计算结果为假(0),则判断条件表达式 2 的计算结果是否为真(非 0),如果为真,则执行语句块 2,语句块 2 执行完毕结束多分支结构,继续执行多分支结构以后的语句;如果条件表达式 2 的计算结果为假(0),则判断条件表达式 3 的计算结果是否为真(非 0),以此类推,如果条件表达式 n 的计算结果为假(0),则执行语句块 n+1,语句块 n+1 执行完毕同样结束多分支结构,继续执行多分支结构以后的语句。

例 4.5　已知某公司员工的保底月薪 salary 为 500,某月所接工程的利润 profit(整数)与利润提成比率 ratio 的关系如表 4.4 所示(计量单位:元),试用 if-else-if 语句计算员工的当月薪水。

表 4.4　利润提成的关系表

工程利润 profit	提成比率 ratio
profit≤1000	没有提成
1000＜profit≤2000	提成 10%
2000＜profit≤5000	提成 15%
5000＜profit≤10000	提成 20%
10000＜profit	提成 25%

【解题方法】

(1)定义一个变量 profit 用来存放员工所接工程的利润。

(2)提示用户输入员工所接工程的利润,并调用 scanf()函数接收用户输入的利润。

(3)根据表 4.4 的规则,计算该员工当月的提成比率(ratio)。

(4)计算该员工当月的薪水:保底月薪(salary)＋所接工程的利润(profit)×提成比率(ratio),并输出结果。

程序流程图如 4.7 所示。

程序代码如下:

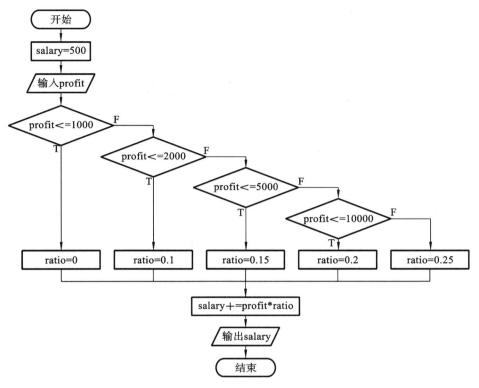

图 4.7　计算员工薪水程序流程图

```c
#include <stdio.h>
int main()
{
    long    profit;                   //所接工程的利润
    float   ratio;                    //提成比率
    float   salary =500;              //薪水,初始值为保底薪水 500
    scanf ("%ld", &profit);           //输入所接工程的利润
    if (profit <=1000)
        ratio =0;
    else if (profit <=2000)
        ratio =0.10;
    else if (profit <=5000)
        ratio =0.15;
    else if (profit <=10000)
        ratio =0.20;
    else
        ratio =0.25;                  //计算提成比率
    salary +=profit * ratio;          //计算当月薪水
```

```
        printf ("salary =%.2f\n", salary);                        //输出结果
        return 0;
    }
```

4.4　选择结构的嵌套

4.4.1　if 嵌套的一般形式

在 if 语句中包含一个或多个 if 语句称为 if 语句的嵌套,其一般形式如下:
if（条件判断表达式 1）
{
　　if（条件判断表达式 2）
　　{
　　　　语句块 1
　　}
　　else
　　{
　　　　语句块 2
　　}
}
else
{
　　if（条件判断表达式 3）
　　{
　　　　语句块 3
　　}
　　else
　　{
　　　　语句块 4
　　}
}
或者是下面这样的形式:
if（条件判断表达式 1）
{
　　if（条件判断表达式 2）
　　{
　　　　语句块 1

```
}
else if(条件判断表达式 3)
{
    语句块 2
}
else
{
    语句块 3
}
}
```

例 4.6　从键盘输入 3 个整数,找出并输出其中最小的数。

【解题方法】

程序开始用 scanf()函数从键盘输入 3 个整数,分别存入变量 a、b 和 c 中。

如果 a<b,则继续判断 a<c 是否成立,如果成立,说明 a 比 b 和 c 都小,则最小值是 a。如果 a<c 不成立,说明 a 小于 b 但大于等于 c,则最小值为 c。

如果 a<b 不成立,即 a≥b,则继续判断 b>c 是否成立,如果成立,则最小值是 c。否则,b 为最小值。

程序流程图如图 4.8 所示。

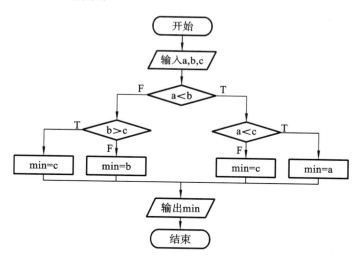

图 4.8　求三个数最小数的程序流程图

程序代码如下:

```
#include <stdio.h>
int main()
{
    int a,b,c,min;
    scanf("%d%d%d",&a,&b,&c);
    if(a <b)
```

```
        {
                if(a < c)
                        min = a;
                else
                        min = c;
        }
        else
        {
                if(b > c)
                        min = c;
                else
                        min = b;
        }
        printf("min=%d\n",min);
        return 0;
}
```

4.4.2　if-else 配对

嵌套结构内的 if 语句可能是 if-else 类型的结构,为避免产生歧义,C 语言规定,else 总是与它前面最近的没有配对的 if 语句配对。例如:

```
if (a==b)
    if(b==c)
            printf("a==b==c");
    else
        printf("a!=b");
```

把 else 写在与第 1 个 if(外层 if)同一列上,意思是使 else 与第 1 个 if 对应,但实际上 else 是与第 2 个 if 配对,因为它们相距最近,所以需要将代码修改如下:

```
if (a==b)
{
    if(b==c)
        printf("a==b==c");
}
else
    printf("a!=b");
```

如果 if 与 else 的数目不一样,为达成程序设计者的设想,可以使用大括号{}来确定配对关系。

4.5　用 switch 语句实现多分支选择结构

4.5.1　switch 语句一般形式

C 语言中,switch 语句是一种多分支选择结构,它允许基于一个变量的值来选择多个代码块中的一个来执行。switch 语句通常用于处理多分支,尤其是当条件基于同一个变量的不同值时。

switch 语句一般形式如下:

switch（表达式）

{

　case 目标值 E1:

　　语句组 1

　　break;

　case 目标值 E2:

　　语句组 2

　　break;

　……

　case 目标值 En:

　　语句组 n

　　break;

　default:

　　语句组 n+1

　　break;

}

执行 switch 语句时,先计算表达式的值,然后将表达式的值与每个 case 中的目标值进行匹配,如果找到了匹配的值,就执行相应的语句;如果所有的 case 目标值都匹配不上,就执行 default 后面的语句。程序流程图如图 4.9 所示。

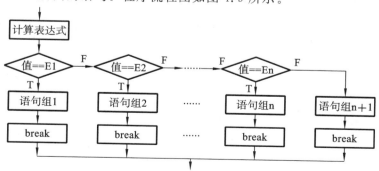

图 4.9　switch 语句的程序流程图

例 4.7 用户从键盘上输入两个整数,编写程序实现两个整数的加减乘除运算。

```c
#include <stdio.h>
int main()
{
    int a,b;
    char op;
    scanf("%d%c%d",&a,&op,&b);
    switch(op)
    {
        case '+':
            printf("%d+%d=%d\n",a,b,a+b);
            break;
        case '-':
            printf("%d-%d=%d\n",a,b,a-b);
            break;
        case '*':
            printf("%d* %d=%d\n",a,b,a*b);
            break;
        case '/':
            if (b!=0)
                printf("%d/%d=%d\n",a,b,a/b);
            else
                printf("除数不能为 0");
            break;
    }
}
```

4.5.2 switch 语句注意事项

switch 语句使用过程中需注意以下事项:

(1)switch 后面表达式计算结果的数据类型可以是 int、char 或枚举类型(见后文 9.6 节),但不可为浮点型。如下面的用法是错误的:

```c
float   a, b =4.0;
scanf ("%f", &a);
switch ( a )                              //错误,a 不能为浮点型
{
    case 1:  b =b +1;  break;
    case 2:  b =b -1;  break;
}
printf ("b =%f\n", b);
```

(2)case 后面语句组可用{ }括起来,也可以不用{ },一般不用{ }。例如:

```
        switch ( i )
        {
        case 1:    { b = b + 1;   break; }                    // { }可加可不加
        case 2:      b = b - 1;   break;
        }
```

（3）每个 case 后面"目标值"必须各不相同，否则会出现相互矛盾的现象。例如：

```
        int    a, b = 4;
        scanf ("%d", &a);
        switch (a)
        {
          case 1:  b = b + 2;   break;
          case 2:  b = b * 2;   break;
          case 1:  b = b + 2;   break;              //错误，同第一个 case 后面的值 1 相同
        }
        printf ("b = %d\n", b);
```

（4）每个 case 后面的"目标值"必须是"常量表达式"，表达式中不能包含变量。

比如把例 4.5 改写成如下的代码是错误的。

```
        #include <stdio.h>
        int main ()
        {
            long     profit;
            float    ratio;
            float    salary = 500;
            scanf ("%ld", &profit);
            switch (profit)
            {
                case profit <= 1000:                     //错误
                    ratio = 0;
                    break;
                case   profit > 1000 && profit <= 2000:    //错误
                    ratio = 0.10;
                    break;
                case   profit > 2000 && profit <= 5000:    //错误
                    ratio = 0.15;
                    break;
                case   profit > 5000 && profit <= 10000:   //错误
                    ratio = 0.20;
                    break;
                default:
                    ratio = 0.25;
            }
            salary += profit * ratio;
```

```
        printf ("salary =%.2f\n", salary);
        return 0;
    }
```

(5)case 后面表示目标值的"常量表达式"仅起语句标号作用,并不进行条件判断。switch 后面的表达式一旦匹配到目标值,就执行目标后面的语句组,不再进行标号判断。在语句组结束处必须加上 break 语句,以便结束 switch 语句,否则将继续执行下面的语句组。

```
    #include <stdio.h>
      int main ( )
      {
        char  ch;
        ch =getchar ( );                          //假设输入为 N
        switch ( ch )
        {
          case 'Y' : printf ("Yes\n"); break;
          case 'N' : printf ("No\n"); break;
          case 'A' : printf ("All\n"); break;
          default : printf ("Yes,No or All\n");
        }
        return 0;
    }
```

上述代码流程走的是划线部分,执行完 break 就直接退出。运行结果为:

假如划线部分代码没有 break,代码如下:

```
    #include <stdio.h>
    int main ( )
    {
      char  ch;
      ch =getch ( );                             //假设输入为 N
      switch ( ch )
        {
          case 'Y': printf ("Yes\n"); break;
          case 'N': printf ("No\n");
          case 'A': printf ("All\n"); break;
          default: printf ("Yes,No or All\n");
        }
        return 0;
    }
```

运行结果为:

(6)多个 case 子句可共用同一语句组。如下面程序的功能是实现当 a 的值是 1、2、3

时把 b 的值加 2,当 a 的值是 4、5、6 时把 b 的值减 2,当 a 的值是其他值时将 b 的值乘 2。

```c
#include <stdio.h>
int main ()
{
    int   a, b =4;
    scanf ("%d", &a);
    switch (a)
    {
        case 1:
        case 2:
        case 3: b +=2; break;
        case 4:
        case 5:
        case 6: b -=2; break;
        default: b * =2; break;
    }
    printf ("b =%d\n", b);
    return 0;
}
```

(7)如果 case 子句和 default 子句都带有 break 子句,那么它们之间顺序的变化不会影响 switch 语句的功能。

```c
#include <stdio.h>
int main ()
{
  char  ch;
  ch =getchar ();
  switch (ch )
  {
    case 'Y' : printf ("Yes\n"); break;
    case 'N' : printf ("No\n"); break;
    case 'A' : printf ("All\n"); break;
    default : printf ("Yes,No or All\n"); break;
  }
  return 0;
}
```

同以下代码等价:

```c
#include <stdio.h>
int main ()
{
  char  ch;
  ch =getchar ();
  switch (ch )
  {
```

```
            case 'Y': printf ("Yes\n");break;
            default : printf ("Yes,No or All\n"); break;
            case 'N': printf ("No\n");break;
            case 'A': printf ("All\n");break;
        }
    return 0;
}
```

(8)如果 case 子句和 default 子句有的带 break 子句,有的没带 break 子句,那么它们之间顺序的变化可能会影响输出的结果。比如以下代码:

```
#include <stdio.h>
int main ()
{
  char  ch;
  ch =getchar ();                                    //假设输入字母 B
  switch ( ch )
  {
    case 'Y' : printf ("Yes\n"); break;
    case 'N' : printf ("No\n"); break;
    case 'A' : printf ("All\n"); break;
    default : printf ("Yes,No or All\n");
  }
  return 0;
}
```

运行结果为:

```
B
Yes,No or All
```

而改变顺序的程序代码如下:

```
#include <stdio.h>
int main ()
{
  char  ch;
  ch =getchar ();                                    //假设输入字母 B
  switch ( ch )
  {
    case 'Y' : printf ("Yes\n"); break;
    default : printf ("Yes,No or All\n");
    case 'N' : printf ("No\n"); break;
    case 'A' : printf ("All\n"); break;
  }
  return 0;
}
```

运行结果为：

（9）switch 语句可以嵌套。

```c
#include <stdio.h>
int main ( )
  {
    int x =1, y =0, a =0, b =0;
    switch ( x )
    {
      case 1: switch ( y )
            {
                case 0: a++;  break;
                case 1: b++;  break;
            }
      case 2: a++;  b++;  break;
      case 3: a++;  b++;
    }
    printf ("a =%d\n, b =%d", a, b);
    return 0;
  }
```

运行结果为：

a = 2, b = 1

4.6 选择结构程序举例

例 4.8 从键盘输入一个字母，如果该字母是大写就转换为小写，如果是小写就转换为大写。

【解题方法】

本程序要解决两个问题：一是如何判断字母是大写还是小写，用比较运算可以判别；第二个问题是如何进行大小写转换。从 ASCII 码表可知，小写字母 a(97)与大写字母 A(65)相差 32，其余字母一样，因而将大写字母的 ASCII 码值加 32 即可得小写字母的 ASCII 码值，反之亦然。程序代码如下：

```c
#include<stdio.h>
int main()
{
    char a;
    printf("请输入一个字母:");
```

```
scanf("%c",&a);
if((a>='A')&&(a<='Z'))
    printf("它的小写为%c\n",a+32);
else if ((a >= 'a') && (a <= 'z'))
    printf("它的大写为%c\n",a-32);
}
```

【运行效果】

例 4.9 超市针对某商品开展促销活动,商品单价为 5 元,若顾客购买数量超过 30 件按 10%折扣,超过 50 件按 15%折扣。编写程序,根据从键盘输入的顾客购买商品数量计算总价。

程序代码如下:

```
#include <stdio.h>
int main()
{
    float unit_price =5.0f;               // 商品单价
    float discount =0.0f;                 // 商品折扣
    int number =0;                        // 商品数量
    printf("请输入商品数量:");              // 提示用户输入商品数量
    scanf("%d", &number);
    // 计算折扣
    if (number <=30)
    {
        discount =0.0f;
    }
    else if (number <=50)
    {
        discount =0.1f;
    }
    else
    {
        discount =0.15f;
    }
    // 输出总价
    printf("商品的总价为:%.2f\n", number *unit_price * (1 -discount));
    return 0;
}
```

【运行效果】

```
请输入商品数量: 15
商品的总价为: 75.00
```

```
请输入商品数量: 45
商品的总价为: 202.50
```

```
请输入商品数量: 60
商品的总价为: 255.00
```

例 4.10　学校为学生课程成绩进行等级区分(假定成绩都在 99～60 分内),100～90 为 A 级,90～80 为 B 级,80～70 为 C 级,70～ 60 为 D 级。

程序代码如下：

```c
#include<stdio.h>
int main()
{
    int a;
    printf("请输入该同学成绩:");
    scanf("%d", &a);
    switch (a/10)
    {
        case 9: printf("该同学等级为:A"); break;
        case 8: printf("该同学等级为:B"); break;
        case 7: printf("该同学等级为:C"); break;
        case 6: printf("该同学等级为:D"); break;
        default: printf("输入成绩无效！\n");
    }
    return 0;
}
```

【运行效果】

```
请输入该同学成绩: 82
该同学等级为: B
```

例 4.11　将例 4.5 用 switch 语句改写。

【解题方法】

为了解决相邻两个区间的重叠问题,最简单的方法就是将利润 profit 先减 1(最小增量),然后再整除 1000 即可。程序代码如下：

```c
#include <stdio.h>
int main()
{
    long profit;
    int grade;
    float salary=500;
    printf("Input profit: ");
    scanf("%ld", &profit);
```

```
        grade= (profit-1)/1000; //将利润-1,再整除 1000,转化成 switch 语句中的 case
标号
    switch(grade)
    {
        case 0: break;                                    //profit≤1000
        case 1: salary +=profit* 0.1; break;              //1000<profit≤2000
        case 2:
        case 3:
        case 4: salary +=profit* 0.15; break;             //2000≤profit≤5000
        case 5:
        case 6:
        case 7:
        case 8:
        case9: salary +=profit* 0.2; break;               //5000≤profit≤10000
        default: salary +=profit* 0.25;                   //10000<profit
    }
    printf("salary=%.2f\n", salary);
    return 0;
}
```

4.7　扩展阅读

　　1947 年,邓稼先顺利地通过考试,留学美国。他留学海外的目的并非是镀金,而是为了学成归国更好地为祖国服务。在美国学习期间,邓稼先各门功课优异,并且拿到了奖学金。三年的博士课程,邓稼先仅仅用了一年零十一个月便读完并拿到学分,而且完成博士论文,顺利通过了博士答辩,获得了博士学位。

　　1950 年的 8 月 29 日,邓稼先收拾行李登船回国。他坚信中国共产党必将领导建立一个崭新的中国,而建设国家需要人才。他眼下迫切要做的就是用自己所学的科学知识,报效自己多灾多难、在科技方面还远远落后于世界其他国家的祖国。

　　1958 年,中央决定依靠自己的力量研发原子弹,邓稼先被委以重任。得到通知的那天晚上,辗转难眠的邓稼先对妻子许鹿希说自己要调动工作了。许鹿希后来回忆:我问他调哪儿去? 他说不能说。我问去干什么? 他说不能说。我叫他到了那个地方把信箱的号码给我,我给他写信,他说不能通信。他说这个家以后就靠我了,他的生命要献给将来要做的这个工作。他这句话说得非常坚决。他说如果做好了这件事,他这一辈子就活得很值得,就是为它而死也值得。

　　1961 年,经过整整三年的研究,邓稼先带领的研究人员终于敲开了原子弹设计的大门,原子弹的蓝图基本成型。而在当时,没有先进的计算机,只有几台老式的手摇式计算机,更多情况下研究人员只能依靠纸笔、计算尺等原始的工具。

　　1964 年 10 月 16 日,中国的第一颗原子弹按照邓稼先他们的设计,顺利地在沙漠腹地炸响。

1965 年年底,邓稼先和于敏共同拿出了一个氢弹理论设计方案。经过 1966 年两次热核试验,证明了这个方案的正确性。1967 年 6 月 17 日,中国顺利爆炸了第一颗氢弹。

人一生都在不停地作选择。无论身处何方,选择报效国家,为了国家的强大而终生奋斗,奉献自己的力量,是每个中国人的最优选择。

4.8　小　　结

本章介绍了 C 语言中的选择结构,主要围绕以下几个方面展开学习:

(1)条件表达所涉及的关系运算、逻辑运算和条件运算。

(2)if 语句实现单分支结构、二分支结构和多分支结构。

(3)if 语句的嵌套使用。

(4)switch 语句实现多分支结构以及使用过程中的注意事项。

习　　题

1. 下列条件语句中,功能与其他语句不同的是(　　　)。

A.
```
if(a==0)
  printf("%d\n",x);
else
  printf("%d\n",y);
```

B.
```
if(a)
  printf("%d\n",x);
else
  printf("%d\n",y);
```

C.
```
if(a==0)
  printf("%d\n",y);
else
  printf("%d\n",x);
```

D.
```
if(a!=0)
  printf("%d\n",x);
else
  printf("%d\n",y);
```

2. 针对以下程序,正确的说法是(　　　)。

```
#include <stdio.h>
int main()
{
    int x=0,y=0;
    if(x=y)
    printf("*****\n");
    else
    printf("#####\n");
    return 0;
}
```

A. 输出 # # # # #

B. 有语法错误不能通过编译

C. 可以通过编译,但不能通过链接,因此不能运行

D. 输出 ＊ ＊ ＊ ＊ ＊

3. 以下程序的运行结果是（　　　）。

```
#include <stdio.h>
int main()
{
    int k=2;
    switch(k)
    {
        case 1: printf("%d\n",k++);  break;
        case 2: printf("%d ",k++);
        case 3: printf("%d\n",k++);  break;
        case 4: printf("%d\n",k++);
        default:printf("Full!\n");
    }
    return 0;
}
```

A. 3 4　　　　　　　　B. 3 3　　　　　　　　C. 2 3　　　　　　　　D. 2 2

4. 以下程序的输出结果为（　　　）。

```
#include <stdio.h>
int main()
{
    int a=30;
    printf("%d",(a/3>0)?a/10:a%3);
    return 0;
}
```

A. 0　　　　　　　　B. 1　　　　　　　　C. 10　　　　　　　　D. 3

5. 以下程序运行时,输入的 x 值在（　　　）范围时才会有输出。

```
#include <stdio.h>
int main()
{
    int x;
    scanf("%d",&x);
    if(x<5) ;
    else if(x!=20)
            printf("%d",x);
    return 0;
}
```

A. 大于等于 5 且不等于 20 的整数　　　B. 不等于 20 的整数

C. 小于 5 的整数　　　　　　　　　　　D. 大于等于 5 且等于 20 的整数

6. 为了避免嵌套的条件分支语句 if-else 的二义性,C 语言规定程序中的 else 总是与
（　　　）组成配对关系。

A. 缩排位置相同的 if　　　　　　　　　B. 在其之前未配对的最近的 if

C. 在其之前未配对的 if   D. 同一行上的 if

7. 下列程序段运行后的结果是(   )。

```c
#include<stdio.h>
int main()
{
    int a =2, b =-1, c =2;
    if(a <b)
        if(b <0)
        c =0;
    else  c++;
    printf("%d\n",c);
    return 0;
}
```

A. 0   B. 2   C. 3   D. 4

8. 判断下列说法的对错并说明原因：

(1)if(a=5)是允许的。

(2)在 if 语句的三种形式中，如果要想在满足条件时执行一组(多个)语句，则必须把这一组语句用{}括起来组成一个复合语句。

(3)if-else 语句的一般形式如下，其中语句1、语句2只能是一条语句。

```
if (表达式)  语句1
    else  语句2
```

9. 假设 a＝6,b＝10,表达式 a＞b? a＊b:a＋b 的值为多少？

10. 编写程序，输入三角形的三条边长，先判断是否可以构成三角形，如果可以，则输出三角形的周长和面积；否则，输出"输入的三边无法构成三角形"。

11. 编写程序实现分段函数的计算，分段函数的取值如表 4.5 所示。

表 4.5   分段函数的取值

自变量 x	因变量 y
x＜0	0
0≤x＜5	x
5≤x＜10	3x－5
10≤x＜20	0.5x－2
x≥20	0

12. 使用数字 1～7 来表示星期一到星期天，当输入的数字为 1,2,3,4,5 时视为工作日，否则视为休息日。请使用 switch 语句完成程序：判断一周中的某一天是否为工作日。

13. 简述 switch 语句在使用过程中的注意事项。

14. 假设今天是星期日，编写一个程序，求 2019 天后是星期几。

15. 编写程序，判断输入的正整数是否既是 5 又是 7 的整倍数。

16. 编写程序，从键盘上输入年份和月份，计算并输出这一年的这一月共有多少天。

第5章

循环结构程序设计

循环结构(也称为重复结构)由循环条件和循环体构成。只要循环条件得到满足,循环体中的语句就会一直重复执行。循环结构是结构化程序设计的基本结构之一,它与顺序结构和选择结构共同构成了各种复杂程序的基本构造单元。

5.1　循环的基本思想

你小时候或许是个勤快而又好奇的孩子,经常会主动申请帮助父母做些力所能及的家务活,比如拖地或者洗碗。在你第一次帮父母洗碗时,你一定清楚洗碗的过程:

(1)清水简单冲洗碗盘。

(2)使用洗洁精刷洗碗盘。

(3)倒扣碗盘晾干。

做得非常好！但事情并没有完,如果你们家有 6 只碗需要洗,你需要这样描述你的步骤:

◇　清水简单冲洗碗盘。

◇　使用洗洁精刷洗碗盘。

◇　倒扣碗盘晾干。

◇　清水简单冲洗碗盘。

◇　使用洗洁精刷洗碗盘。

◇　倒扣碗盘晾干。

◇　清水简单冲洗碗盘。

◇　使用洗洁精刷洗碗盘。

◇　倒扣碗盘晾干。

◇　清水简单冲洗碗盘。

◇ ……

这种描述方式并不是一个很有效的方式,如果赶上过年亲戚朋友到你家聚餐,这个步骤清单会很长,因为你在重复做同样的事情,换一种描述方式会更好。

◇ 重复以下步骤:
- 清水简单冲洗碗盘;
- 使用洗洁精刷洗碗盘;
- 倒扣碗盘晾干。

◇ 直到所有的碗都洗干净。

这样描述不仅简单方便,而且清晰明了,即使是你在餐厅里做洗碗工,也完全可以用这 5 行描述整个过程。这就是循环的基本思想!

现实世界中类似洗碗这种需要重复执行有规律性操作的例子数不胜数。比如期末考试结束后计算全班所有同学 5 门课程的平均成绩,本学期每周三下午去上"程序设计基础"课程,万米田径比赛绕操场跑 25 圈,某工厂完成生产 10000 台智能手机的订单任务,等等。当我们用计算机去解决这些问题时,利用循环的思想就能不再需要把重复执行的操作语句编写多次,可以大大提高程序设计的效率。因此,几乎所有的程序设计语言都提供了实现循环的机制,这就是循环结构程序设计。

那么,怎么样才能实现这种循环过程呢?仍然以洗碗工作来进行分析。首先,需要有若干重复执行的操作,比如用清水简单冲洗碗盘、使用洗洁精刷洗碗盘、倒扣碗盘晾干等,它们是洗碗工作过程中会一遍遍循环执行的主体操作,称之为循环体。其次,想象一下,如果所有的脏碗都已经洗完了,或者你手上拿到的是一只干净的碗,你肯定不会重复去做循环体中的操作。也就是说,重复执行循环体操作是有条件的,只有条件满足时我们才会执行循环体操作。我们把这个条件称为循环条件,也称为循环控制条件或循环终止条件。循环体和循环条件是实现循环的基本要素,具备这两项要素的结构称为循环结构。在程序设计语言中,循环体操作通常由一条或若干条语句构成,循环条件则用表达式表示。

C 语言循环结构的实现方法包括 while 语句、do…while 语句和 for 语句。为了提高循环的灵活性,C 语言还另外提供了 break 语句和 continue 语句。

5.2　while 语句

5.2.1　while 语句构成的循环结构

while 语句构成的循环结构通常称为 while 循环,while 语句的一般形式如下:

while(表达式)
{
　　语句 1;
　　语句 2;

……

语句 n;

}

其中,while 是 C 语言中的关键字,表示这是一条 while 循环控制语句。while 后小括号中的表达式是循环控制条件,用来控制循环是否继续进行。大括号内由语句 1 到语句 n 组成的复合语句是循环体。

while 语句表达的含义是:当循环条件成立时,就重复执行循环体语句。

while 语句中的表达式一般是关系表达式或逻辑表达式,也可以是数值表达式或者字符表达式,其值为真(非 0)时,表示循环条件成立,执行循环体语句;其值为假(0)时,表示循环条件不成立,不再执行循环体语句。循环体语句可以为任意语句。如果循环体只有一条语句,大括号可以省略不写,但如果包含多条语句,大括号不可省略。从可读性和可维护性的角度来讲,建议无论循环体是否只有一条语句都不要省略大括号。

5.2.2 while 语句的执行过程

while 语句的程序流程图如图 5.1 所示,执行过程如下:

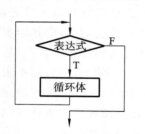

图 5.1 while 语句程序流程图

(1)计算小括号内表达式的值,如果表达式的值为真(非 0),则转到步骤(2)执行,如果表达式的值为假(0),则转到步骤(3)执行。

(2)执行大括号内的循环体语句,然后转到步骤(1)执行。

(3)不再执行循环体语句,退出整个 while 语句,转去执行 while 语句后面的其他语句。

从上述过程可以看出,只要计算出的表达式的值为真,循环体语句就会重复执行,而如果某轮循环时表达式的值为假,循环就会结束。当然,如果第一次计算出的表达式的值就为假,则循环体语句一次也不执行。

5.2.3 利用 while 语句进行循环结构程序设计

例 5.1 使用 while 语句求一个正整数 n 的阶乘。

【解题方法】

求正整数 n 的阶乘公式为 $n! = n \times (n-1) \times (n-2) \times \cdots \times 3 \times 2 \times 1$。由此可以得到以下递推过程:

$1! = 1$

$2! = 2 \times 1 = 2 \times 1!$

$3! = 3 \times 2 \times 1 = 3 \times 2!$

……

$(n-2)! = (n-2) \times (n-3) \times (n-4) \times \cdots \times 2 \times 1 = (n-2) \times (n-3)!$

$(n-1)! = (n-1)\times(n-2)\times(n-3)\times\cdots\times2\times1 = (n-1)\times(n-2)!$

$n! = n\times(n-1)\times(n-2)\times\cdots\times2\times1 = n\times(n-1)!$

上述过程可以简单地描述为:让变量 i 从 1 到 n 重复进行 n 次计算,每次计算都作 i 乘以 i−1 的阶乘这个操作。因此,可以用循环语句来实现,算法如下:

(1)用变量 s 保存阶乘值,初值为 1,也就是 1!。

(2)用变量 i 作为计数器,存放当前已经重复执行的次数,初值为 1。

(3)当 i≤n 时,重复执行下面 2 条语句:

(3.1)s=i * s;

(3.2)i++;

(4)循环退出时,s 的值就是 n!。

算法程序流程图如图 5.2 所示。

图 5.2 中阴影部分的含义是:当 i≤n 时,就循环执行 s=i * s 和 i++这两个操作;当 i>n 时,循环结束。这与 while 语句的执行过程一样,因此可以用 while 语句来实现这个程序。

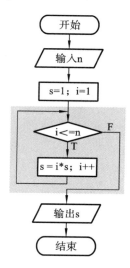

图 5.2 用 while 语句求正整数阶乘

```c
#include <stdio.h>
int main()
{
    int n,i,s;
    scanf("%d",&n);         //第 5 行
    s =1;                   //第 6 行
    i =1;                   //第 7 行
    while( i<=n )           //第 8 行
    {
        s =i*s;             //第 10 行
        i++;                //第 11 行
    }
    printf("%d! =%d\n",n,s); //第 13 行
    return 0;
}
```

【运行效果】

【程序分析】

程序中第 5 行输入正整数 n 的值;第 6 行和第 7 行对 s 和 i 进行初始化;第 8 行到第 12 行利用 while 语句实现求 n! 的值,其中第 8 行中小括号内的表达式 i<=n 用于控制循环执行的次数,从 1 到 n 共循环 n 次;第 10 行和第 11 行是循环体语句,第 10 行 s=i * s中赋值号右边s的值是已经求出的(i−1)!,与i相乘后得到i!并重新赋给s,这样s中保存的就是i!。第11行使i的值每次增加1,这样当i的值大于n时表达式i<=n这个条件不再成立,可以保证循环n次后能够终止,并且这时s中的最终值就是n!。最后,第13行输出最终的结果。

【注意】在使用while语句时,通常需要在循环体中对循环条件表达式的值进行修正,以保证循环条件最终不会成立,进而能够退出循环。例5.1中while循环体内"i++;"这条语句就实现了这种功能。

5.3 do…while 语句

5.3.1 do…while 语句构成的循环结构

do…while 语句的一般形式如下:

do
{

    语句 1；
    语句 2；
    ……
    语句 n；

} while(表达式)；

其中,do 和 while 是 C 语言中的关键字,表示这是一条 do…while 循环控制语句。while 后小括号中的表达式是循环控制条件,用来控制循环是否继续进行。大括号内由语句 1 到语句 n 组成的复合语句是循环体。

do…while 语句表达的含义是:重复执行循环体语句,直到循环条件不再成立为止。

5.3.2 do…while 语句的执行过程

do…while 语句的程序流程图如图 5.3 所示,执行过程如下:

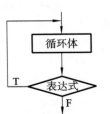

(1)执行大括号内的循环体语句。

(2)计算 while 后小括号内表达式的值,如果表达式的值为真(非 0),则转到步骤(1)执行;如果表达式的值为假(0),则转到步骤(3)执行。

(3)不再执行循环体语句,退出整个 do…while 语句,转去执行 do…while 语句后面的其他语句。

图 5.3 do…while 语句程序流程图 从上述过程可以看出,即使开始时表达式的值为假,循环体语句至少也会执行一次。这是 do…while 语句与 while

语句的区别。

5.3.3　利用 do…while 语句进行循环结构程序设计

例 5.2　使用 do…while 语句求一个正整数 n 的阶乘。

利用 do…while 语句同样可以计算 n!，只需要把 while 语句部分换成 do…while 语句就可以，程序流程图如图 5.4 所示。图 5.4 中阴影部分对应的就是 do…while 循环。

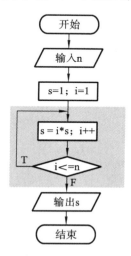

图 5.4　do…while 语句求正整数的阶乘

相应的程序代码如下：

```c
#include <stdio.h>
int main()
{
    int n,i,s;
    scanf("%d",&n);
    s =1;
    i =1;
    do
    {
        s =i*s;
        i++;
    }while( i<=n );
    printf("%d!=%d\n",n,s);
    return 0;
}
```

【运行效果】

```
5
5! = 120
```

【程序分析】

只需要把例 5.1 中第 8 行到第 12 行的 while 语句换成 do…while 语句,其他语句不需要改变。

【注意】整个 do…while 循环是一条语句,循环条件所在小括号后面的分号(;)不要遗漏。

例 5.3 利用 do…while 语句计算前 n 个自然数中奇数之和及偶数之和。

```c
#include <stdio.h>
int main()
{
    int n, i =1, sum_of_odd =0, sum_of_even =0;
    printf("请输入 n 的值:");
    scanf("%d", &n);
    do                                          //第 7 行
    {
        if (i %2 !=0)                           //第 9 行
            sum_of_odd =sum_of_odd +i;
        else
            sum_of_even =sum_of_even +i;        //第 12 行
        i++;                                    //第 13 行
    } while (i <=n);                            //第 14 行
    printf("奇数和为:%d\n", sum_of_odd);
    printf("偶数和为:%d\n", sum_of_even);
    return 0;
}
```

【运行效果】

【程序分析】

do…while 语句从第 7 行到 14 行,其中第 9 行到 13 行为循环体语句,第 9 行到 12 行的 if…else 语句用于分别累加奇数和偶数到变量 sum_of_odd 和 sum_of_even,第 13 行用于更新循环控制变量 i 的值,以确保循环得以终止。

5.4 for 语句

5.4.1 for 语句构成的循环结构

for 语句的一般形式如下:

for(表达式 **1**;表达式 **2**;表达式 **3**)
{
　　语句 **1**;
　　语句 **2**;
　　……
　　语句 **n**;
}

其中,for 是 C 语言的关键字。小括号里面由两个分号隔开的三个表达式用来控制循环是否继续进行。大括号里面的语句 1 到语句 n 是循环体。

5.4.2　for 语句的执行过程

for 语句的程序流程图如图 5.5 所示,执行过程如下:

(1)执行小括号内表达式 1。

(2)执行表达式 2,如果表达式 2 为真(非 0),则转到步骤(3)执行;如果表达式为假(0),则转到步骤(5)执行。

(3)执行大括号内的循环体语句。

(4)执行表达式 3,转到步骤(2)继续执行。

(5)不再执行循环体语句,退出整个 for 语句,转去执行 for 语句后面的其他语句。

从上述过程可以看出,表达式 1 只是在循环最开始时执行一次,随后无论需要循环多少轮,表达式 1 都不再执行。而表达式 2 和表达式 3 却是在每轮循环时都要重新执行一次。

for 语句中的 3 个表达式对应于正确表达循环结构应该注意的 3 个问题:循环控制变量的初始化、循环的条件和循环控制变量的更新。其中,表达式 1 用于给循环控制变量赋初值,一般是一个赋值表达式,它只在 for 语句开始执行的时候执行一次;表达式 2 是循环控制条件,只要它的值为真,循环体语句就会重复执行,一般是关系表达式或逻辑表达式;表达式 3 用于改变循环控制变量的值,以保证最终会使表达式 2 不再成立,循环得以结束,一般是赋值表达式。3 个表达式的作用如图 5.6 所示。

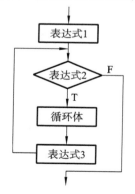

图 5.5　for 语句程序流程图

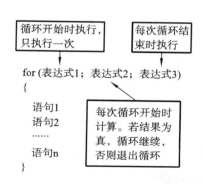

图 5.6　for 语句的控制表达式

5.4.3　利用 for 语句进行循环结构程序设计

例5.4　使用 for 语句求一个正整数 n 的阶乘。

利用 for 语句也可以计算 n!，程序流程图如图5.7所示。图5.7中阴影部分对应的就是 for 循环。

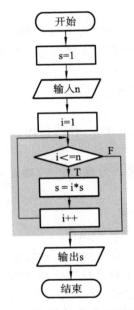

图 5.7　for 语句求正整数的阶乘

相应的程序代码如下：

```c
#include <stdio.h>
int main()
{
    int n,i,s=1;
    scanf("%d",&n);
    for(i=1; i<=n;i++)
    {
        s =i*s;
    }
    printf("%d!=%d\n",n,s);
    return 0;
}
```

【运行效果】

```
5
5! = 120
```

例 5.5　计算自然数 1 到 n 的平方和。

【解题方法】

假设最终计算出的平方和放到变量 s 中,在用户输入自然数 n 的情况下,这个问题可以用数学表达式 $s = 1^2 + 2^2 + 3^2 + \cdots + (n-1)^2 + n^2$ 来描述。从这个式子可以看出,只需要从 1 到 n 重复执行 n 次,每次计算出当前次数的平方并把它与前面计算出的结果进行累加就可以得到最终的结果。根据这个思路,可以给出这个问题的算法:

(1)从键盘输入自然数 n。

(2)使用变量 s 存放计算出的平方和,其初值为 0。

(3)定义变量 i 为循环控制变量,初值为 1。

(4)当 i<=n 时,重复执行:

　　(4.1)s= s + i * i;

　　(4.2)i = i + 1;

(5)输出 s 的值。

程序代码如下:

```c
#include <stdio.h>
int main()
{
    int n,i,s;
    scanf("%d",&n);
    s =0;
    for(i=1 ; i<=n ; i++)
    {
        s +=i * i;
    }
    printf("result =%d\n", s);
    return 0;
}
```

【运行效果】

【程序分析】

程序中定义了 3 个整型变量 n、i 和 s,其中 n 存放从键盘输入的自然数,i 存放循环控制变量,s 存放平方和。接下来,调用 scanf() 函数输入 n 的值。随后,利用 for 语句循环计算 1 到 n 的平方和。最后,调用 printf() 函数输出结果。从算法与程序代码之间的对应关系可以看出:算法中的第(3)步对应 for 语句中的表达式 1,第(4)步对应表达式 2 和表达式 3,这也再一次说明表达式 1 只执行一次,表达式 2 和表达式 3 每次循环都会执行。

5.4.4　for 语句的灵活性

for 语句的灵活性在于 3 个表达式的表现形式上,下面举例说明。

1. 完整形式的 for 语句

例 5.6　求 $1+2+3+\cdots+10$。

```c
#include <stdio.h>
int main()
{
    int i,sum =0;
    for(i=1; i<=10; i++)
    {
        sum +=i;
    }
    printf("sum =%d\n", sum);
    return 0;
}
```

【运行效果】

```
sum = 55
```

2. 没有"表达式 1"的 for 语句

例 5.7　求 $1+2+3+\cdots+10$。

```c
#include <stdio.h>
int main()
{
    int i,sum =0;
    i=1;
    for( ; i<=10; i++)
    {
        sum +=i;
    }
    printf("sum =%d\n", sum);
    return 0;
}
```

【运行效果】

```
sum = 55
```

【程序分析】

for 语句中的"表达式 1"只在循环开始执行一次,可以把它放到 for 语句前面作为单独的一条语句先执行。

【注意】for 语句的结构必须完整，"表达式 1"后面的分号（；）必须保留。

3. 没有"表达式 3"的 for 语句

例 5.8　求 $1+2+3+\cdots+10$。

```c
#include <stdio.h>
int main()
{
    int i,sum = 0;
    for(i=1; i<=10;   )
    {
        sum +=i;
        i++;
    }
    printf("sum =%d\n", sum);
    return 0;
}
```

【运行效果】

```
sum = 55
```

【程序分析】

for 语句中的"表达式 3"在每次循环结束时执行，可以把它放到循环体中作为最后一条执行的语句。

【注意】for 语句的结构必须完整，"表达式 3"前面的分号（；）必须保留。

4. 没有"表达式 2"的 for 语句

例 5.9　求 $1+2+3+\cdots+10$。

```c
#include <stdio.h>
int main()
{
    int i,sum = 0;
    for(i=1;   ;i++)
    {
        if( i<=10 )   sum +=i;
        else break;
    }
    printf("sum =%d\n", sum);
    return 0;
}
```

【运行效果】

```
sum = 55
```

【程序分析】

for 语句中的"表达式 2"在每次循环开始时执行:如果表达式 2 的值为真,则执行循环体语句;如果表达式的值 2 为假,则退出循环。因此,可以把"表达式 2"、循环体语句和break 语句用 if 语句组合成选择结构作为 for 语句的循环体语句,以达到同样的效果。其中,break 语句用于结束循环,后面章节会详细讨论。

【注意】for 语句的结构必须完整,"表达式 2"前后的分号(;)都必须保留。

4. 没有表达式的 for 语句

例 5.10　求 $1+2+3+\cdots+10$。

```c
#include <stdio.h>
int main()
{
    int i=1,sum=0;
    for( ;  ; )
    {
        if(i<=10)
        {
            sum+=i;
            i++;
        } else break;
    }
    printf("sum=%d\n", sum);
    return 0;
}
```

【运行效果】

```
sum = 55
```

【程序分析】

结合上述 3 种形式,for 语句中也可以没有表达式。

【注意】for 语句的结构必须完整,2 个分号(;)都必须保留。

5. 没有循环体的 for 语句

例 5.11　求 $1+2+3+\cdots+10$。

```c
#include <stdio.h>
int main()
{
    int i,sum;
    for( i=1,sum=0; i<=10 ; sum+=i, i++) ;
    printf("sum=%d\n", sum);
    return 0;
}
```

【运行效果】

```
sum = 55
```

【程序分析】

for 语句中的"表达式 3"在每次循环结束时执行,可以把原始循环体语句和"表达式 3"组合为逗号表达式作为新的"表达式 3"。这样,循环体就只剩下一条空语句。同样地,for 语句前的其他语句也可以与原始的"表达式 1"组合为新的"表达式 1"。

【注意】for 语句的结构必须完整。事实上,程序中 for 语句的循环体有一条空语句,小括号后面的分号(;)必须保留。

在实际应用过程中,for 语句还有其他各种变体形式,但不管如何变化,都必须符合 for 语句的基本格式。

5.4.5　循环结构类型的选择及转换

从前面计算正整数阶乘的实现过程可以看出,一个需要用循环结构解决的问题,可以选择使用 while 语句、do…while 语句或 for 语句实现。那么,在实际编程过程中,应该如何确定选用哪一种语句呢? 下面是一些基本的选择策略:

(1)分析待解决问题,确定问题中循环内容要求先测试循环条件还是后测试循环条件。如果要求后测试循环条件,选择 do…while 语句实现;如果要求先测试循环条件,则选择 while 语句或 for 语句实现。

(2)如果循环执行次数已经确定,可以采用计数器方法控制,则优先采用 for 语句实现;如果循环执行次数由循环体的执行情况确定,一般考虑采用 while 语句实现。

(3)无论循环的终止是基于计数器方法确定还是基于循环体执行情况确定,三种循环语句都可以实现。也就是说,三种循环结构类型彼此之间可以相互转换。

实际上,循环结构类型的选择还与程序员个人的编程习惯和喜好有一定的关系。

5.5　循环嵌套

有些问题在解决时需要把一个循环放到另一个循环里面。比如为了统计今天上午第一节课 15 号教学楼有多少位同学在上课,需要进入 15 号教学楼的每间教室,统计每间教室的上课学生人数。统计 15 号教学楼的每间教室需要一个外部循环,在每一次外部循环的执行过程中,都需要一个内部循环来统计每间教室的上课学生人数。这种在一个循环结构的循环体内嵌入另一个完整的循环结构称为循环嵌套。

在 C 语言中,三种循环语句可以互相嵌套,ANSI C 语言最多允许嵌套 15 层,有些编译器允许更多的嵌套层数。比如,在一个 while 循环结构内部可以嵌入另一个 while 循环,一个 do…while 循环结构内部可以嵌入另一个 do…while 循环,一个 while 循环结构内部可以嵌入一个 do…while 循环,一个 for 循环结构内部可以嵌入 do…while 循环和 while 循环,等等,如图 5.8～图 5.11 所示。

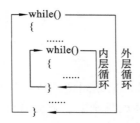

图 5.8　while 循环嵌套

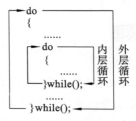

图 5.9　do…while 循环嵌套

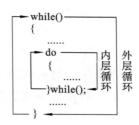

图 5.10　while 与 do…while 循环嵌套

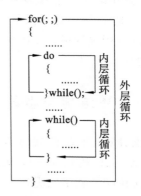

图 5.11　for、while 与 do…while 循环嵌套

例 5.12　打印九九乘法表。

【解题方法】

九九乘法表的结构如图 5.12 阴影部分所示。

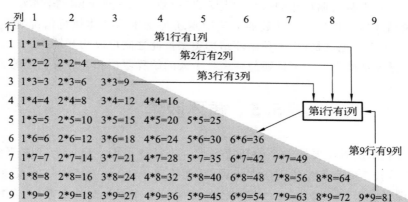

图 5.12　九九乘法表

从横向上看,九九乘法表一共有 9 行,可以一行接一行地逐行输出,因此可以考虑利用 for 语句循环输出:设置一个循环控制变量 i 来控制行数,让 i 的值从 1 开始,每输出一行就使 i 的值加 1,这样当 i 变到 9 时就可以输出所有 9 行内容。

再从纵向上看,九九乘法表最多有 9 列,因此同样可以考虑在输出某一行时利用 for 循环语句输出这一行的所有列。只不过,对于不同的行,它的列数是不一样的。通过观察可以发现,第 1 行有 1 列,第 2 行有 2 列,第 3 行有 3 列,以此类推,第 9 行有 9 列。也就是说,如果用变量 i 来表示行号时,第 i 行就有 i 列。

因此,输出第 i 行内容的操作就可以这样实现:设置一个循环控制变量 j 用来控制列数,让 j 的值从 1 开始,然后每输出一列就使 j 的值加 1,这样当 j 加到 i 时第 i 行的内容就输出完了。

从上面的分析过程可以看出,打印九九乘法表需要使用循环嵌套加以实现:用于输出行的循环是外层循环,用于输出列的循环是内层循环。程序如下:

```
#include <stdio.h>
int main()
{
    int i,j;
    for(i =1; i <=9 ;i++)
    {                                                        //第 6 行
        for(j=1;j<=i;j++)
        {
            printf("%d*%d=%-2d ",j,i,i*j);
        }
        printf("\n");                                        //第 11 行
    }                                                        //第 12 行
    return 0;
}
```

【运行效果】

```
1*1=1
1*2=2  2*2=4
1*3=3  2*3=6   3*3=9
1*4=4  2*4=8   3*4=12  4*4=16
1*5=5  2*5=10  3*5=15  4*5=20  5*5=25
1*6=6  2*6=12  3*6=18  4*6=24  5*6=30  6*6=36
1*7=7  2*7=14  3*7=21  4*7=28  5*7=35  6*7=42  7*7=49
1*8=8  2*8=16  3*8=24  4*8=32  5*8=40  6*8=48  7*8=56  8*8=64
1*9=9  2*9=18  3*9=27  4*9=36  5*9=45  6*9=54  7*9=63  8*9=72  9*9=81
```

【程序分析】

程序中第一个 for 语句是外层循环,循环控制变量 i 从 1 自增到 9 用以控制程序总共输出 9 行,第 7 行到第 11 行的循环体语句负责输出第 i 行内容后换行。

外层循环体语句中的第二个 for 语句是内层循环,用以实现输出第 i 行内容的功能。内层循环总共需要输出 i 列,用变量 j 来控制列数,j 的初始值为 1,终值为 i,每循环一次就输出 j、i 和 i*j 的值。这样,当第二个 for 语句循环完成后第 i 行的内容就输出来了。第 11 行的换行语句用于结束本行的输出而跳转到下一行开始处。

采用 while 语句或 do…while 语句也可以实现本例的功能,在此不予赘述,留给读者自行练习。

【注意】在使用循环嵌套进行程序设计时,内外层循环之间的层次关系必须清楚明了。内层循环的所有语句都只能出现外层循环的循环体内部,不允许两个循环的循环体语句之间相互交叉。

5.6 break 语句与 continue 语句

一般情况下,程序执行循环结构时,如果循环控制条件成立就会自动执行循环体中的所有语句,但有时可能需要在循环过程中改变循环执行的状态,比如某次循环只需要执行前面一部分循环体语句,后面的语句因不满足特定条件,本次循环无需再执行,甚至可能需要直接退出整个循环。break 语句和 continue 语句就是用来改变循环执行状态的语句。

5.6.1 break 语句

break 语句的一般形式为:

break;

用在循环结构中时,break 语句一般出现在循环体中。它的功能是跳过循环体中 break 语句之后的所有语句,并终止循环的执行,程序执行流程转移到整个循环结构之后的语句去执行,如图 5.13 所示。

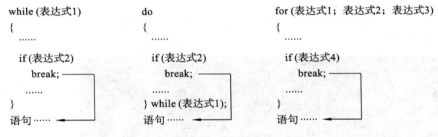

图 5.13　break 语句的执行流程

例 5.13　判断一个从键盘输入的数是否为素数。

【解题方法】

素数是指除了能被 1 和它本身整除外,不能被其他任何整数整除的数。比如 11 是一个素数,因为除了 1 和 11 之外,它不能被 2 到 10 之间的任何整数整除。

根据这个定义,可以得到判断素数的基本思路:把从键盘输入的待判断整数 m 作为被除数,把从 2 到 m−1 之间的整数依次放到变量 i 中作为除数,循环判断被除数 m 与除数 i 相除的结果,如果都除不尽,也就是余数都不为 0,就说明 m 是素数。反之,只要有一次能除尽,就说明 m 存在一个 1 和它本身以外的另一个因子,它就不是素数。该思路的算法如下:

(1)从键盘输入一正整数 m。

(2)设置 i 为循环控制变量。

(3)i 从 2 自增到 m−1,依次检查 m ％ i 是否为 0。

（4）若 m％i 为 0，则判定 m 不是素数，并终止对其余 i 值的检验；否则，令 i＝i＋1，并继续对其余 i 值进行检验，直到全部检验完毕为止，此时就可以判定 m 是素数。

程序代码如下：

```c
#include <stdio.h>
int main()
{
    int m, i;
    scanf("%d", &m);
    for (i =2; i <m; i++)
    {
        if (m %i ==0)
        {
            break;
        }
    }
    if (i <m)
    {
        printf ("%d不是素数\n",m);
    }
    else
    {
        printf("%d是素数\n",m);
    }
    return 0;
}
```

【运行效果】

【程序分析】

首先，定义两个变量 m 和 i，m 用来存放从键盘输入的整数，i 作为循环控制变量。

然后，从键盘输入要判断的整数，把它存放到变量 m 中。

接下来，利用 for 语句从 2 开始到 m－1 进行循环。每循环一次，就判断 m％i 的值是否为 0。如果 m％i 的值为 0，说明 1 到 m 之间还有其他的数能被 m 整除，那么 m 就不是素数，循环也就不需要再继续进行下去，因此直接用 break 语句终止循环；如果 m％i 的值不为 0，只要 i 的值小于 m，就不能判定 m 一定是素数，因此继续循环，直到 for 循环的控制条件 i＜m 不再成立为止，此时 i 的值经过不断的累加后应该最终等于 m。从这个过程可以看出，判断 m 是不是素数就变成了判断 for 语句执行完后 i 的值是否小于 m。如果 i＜m，说明至少在 1 到 m 之间存在一个整数能被 m 整除，因此 m 不是素数；否则，m

是素数。

最后,根据 i 和 m 之间的关系用 if-else 语句输出最终的结论。

在这个例子中,尽管 for 语句的循环控制条件 i<m 依然满足,但只要 break 语句执行了,for 循环也会被终止,程序流程直接转到 for 语句后面的 if-else 语句去执行。

5.6.2　continue 语句

continue 语句的一般形式为:

continue;

continue 语句只用于循环体中,它的功能是结束本轮循环,跳过循环体中尚未执行的语句,进行是否进行下一轮循环的判断。在执行 continue 语句时,循环体中出现在 continue 语句之后的语句会自动跳过,但整个循环的执行将照常继续,如图 5.14 所示。

图 5.14　continue 语句的执行流程

例 5.14　求输入的 10 个整数中正数的个数及其平均值。

【解题方法】

题目要求输入 10 个整数,可以用 for 语句循环 10 次,每次输入一个整数实现。为了计算正数的个数和平均值,可以每次循环时在输入一个整数后判断这个数是不是正数。如果是正数,就利用一个计数器来统计正数的个数,并用一个累加器来累加所有正数的和;如果不是正数,就什么也不做,进行下一次循环。这样循环结束后,计数器中存放的就是正数的个数,累加器中存放的就是所有正数的和,就可以用以计算出正数的平均值。

根据这个思路可以编写如下程序:

```c
#include <stdio.h>
int main()
{
    int i, a, num = 0;              //第 4 行
    float sum = 0;                  //第 5 行
    for (i = 0; i < 10; i++)        //第 6 行
    {
        scanf ("%d", &a);           //第 8 行
        if (a <= 0) { continue; }   //第 9 行
        num++;                      //第 10 行
        sum += a;                   //第 11 行
```

```
    }                                                          //第 12 行
    printf("共输入了%d个正数,其平均值为%.2f\n", num,sum/num); //第 13 行
    return 0;
}
```

【运行效果】

```
-1 2 3 4 -5 6 -7 -8 -9 10
共输入了5个正数,其平均值为5.00
```

【程序分析】

程序中第 4 行和第 5 行定义需要用到的变量。其中,i 是循环控制变量,用来控制循环执行的次数;a 用来接收每次输入的整数;num 是计数器,用于统计正数的个数,初值为 0;sum 是累加器,用于累加已经输入的正数的和,初值也为 0。

第 6 行到第 12 行的 for 循环用来输入 10 个整数、统计其中正数的个数,以及求所有正数的和。其中,第 8 行用于输入一个整数并存放到变量 a 中;第 9 行判断 a 的值是不是正数。如果不是正数,就执行 continue 语句,跳过循环体中后面的第 10 行和第 11 行语句,直接转去执行第 6 行 for 语句中的表达式 i++,之后再判断 for 语句中的 i<=10 是否成立,进而决定是否再次进行循环;如果 a 的值是一个正数,自然不会执行 continue 语句,就会执行后面的第 10 行和第 11 行语句,第 10 行将正数的个数加 1,第 11 行将新输入的正数 a 累加到 sum 中,之后同样要执行第 6 行 for 语句中的表达式 i++,然后再进行下一轮循环。

最后,第 13 行输出正数的个数及其平均值。

可以看出,正是第 9 行的 continue 语句确保了只会统计输入的正数的个数和对输入的正数进行累加求和。

5.6.3　break 与 continue 的区别

实际应用过程中,break 语句和 continue 语句通常出现在循环结构的循环体内部,用于在循环过程中改变循环执行的状态。一般来说,break 语句和 continue 语句用到循环结构中时都会与 if 语句联合使用,表示只有当特定条件满足时才去执行 break 语句或 continue 语句。此时,它们在程序中的呈现形式一般如图 5.15 所示。

```
while (表达式1)                  while (表达式1)
{                               {
    语句1                           语句1
    if(表达式2)  break;             if(表达式2)  continue;
    语句2                           语句2
}                               }
```

图 5.15　break 语句与 continue 语句在程序中的一般呈现形式

从图 5.15 可以看出,break 语句与 continue 语句用在循环结构中时,二者的呈现形式极为相似。对应的程序流程图如图 5.16 和图 5.17 所示。

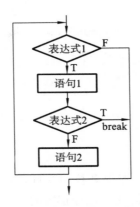

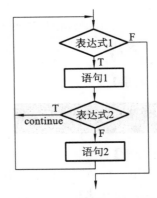

图 5.16 含 break 语句的循环结构流程图　　**图 5.17 含 continue 语句的循环结构流程图**

从程序流程图中可以明显看出,break 语句结束整个循环,不再判断执行循环的条件是否成立。而 continue 语句只结束本轮循环,并非终止整个循环。

另外,如果 break 语句用在嵌套的循环结构中,break 语句只是终止它所在那个循环的执行,并不影响其他循环的执行。

例 5.15 输出 100 以内所有素数。

```c
#include <stdio.h>
int main()
{
    for( int i=2; i<=100; i++)
    {
        int j;
        for( j=2; j<i; j++)
        {
            if( i%j ==0 )
            {
                break;
            }
        }
        if( j>=i )
        {
            printf("%-5d",i);
        }
    }
    return 0;
}
```

【运行效果】

2	3	5	7	11	13	17	19	23	29	31	37	41
43	47	53	59	61	67	71	73	79	83	89	97	

【程序分析】

要输出 100 以内的所有素数,需要判断 100 以内的每个整数是否是素数。为此,采用二重循环实现。程序中 break 语句出现在内层循环体中,它的执行只会终止内层 for 循环,不会影响外层循环的执行。

5.7　循环结构程序举例

例 5.16　编写程序求 $e \approx 1 + \dfrac{1}{1!} + \dfrac{1}{2!} + \dfrac{1}{3!} + \dfrac{1}{4!} + \cdots$ 的值,要求计算前 50 项。

```c
#include <stdio.h>
int main()
{
    double sum =1;
    for (int i =1; i <=50; i ++)
    {
        double denominator =1;
        for (int j =1; j <=i ; j ++)
        {
            denominator * =j;
        }
        sum +=1 / denominator;
    }
    printf("e ≈ %lf\n", sum);
    return 0;
}
```

【运行效果】

```
e ≈ 2.718282
```

【程序分析】

题目要求计算前 50 项,循环次数确定,因此优先选择使用 for 语句实现。外层 for 循环用于计算前 50 项的和,内层 for 循环用于计算每一项的值。本程序是一个典型的循环嵌套示例。

例 5.17　编写程序求 $e \approx 1 + \dfrac{1}{1!} + \dfrac{1}{2!} + \dfrac{1}{3!} + \dfrac{1}{4!} + \cdots$ 的值,要求累加所有不小于 10^{-6} 的项。

```c
#include <stdio.h>
int main()
{
    double denominator =1;
    double sum =1;
```

```
    int n =1;
    while (1/denominator >=10e-6)
    {
        sum +=1/denominator;
        n ++;
        denominator * =n;
    }
    printf("e ≈ %lf\n", sum);
    return 0;
}
```

【运行效果】

e ≈ 2.718279

【程序分析】

程序可以采用循环求和的方式实现,但循环次数事先并不明确,优先选择 while 语句实现。与例 5.16 不同,本例在实现过程中把计算阶乘值与累加求和同步进行,无须进行循环嵌套,提高了程序执行的效率。

例 5.16 和例 5.17 说明,解决同一个问题可能存在不同的算法,但采用不同算法所编写出的程序在实际执行时效率差别可能很大。

例 5.18 统计从键盘输入的字符串中数字字符的个数,用换行符结束循环。

```
#include <stdio.h>
int main()
{
    char ch;
    int sum =0;
    while (1)
    {
        ch =getchar();
        if( ch =='\n' )
        {
            break;
        }
        if( ch <'0' || ch >'9' )
        {
            continue;
        }
        sum++;
    }
    printf("sum=%d\n",sum);
    return 0;
}
```

【运行效果】

```
1a23bcd, ;*4%5efg6
sum=6
```

【程序分析】

程序中 while 语句的循环条件表达式为常数 1,值不为 0,表示循环条件始终成立,即为"永真"条件,循环将不会终止。为了不让程序陷入"死循环"状态,循环体内使用了 break 语句来终止循环。

5.8　扩展阅读

学习、工作和生活应该先易后难、先小后大。解决易事、做好小事,是最终解决难事的基础和铺垫。从易入难,循序渐进,最后才能触类旁通,解决难事。老子提出的"图难于其易,为大于其细;天下难事,必作于易;天下大事,必作于细"就是这个道理。

2011 年 11 月 3 日凌晨 1 时 37 分,神舟八号飞船与天宫一号目标飞行器成功实现交会对接,我国成为世界上第 3 个独立掌握航天器交会对接技术的国家。2021 年 6 月 17 日 15 时 54 分,神舟十二号飞船与天和核心舱进行自主快速交会对接,标志着中国航天迈入了"空间站时代"。两次完美实现"太空之吻"的背后离不开中国航天人对细节的精益求精。"太空之吻"的对接装置有 4 个插头,每个插头有 55 个芯,一共是 220 个插孔,交会对接需要同时将 220 个插孔准确并同步插入插座。插头上的针直径只有 1 毫米左右,插针对接的位置、姿态稍有偏离就会被撞弯,造成信号消失,地面无法判定两个飞行器的姿态或控制,导致对接任务失败。"对接机构上有 118 个测量动作、位置、温度的传感器,291 个传递力的齿轮,759 个轴承组合,1.1 万多个紧固件,数以万计的导线、接插件、密封圈和吸收撞击能量的材料……",对接就好比在太空中"拧螺丝","拧"得好不好,全在精细度。为此,对接机构装调团队分析了 150 万个数据,把每项测试做到极致:对接机构中有 10 大类 31 套单机需要经过热循环试验的考核,1 套单机试验需要 37 小时,对接机构团队连续做了 31 次 37 个小时的试验。对接机构总装组组长王曙群说,在人们不经意的一隅,有许多像他这样默默无闻打造"中国质量"的人。他们坚信,只有脚踏实地才能仰望星空。

欲为大事,必作于小,祸乱从小来也。1991 年 2 月 25 日,沙特阿拉伯达哈兰的爱国者导弹防御系统在"沙漠风暴"行动期间未能追踪和拦截一枚袭击性的"飞毛腿"导弹。随后,该导弹击中了一座美军营地,造成 28 名美国士兵死亡。事后调查显示,爱国者导弹系统定位目标及预测下次目标主要依赖于其武器控制计算机,可根据飞毛腿已知的速度和上次雷达探测的时间进行计算来预测目标下次出现的位置。速度是一个实数,可以表示为整数和小数。时间由系统的内部时钟以 0.1 秒持续地计量,但以整数形式表示(例如,32,33,34,…)。系统运行的时间越长,表示时间的数字越大。为了预测飞毛腿下次出现的位置,时间和速度都必须表示为实数。由于爱国者导弹系统的计算机执行计算的方式以及其寄存器长度仅为 24 位,将时间从整数转换为实数的精度不能超过 24 位。

这种转换会导致精度损失,从而导致时间计算的不准确性增加。在长时间的工作后,这个微小的精度误差被渐渐放大。事发时,系统已经连续运行了 100 多个小时,系统时间延迟了超过 0.33 秒。0.33 秒对常人来说微不足道,但是对一个需要跟踪并摧毁一枚空中飞弹的雷达系统来说,这是灾难性的。飞毛腿导弹空速达 4.2 马赫(每秒 1.5 公里),这个"微不足道的"0.33 秒相当于大约 600 米的误差,足以使系统在错误的位置寻找袭击性飞毛腿导弹的程度,最终酿成大祸。这真是"差之毫厘,谬以千里"。

学习程序设计又何尝不是这样呢?

5.9　小　　结

循环结构是程序设计的 3 种基本结构之一。本章讨论了 C 语言如何利用 while 语句、do…while 语句和 for 语句进行循环结构程序设计。主要内容如下:

(1)循环结构由循环条件和循环体构成,循环体是需要重复执行的操作,循环条件用于控制循环体重复执行的次数。

(2)while 语句实现的循环称为"当型循环",其特点是只要给定的条件成立就继续执行,如果循环条件一开始就不成立,循环体语句块就根本不执行。

(3)do…while 语句实现的循环称为"直到型循环",其特点是循环条件在循环体语句块执行后检查,循环体语句块至少会执行一次。

(4)for 语句构成的循环一般用于计算循环的次数,循环中控制变量的值在每次迭代时递增或递减指定的值,直到到达某个最终值为止。

(5)循环嵌套是指在一个循环结构的循环体内部嵌入另一个循环。C 语言的 3 种循环语句之间可以相互嵌套。

(6)break 语句出现在循环语句中时,通常与选择结构联合使用。一旦 break 语句得到执行的机会,它就会终止整个循环。

(7)continue 语句只在循环语句中联合选择结构使用。continue 语句得到执行的机会时,只会结束本轮循环,整个循环是否终止依赖于循环条件,与 continue 语句是否执行无关。

习　　题

1. 以下说法正确的是(　　　)。

A. 用 do…while 语句构成的循环,在 while 后的表达式为 0 时结束循环

B. do…while 语句构成的循环不能用其他语句构成的循环来代替

C. do…while 语句构成的循环只能用 break 语句退出

D. 用 do…while 语句构成的循环,在 while 后的表达式为非 0 时结束循环

2. 如果 c 是大于 1 的正整数,与以下程序段功能相同的赋值语句是(　　　)。

```
        s=a;
        for(b=1;b<=c;b++)
            s=s+1;
```

A. s＝b＋c；　　　　B. s＝s＋c；　　　　C. s＝a＋b；　　　　D. s＝a＋c；

3. 以下程序的输出结果是(　　)。

```
#include<stdio.h>
int main()
{
    int a=3;
    do
    {
        printf("%d",a--);
    }while(!a);
}
```

A. 32

B. 不输出任何内容

C. 3

D. 321

4. 下面有关 for 循环的描述正确的是(　　)。

A. for 循环只能用于循环次数已经确定的情况

B. for 循环是先执行循环体语句,后判定表达式

C. 在 for 循环中,不能用 break 语句跳出循环体

D. for 循环体语句中,可以包含多条语句,但要用花括号括起来

5. 下列语句段中不是死循环的是(　　)。

A.
```
i=100;
while (1)
{
    i=i%100+1;
    if (i==20) break;
}
```

B.
```
for (i=1;;i++)
    sum=sum+1;
```

C.
```
k=0;
do
{
    ++k;
} while (k<=0);
```

D.
```
s=3379;
while (s++%2+3%2)
s++;
```

6. 以下程序的输出结果是(　　)。

```
#include <stdio.h>
main()
{
    int i;
    for (i=4;i<=10;i++)
```

```
    {
        if (i%3==0) continue;
        printf("%d",i);
    }
}
```

A. 45   B. 457810   C. 69   D. 678910

7. 以下程序运行时从键盘输入 3.6,2.4,输出结果是(   )。

```
#include <stdio.h>
#include <math.h>
int main()
{
    float x,y,z;
    scanf("%f,%f",&x,&y);
    z=x/y;
    while(1)
    {
        if(fabs(z)>1.0)
        {
            x=y;
            y=x;
            z=x/y;
        }
        else
            break;
    }
    printf("%f",y);
    return 0;
}
```

A. 2.4   B. 1.5   C. 1.6   D. 2

8. 有一条长阶梯,若每步跨 2 阶,则最后剩余 1 阶;若每步跨 3 阶,则最后剩余 2 阶;若每步跨 5 阶,则最后剩余 4 阶;若每步跨 6 阶,则最后剩余 5 阶;若每步跨 7 阶,最后才正好一阶不剩。请问这条阶梯共有多少阶?请补充 while 语句后的判断条件。

```
#include<stdio.h>
int main()
{
    int i=1;
    while(____)
        ++i;
    printf("阶梯共有%d阶.\n",i);
    return 0;
}
```

A.！((i％2==1)&&(i％3==2)&&(i％5==4)&&(i％6==5)&&(i％7==1))

B.！((i％2==0)&&(i％3==2)&&(i％5==4)&&(i％6==5)&&(i％7==0))

C.！((i％2==1)&&(i％3==2)&&(i％5==4)&&(i％6==5)&&(i％7==0))

D.(i％2==1)&&(i％3==2)&&(i％5==4)&&(i％6==5)&&(i％7==0)

9. 若定义"int i;",则以下 for 语句的执行结果是(　　　)。

```
for(i=1;i<10;i++)
{
    if(i%3) i++;
    ++i;
    printf("%d",i);
}
```

A. 35811　　　　B. 369　　　　C. 258　　　　D. 2468

10. 若定义"int i;",则以下循环语句的循环执行次数是(　　　)。

```
for(i=2;i==0;)
    printf("%d",i--);
```

A. 1　　　　B. 2　　　　C. 0　　　　D. 无限次

11. 循环语句的三要素分别是什么?

12. 简要说明 continue 与 break 的用法。

13. C 语言中,while 语句和 do…while 语句的区别有哪些?

14. 有数列 $\dfrac{2}{3}, \dfrac{4}{5}, \dfrac{6}{9}, \dfrac{10}{15}, \cdots$,请编写程序求此数列前 30 项的和。

15. 输出 n 个连续的偶数,n 为输入的值,如 n = 3,输出 0 2 4。请编写程序来实现。

16. 依次输入若干个数,以 0 作为输入结束标志,请编写程序求输入的所有数据的总和及平均值。

17. 任何一个自然数 m 的立方均可写成 m 个连续奇数之和。例如:$1^3=1, 2^3=3+5, 3^3=7+9+11, 4^3=13+15+17+19$。编程实现:输入一自然数 n,求组成 n 的 3 次方的 n 个连续奇数。

18. 水仙花数:水仙花数是指一个 n 位数(n≥3),它的每位上的数字的 n 次幂之和等于它本身(例如:$1^3+5^3+3^3=153$)。编程输出所有三位数的水仙花数。

第6章

数组

通过前面的学习我们已经知道,C 语言程序利用变量存储数据。比如定义一个整型变量可以存储一个整数,定义一个字符型变量可以存储一个字符等。对于数据量较小的程序,比如只需要处理 5 个整数,定义 5 个整型变量 n1、n2、n3、n4、n5 就能够很容易地解决。但是对于需要存储 50 个甚至 500 个整数的程序呢? 显然,仅仅定义变量就已经足够烦琐了。事实上,在大型程序设计过程中,尤其是在大数据时代,程序员经常面对需要存储大量同一类型数据的应用场景。为了更好地解决这一问题,C 语言提供了一种数据组织形式——数组。本章介绍 C 语言如何批处理数据。

6.1   数组的概念

设想这样一种编程场景:一个学习小组有 5 位同学,每位同学都有一个成绩,可以用 5 个整型变量 n_1、n_2、n_3、n_4 和 n_5 来存储每位同学的成绩。为了更直观地表达这些变量的含义,我们可能更倾向于把变量名命名为 s_1、s_2、s_3、s_4 和 s_5,因为变量名中的 s 可以更明显地表达 student 的含义。实际上,当人们都愿意用带有 student 含义的"s"来代表这些变量时,也就反映了这组数据间是有内在联系的,它们是同一个学习小组学生的成绩,具有相同的属性。

像这种具有同名、同类型的批量数据可以用数组进行描述。在这个例子中,s 是数组名,s_1、s_2、$\cdots$、s_5 是学生 1、学生 2、$\cdots$、学生 5 的成绩。注意这里是 s_1 而不是 s1,前者的"1"表示数组下标(索引),用于唯一确定数组中的元素,后者的"1"是变量名的一部分。由于计算机只能输入字符而无法表示下标,C 语言规定用中括号中的数字来表示下标,如 s[3] 表示 s_3,即学生 3 的成绩。事实上,大多数编程语言都用这种方式来表示下标,并且在实际编程中,一般使用 s[2] 表示 s_3,而不是用 s[3] 表示 s_3,

这是由于下标索引一般从 0 开始。

有关数组的一些概念和术语说明如下：

(1)数组是一组数目固定、类型相同的数据项构成的集合。

(2) 数组中的数据项称为数组元素,一个数组中的所有数组元素必须具有相同的类型。

(3)数组中允许存放的元素个数的最大值称为数组长度。

(4)通过数组下标可以唯一确定数组中的一个数组元素。

程序员不仅可以使用数组来表示简单的数值列表,还可以表示二维、三维甚至更多维的数据列表。以下是一些可以用数组来进行描述的示例：

◇ 一个月或一年中每个小时所记录的温度列表。

◇ 某公司的职工名单列表。

◇ 商场所售产品及其价格列表。

◇ 某班学生的考试成绩。

◇ 客户及其电话号码列表。

◇ 每天降雨量的数据表。

使用单个数组名来表示多个数组元素的集合,通过指定序号来引用某个具体的数组元素,这使得程序的开发更加简洁和高效。例如,可以使用前面介绍的循环结构,用下标作为控制变量来读取整个数组,执行计算操作并显示出结果。

6.2　一维数组

当数组中每个元素都只带有一个下标时,称这样的数组为一维数组。

6.2.1　一维数组的定义

与普通变量类似,C 语言的数组也遵循"先定义再使用"的基本规范。数组的定义通常包含 3 个要素,即数组元素的类型、数组名和数组长度,其格式如下：

数据类型 数组名[常量表达式];

例如,下面的语句定义了一个数组名为 a、数组长度为 10 的整型数组：

```
int a[10];
```

在定义一维数组时,要注意以下几点：

(1)数组名的命名遵循标识符的命名规则。

(2)中括号中的常量表达式表示数组的长度,也就是数组元素的最大个数。如上面定义的数组 a 中最多可以存放 10 个元素,分别表示为 a[0]、a[1]、a[2]、a[3]、a[4]、a[5]、a[6]、a[7]、a[8]和 a[9]。数组元素的下标(索引值)从 0 开始标注,而且在使用过程中下标不能越界。比如若使用 a[10],通常编译器不会指出程序有错误,但会造成潜在的程序问题。

（3）数据类型是指所有数组元素的类型。如上面定义中的 int 规定了数组 a 的每个元素都是整型，也就是在每个元素中只能存放整数类型的数据。

（4）C 编译程序会为数组在内存中开辟连续的存储空间。对于数组 a，系统将分配能够存储 10 个整数类型数据大小的存储空间，如图 6.1 所示。由于 1 个整型数据占 4 个字节内存，所以数组 a 共占 40 个字节的内存空间（4 字节×10＝40 字节）。图 6.1 中标明了每个存储单元的名字，可以用这样的名字来引用各存储单元。

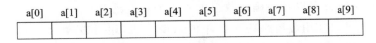

图 6.1　数组 a 在内存中的存储

（5）定义多个相同类型的数组时可以共用类型说明符，数组名之间用逗号隔开即可。例如，下面的语句表示定义了两个名称分别为 a 和 b 的浮点类型数组：

```
float a[8],b[10];
```

（6）数组名中存放的不是数组中元素的值，而是数组所占用连续内存空间的首地址，也就是数组中下标为 0 的第一个元素的地址。例如：

例 6.1　数组名中存放的值是地址。

```
#include<stdio.h>
int main()
{
  int a[10];
  printf("a=%d",a);
  return 0;
}
```

【运行效果】

```
a=6422000
```

这里输出的结果 6422000（程序在不同的计算机上运行时，所分配的存储空间可能不同，因而该输出结果可能不同）是数组 a 中的 10 个元素所占用的那一块内存空间的首地址。

6.2.2　一维数组的引用

数组定义好之后，就可以引用其中的元素。一维数组引用数组元素时只带一个下标，引用格式如下：

数组名[下标表达式]

比如，对于前面定义的数组 a，可以如下引用：

```
a[2]=3;   //表示把数组元素 a[2]的值赋值为 3
a[5]=a[2]+5;   //表示把 a[2]的值 3 和常数 5 相加后的和 8 赋值给数组元素 a[5]
```

可见,在对数组元素进行操作时,可以把每个数组元素当作同类型的普通变量来对待,普通变量能够执行的操作,同类型的数组元素也可以执行。数组元素通常也称为下标变量。

引用数组时需要注意以下几点:

(1)对数组的引用必须逐个元素进行,不能一次引用整个数组。例如,不能使用下面的方式为数组 b 中的所有元素输入数据:

```
int b[5];
scanf("%d", &b);
```

(2)中括号中的下标形式可以是整型常量、整型变量或整型表达式。下面程序中对数组元素的引用都是正确的。

例 6.2　引用数组元素时下标形式多样化。

```
#include<stdio.h>
int main()
{
    int c[8],i=2,j=3;
    c[1]=2;             //常量 1 作为下标,c[1]的值为 2
    c[i]=c[1]+1;        //变量 i 作为下标,c[2]的值为 3
    c[2*2]=5;           //表达式 2*2 作为下标,c[4]的值为 5
    c[i+j]=6;           //表达式 i+j 作为下标,c[5]的值为 6
    printf("%d %d %d %d\n",c[1],c[2],c[4],c[5]);
    return 0;
}
```

【运行效果】

```
2 3 5 6
```

(3)下标从 0 开始取值,a[i]代表数组 a 中的第 i+1 个元素。例如,a[1]代表数组 a 中的第 2 个元素。

(4)定义数组和引用数组元素都出现"数组名[下标]"的形式,但二者的含义完全不同。例如,下面程序中第 5 行中的 arr[6]表示定义一个长度为 6 的整型数组 arr,而第 6 行中的 arr[3]表示引用 arr 数组中序号为 3 的数组元素,此时 3 不代表数组长度。

例 6.3　定义数组和引用数组元素时下标的区别。

```
#include<stdio.h>
int main()
{
    int t;
    int arr[6];
    arr[3]=5;
    printf("arr[3]=%d\n",arr[3]);
    return 0;
}
```

【运行效果】

arr[3]=5

当数组中存放的元素值具有某种规律时,常常可以结合循环语句编写代码。比如下面的程序实现保存并输出前 10 个正奇数的功能。

例 6.4　数组与循环语句的结合使用。

```c
#include<stdio.h>
int main()
{
    int odd[10];
    for(int i=0;i<10;i++)
        odd[i]=2 * i +1;
    for(int i=0;i<10;i++)
        printf("%d ",odd[i]);
    printf("\n");
    return 0;
}
```

【运行效果】

1 3 5 7 9 11 13 15 17 19

6.2.3　一维数组的初始化

数组的初始化是指在定义数组的同时为数组元素指定一组初始值。

一维数组的初始化可以通过在定义数组时用一对大括号把要赋给数组各元素的值括起来,各值之间用逗号间隔来实现,其一般语法格式为:

数据类型 数组名[常量表达式]={初始值列表};

例如,定义数组 a 时可以采用如下的方式进行初始化:

```c
int a[10]={1,2,3,4,5,6,7,8,9,10};
```

数组 a 经初始化定义后的内存空间布局如图 6.2 所示。

a[0]	a[1]	a[2]	a[3]	a[4]	a[5]	a[6]	a[7]	a[8]	a[9]
1	2	3	4	5	6	7	8	9	10

图 6.2　数组 a 初始化定义后内存空间布局

经过定义和初始化后,数组 a 中的所有元素都有了一个初始值,即 a[0]的值为 1,a[1]的值为 2,a[2]的值为 3,…,a[9]的值为 10。

在对一维数组进行初始化时,需要注意以下几点:

(1)若对所有数组元素都用指定值进行初始化,则数组长度可省略不写。此时,数组长度等于初始值列表中指定初始值的数目。例如:

```c
int a[ ]={0,1,2,3,4};
```

该语句中指定了 5 个初始值,编译器会自动计算出数组 a 的长度为 5。

(2)若只对部分数组元素指定初始值,则数组长度不能省略,同时未被指定初始值的数组元素会被初始化为 0。例如:

```
int a[5]={1,2,3};
```

定义数组 a 有 5 个元素,但只指定了 3 个初始值,系统会把指定的 3 个初始值 1、2 和 3 分别赋值给前 3 个数组元素 a[0]、a[1] 和 a[2],剩余的 2 个元素 a[3] 和 a[4] 则用 0 进行初始化,如图 6.3 所示。

a[0]	a[1]	a[2]	a[3]	a[4]
1	2	3	0	0

图 6.3　数组 a 初始化定义后内存空间布局

如果数组元素的类型为实型,未指定初始值的元素用 0.0 进行初始化,字符型则用 '\0' 对未指定初始值的元素进行初始化。

以下两种方式都表示把数组元素全部初始化为 0。

```
int a[5]={0,0,0,0,0};
int a[5]={0};
```

(3)数组的整体或部分初始化只能在定义数组的同时进行,不能在定义数组之后通过其他语句对数组进行整体或部分赋值初始化。例如,不能使用下面的方法对数组 a 进行初始化:

```
int a[5];
a[5]={1,2,3,4,5};
```

(4)初始值列表中包含初始值的数目不能超过数组长度。例如:

```
int a[4]={1,2,3,4,5};
```

该语句定义的数组长度为 4,但初值个数为 5,大于数组长度,程序在编译时会报错。

6.2.4　数组和地址

如果需要使用数组的地址,直接访问数组名即可得到,不需要通过"& 数组名"的方式。这与访问简单变量地址需要寻址运算符"&"不同。比如在前述章节中,如果需要为一个简单整型变量 n 从键盘输入数据,一般这样编写代码:

```
scanf("%d",&n);
```

该语句中的"& n"就是取变量 n 的地址。

对于数组来说,如果在程序中需要访问数组的首地址或数组元素的地址,可以采用下面的方式:

数组首地址　　　　数组名 或者 & 数组名[0]

数组元素的地址　　& 数组名[i]　或者 数组名+i

例如:

```
int a[5];      //表示定义一个整型数组 a,含有 5 个数组元素
a              //表示数组的首地址
```

```
&a[0]            //表示数组的首地址
&a[i]            //表示数组元素 a[i]的地址,即第 i+ 1 个元素的地址
a+ i             //表示数组元素 a[i]的地址,即第 i+ 1 个元素的地址
```

例 6.5　数组元素地址的使用方法。

```
#include<stdio.h>
int main()
{
    int a[5]={1,2,3,4,5};
    printf("数组的首地址为:a=%d\n", a);
    printf("数组的首地址为:&a[0]=%d\n", &a[0]);
    printf("数组元素 a[0]的地址为:a=%d\n", a);
    printf("数组元素 a[0]的地址为:&a[0]=%d\n", &a[0]);
    printf("数组元素 a[1]的地址为:a+1=%d\n", a+1);
    printf("数组元素 a[1]的地址为:&a[1]=%d\n", &a[1]);
    return 0;
}
```

【运行效果】(程序在不同的计算机上运行时,所分配的存储空间可能不同,因而地址值可能不同)

```
数组的首地址为: a=6422016
数组的首地址为: &a[0]=6422016
数组元素a[0]的地址为: a=6422016
数组元素a[0]的地址为: &a[0]=6422016
数组元素a[1]的地址为: a+1=6422020
数组元素a[1]的地址为: &a[1]=6422020
```

从程序执行结果可以看出,数组的首地址即数组元素 a[0]的地址,且数组元素 a[1]的地址比前一个元素 a[0]的地址值大 4,这是因为每个元素(整型数据)占用 4 个字节的存储空间。

6.2.5　一维数组程序举例

例 6.6　某团体锦标赛要求每支队伍由 10 名队员参加比赛,最终成绩由所有队员的平均成绩确定,一支队伍比赛完后,组委会需要给出每位队员的比赛成绩和该队的最终成绩。要求编写程序实现该功能。

【解题方法】

题目要求输出所有 10 个队员的成绩和该队的最终成绩,共计需要保存 11 个成绩。成绩均为实数,可以通过定义长度为 11 的实型数组 grades 来存放成绩,其中 grades[0]用于存放最终成绩,grades[1]~grades[10]用于存放 10 位队员的成绩。

程序代码如下:

```
#include<stdio.h>
int main()
{
    float grades[11]={0.0};                     //第 4 行
    for (int i=1; i<11; i++)                    //第 5 行
    {
        scanf("%f", &grades[i]);                //第 7 行
        grades[0]=grades[0]+grades[i];          //第 8 行
    }                                           //第 9 行
    grades[0]=grades[0]/ 10;                    //第 10 行
    printf("队员成绩为:");
    for (int i=1; i<11; i++)                    //第 12 行
    {
      printf("%6.2f", grades[i]);               //第 14 行
    }                                           //第 15 行
    printf("\n 最终成绩为:%6.2f\n", grades[0]);  //第 16 行
    return 0;
}
```

【运行效果】(第一行为用户从键盘输入的队员成绩)

```
95 92 93 97 94 91 82 91 94 96
队员成绩为:   95.00 92.00 93.00 97.00 94.00 91.00 82.00 91.00 94.00 96.00
最终成绩为:   92.50
```

【程序分析】

(1)第 4 行"float grades[11]= {0.0};"语句定义了一个长度为 11 的实型数组 grades,用于存放 11 个成绩,其中 grades[0]存放该队的最终成绩,grades[1]到 grades[10]存放 10 位队员的成绩,同时对数组进行部分初始化。C 语言编译该语句时,会将大括号中指定的值 0.0 作为第一个元素 grades[0]的初始值,同时把其他没有指定初始化值的元素用 float 类型的0.0作为初始化值,即最终 grades 数组中所有元素的初始值均为 0.0。

(2)第 5~9 行利用 for 循环输入每位队员的成绩并计算该队所有队员的总成绩,其中第 7 行的 grades[i]表示数组的第 i+1 个元素,随着 for 循环的进行,i 的值会从 1 变到 10,这样就可以把 10 个队员的成绩输入到从 grades[1]到 grades[10]的 10 个数组元素中。第 8 行用于将输入的每个队员的成绩累加到 grades[0]中,当循环结束后,grades[0]中存放的就是所有队员的总成绩。

(3)第 10 行用总成绩除以队员的个数 10,得到这支队伍的最终成绩并存入 grades[0]中。

(4)第 12~15 行通过 for 语句循环输出每位队员的成绩。

(5)第 16 行输出队伍的最终成绩。

例 6.7　利用折半查找法在一个已经按照由小到大排好序的有序整数数组中查找从键盘输入的某个数据,如果存在,输出其在数组中的位序,如果不存在,给出提示信息。

【解题方法】

折半查找法,也称为二分查找法,又称二分搜索法,是一种在有序数组中查找某一特

定元素的搜索算法。搜索过程中从数组的中间元素开始,如果中间元素正好是要查找的元素,则搜索过程结束;如果某一特定元素大于或者小于中间元素,则在数组大于或小于元素的那一半中查找,而且与开始一样继续从中间元素开始比较。若某个步骤中数组为空,则代表找不到。这种搜索算法的每一次比较都会使搜索范围缩小一半。

程序代码如下:

```c
#include<stdio.h>
int main()
{
    int data[10]={6,7,8,9,10,11,12,13,14,15};
    int left=0,right=9,mid;                          //第5行
    int x;
    scanf("%d",&x);
    while (left <=right)                              //第8行
    {
        mid = ( left +right ) / 2;                   //第10行
        if(data[mid]>x)                              //第11行
        {
            right =mid -1;                           //第13行
        }
        else if(data[mid]<x)                         //第15行
        {
            left =mid +1;                            //第17行
        }
        else break;                                  //第19行
    }                                                //第20行
    if(left <=right)                                 //第21行
    {
        printf("元素%d在数组中的位序为:%d\n", x, mid +1);
    }
    else
    {
        printf("元素%d不在数组中!\n",x);             //第27行
    }
    return 0;
}
```

【运行效果】

```
11
元素11在数组中的位序为: 6
20
元素20不在数组中!
```

【程序分析】

（1）第 5 行定义的变量 left 和 right 分别存储有序数组中最小元素和最大元素的下标，mid 存储 data[left] 和 data[right] 之间中间位置元素的下标。如果数组中存在要找的元素，则它一定位于 data[left] 和 data[right] 之间。

（2）第 8 行到第 20 行利用折半查找法定位要查找的数据 x 在数组中的下标。第 10 行把 mid 的值设置为 left 和 right 的正中间位置；第 11 行用于判断中间位置的元素是否大于 x，如果大于，说明 x 不可能在右半区（即 data[mid] 到 data[right] 之间），只需要在左半区（即 data[left] 到 data[mid−1] 之间）查找即可，第 13 行把 right 的值赋值为 mid−1 实现了缩小一半搜索空间的功能；第 15 行和第 17 行实现的功能与第 11 行和第 13 行类似，只是把查找范围缩小到右半区；第 19 行表示找到了与 x 相等的元素 data[mid]，可以直接退出循环。

（3）第 21 行到第 28 行输出最终结果。第 8 行 while 循环退出的条件有两个：一是 left 的值大于 right 的值，说明 x 不在数组中；二是 left 小于等于 right 但执行了第 19 行的 break 语句，说明数组元素 data[mid] 就是要找的数据，它的位序是 mid+1。

通过例 6.6 和例 6.7 可以发现，在程序中使用数组很容易与之前所学的循环结构结合使用，大大减少了代码量。

6.3　二维数组

一维数组可以比较方便地处理类似于数学中的一维向量数据，但有时需要处理的数据可能是二维甚至是多维的。比如我们更习惯于使用表 6.1 所示的二维表格来统计销售公司的销售业绩，其中显示了 4 名销售人员所售 3 种商品的数量。

表 6.1　销售数据表

销售员	商品 1	商品 2	商品 3
销售员 1	310	275	365
销售员 2	210	190	325
销售员 3	405	235	240
销售员 4	260	300	380

表 6.1 共有 12 个数值，每行 3 个。可以把它看作由 4 行 3 列组成的矩阵，每行代表某位销售人员的销售数量，每列代表某种商品的销售数量。如果把表中的一行（某销售员销售的所有商品数据）看作是一个元素，那么表 6.1 也可以看作是由该公司销售人员销售商品数据构成的一维数组，只不过这个一维数组的每个数组元素都是由 3 种商品销售量构成的另一个一维数组。

在数学中，使用双下标变量如 V_{ij} 来表示矩阵中的某个值。其中，V 表示整个矩阵，V_{ij} 指的是第 i 行第 j 列的值。例如，在表 6.1 中，V_{23} 指的是数值 325。

6.3.1　二维数组的定义

如果一维数组的数组元素的数据类型又是一维数组,这种数组称为二维数组。其定义的一般形式为:

数据类型　数组名[常量表达式 1][常量表达式 2];

例如:

```
int a[2][3];
```

在定义二维数组时,要注意以下几点:

(1)常量表达式 1 表明第一维的上界,即指明数组的行数。常量表达式 2 表明第二维的上界,即指明数组的列数。数组长度(即元素个数)是常量表达式 1 与常量表达式 2 的积。因此,"int a[2][3];"表示定义了一个 2×3,即 2 行 3 列总共有 6 个整型元素的二维数组 a,数组元素分布情况如图 6.4 所示。

	第1列	第2列	第3列
第1行	a[0][0]	a[0][1]	a[0][2]
第2行	a[1][0]	a[1][1]	a[1][2]

图 6.4　数组 a 各元素分布情况

(2)行序号和列序号的下标都从 0 开始。元素 a[i][j]表示第 i+1 行第 j+1 列的元素。一个具有 m 行 n 列的数组 a 中行序号和列序号都取最大值的元素是 a[m-1][n-1]。所以,在引用数组元素时应该注意下标值应在所定义数组的大小范围之内。

(3)定义数组时用到的"数组名[常量表达式][常量表达式]"和引用数组元素时用到的"数组名[下标][下标]"是有区别的。前者是定义一个二维数组以及该数组的维数和各维的大小,而后者的下标仅仅是元素的下标,像坐标一样,指向一个具体的数组元素。

根据二维数组的定义"int a[2][3];",可以把它看作是由 2 个元素 a[0]和 a[1]构成的一维数组,其中的每个元素都是一个长度为 3 的一维数组,而 a[0]和 a[1]分别是这 2 个一维数组的数组名。

在 C 语言中,二维数组中元素排列的顺序是按行存放的,即在内存中先按顺序存放第一行的元素,再存放第二行的元素,这样依次存放。如 a 数组的存放顺序如图 6.5 所示。

a[0][0]	a[0][1]	a[0][2]	a[1][0]	a[1][1]	a[1][2]

图 6.5　二维数组的存放顺序

C 语言允许使用多维数组,多维数组的定义格式为:

数据类型　数组名[常量表达式 1][常量表达式 2]…[常量表达式 n];

例如:

```
int x[2][3][4],y[4][3][2][10];   //x 为三维数组,y 为四维数组
```

6.3.2 二维数组的引用

二维数组元素的引用方式是：

数组名[行下标][列下标]

二维数组元素的引用与一维数组类似，任何一个数组元素都可看作变量使用，可以被赋值、参与表达式计算，也可以输入/输出。但需要注意的是，下标取值范围不能超过数组的范围，即行下标的取值范围是[0,最大行数－1]，列下标的取值范围是[0,最大列数－1]。

6.3.3 二维数组的初始化

二维数组的初始化可以采用以下几种方式。

(1)分行给二维数组赋初值，每行都用一对大括号括起来，各行之间用逗号隔开。例如：

```
int a[2][3]={{1,2,3}, {4,5,6}};
```

初始化后各元素值如图 6.6 所示。

图 6.6 数组 a 的元素值

这种赋初值的方法比较直观、可读性强，将第一个大括号内的数据赋给第一行的元素，第二个大括号内的数据赋给第二行的元素，即把每行看作一个元素，按行赋初值。

(2)将所有元素的初值写在一个大括号内，按数组排列的顺序对各元素赋初值。例如：

```
int a[2][3]= {1, 2, 3, 4, 5, 6};
```

效果与第(1)种是一样的。但建议采用第(1)种方法，一行对一行，界限清楚。第(2)种方法如果数据较多，容易遗漏，也不易检查。

(3)只对部分元素赋初值。例如：

```
int a[2][3]= {{1, 2}, {4}};
```

它等价于：

```
int a[2][3]= {{1, 2, 0}, {4, 0, 0}};
```

它的作用是对第一行的前两个元素赋值、第二行的第一个元素赋值，其余元素默认为 0。

初始化后数组各元素值如图 6.7 所示。

(4)如果在定义数组时就对全部元素赋初值，即完全初始化，则第一维的长度可以省略，但第二维的长度必须指定。系统会根据数据总数以及第二维的长度计算出第一维的长度。例如：

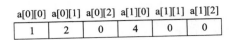

a[0][0]	a[0][1]	a[0][2]	a[1][0]	a[1][1]	a[1][2]
1	2	0	4	0	0

图 6.7　数组初始化的结果

```
int a[ ][4]= {1, 2, 3, 4, 5, 6, 7, 8, 9, 10, 11, 12};
```

该语句所定义的数组 a 中共有 12 个初值,列数为 4,所以可以确定行数为 3。

它等价于:

```
int a[3][4]= {1, 2, 3, 4, 5, 6, 7, 8, 9, 10, 11, 12};
```

如果想在省略第一维的同时对部分元素赋值,则必须用分行赋值的方法,同时其余元素默认为 0。例如:

```
int a[ ][4]= {{1, 2} ,{ 5 } ,{9, 10, 11, 12}};
```

如果数组在定义时未进行初始化,则各元素的值是随机的。

6.3.4　二维数组程序举例

例 6.8　某团体锦标赛要求每支队伍由 10 名队员参加比赛,最终成绩由所有队员的平均成绩确定。一支队伍比赛完后,组委会需要给出每位队员的比赛成绩并计算出该队的最终成绩。现假设有 5 支队伍参赛,试编程找出获得冠军的队伍和它的最终成绩。

【解题方法】

题目要求存储 5 支队伍所有队员的成绩和各队的最终成绩,并找出冠军队伍的最终成绩。成绩均为实数,可以通过定义 5 行 11 列的二维实型数组 grades 来存放成绩,其中 grades 的第 1 列,即下标为 0 的列对应各支队伍的最终成绩。因此,只需要确定冠军队伍所在行,即可确定冠军队伍的最终成绩。

程序代码如下:

```
#include<stdio.h>
int main()
{
    float grades[5][11]={0.0};                          //第 4 行
    int index=0;                                        //第 5 行
    for(int j=0;j<5;j++)                                //第 6 行
    {
        printf("请输入第%d支队伍的成绩:",j+1);
        for(int i=1;i<11;i++)                           //第 9 行
        {
            scanf("%f",&grades[j][i]);
            grades[j][0]=grades[j][0]+grades[j][i];
        }                                               //第 13 行
        grades[j][0]=grades[j][0]/10;                   //第 14 行
        if(grades[j][0]>grades[index][0])               //第 15 行
```

```
            {
                index=j;
            }
        }                                          //第 19 行
        printf("\n 冠军是第%d 支队伍,成绩为:%6.2f\n",index+1,grades[index]
[0]);                                              //第 20 行
        return 0;
    }
```

【运行效果】

```
请输入第1支队伍的成绩: 8 7 9 8 5 8 1 4 6 5
请输入第2支队伍的成绩: 7 9 8 5 6 4 3 9 9 4
请输入第3支队伍的成绩: 2 8 9 4 5 7 8 5 6 1
请输入第4支队伍的成绩: 8 9 2 5 8 4 6 3 9 1
请输入第5支队伍的成绩: 4 5 8 5 8 6 5 4 5 9

冠军是第2支队伍,成绩为:    6.40
```

【程序分析】

(1)第 4 行定义了一个第一维长度为 5、第二维长度为 11 的实型二维数组 grades 来存放 5 支队伍的成绩。第一维用于表示参赛队伍情况,共有 5 支队伍。第二维用于表示各支队伍的比赛成绩,每支队伍的成绩均由各队员成绩和最终成绩组成。grades[j][0] 存放第 j+1 支队伍的最终成绩,grades[j][1]到 grades[j][10]存放第 j+1 支队伍 10 位队员的成绩。这样定义出来的二维数组可以看成如图 6.8 所示的二维表。

队成绩	队员1	队员2	队员3	队员4	队员5	队员6	队员7	队员8	队员9	队员10
队伍1	[0][0]	[0][1]	[0][2]	[0][3]	[0][4]	[0][5]	[0][6]	[0][7]	[0][8]	[0][9]	[0][10]
队伍2	[1][0]	[1][1]	[1][2]	[1][3]	[1][4]	[1][5]	[1][6]	[1][7]	[1][8]	[1][9]	[1][10]
队伍3	[2][0]	[2][1]	[2][2]	[2][3]	[2][4]	[2][5]	[2][6]	[2][7]	[2][8]	[2][9]	[2][10]
队伍4	[3][0]	[3][1]	[3][2]	[3][3]	[3][4]	[3][5]	[3][6]	[3][7]	[3][8]	[3][9]	[3][10]
队伍5	[4][0]	[4][1]	[4][2]	[4][3]	[4][4]	[4][5]	[4][6]	[4][7]	[4][8]	[4][9]	[4][10]

图 6.8 二维数组结构

(2)第 5 行定义了一个整型变量 index 用来存放冠军所在队伍的行下标。其值初始化为 0,表示开始时假定第一支队伍就是冠军,以便于随后通过遍历所有队伍的最终成绩进行比较找出最终冠军。

(3)第 6 行到第 19 行利用 for 循环输入所有队伍的队员成绩、计算每支队伍的成绩并找出冠军队伍所在行的行下标。其中,第 9 行到第 13 行的内层 for 循环用于输入一支队伍的队员成绩和计算该队所有队员的成绩之和。在内层循环执行期间 j 的值并未发生变化,因而可以把第 j+1 支队伍的 10 个队员成绩输入到从 grades[j][1]到 grades[j][10]的 10 个数组元素中,同时把每位队员的成绩 grades[j][i]累加到 grades[j][0]上,求出第 j+1 支队伍的总成绩。第 14 行求出第 j+1 支队伍的最终成绩。第 15 行利用 if 语句把计算出的第 j+1 支队伍的最终成绩 grades[j][0]与当前假定的最好成绩 grades[index][0]进行比较,如果 grades[j][0]的值大于 grades[index][0],说明第 j+1 支队伍的成绩是目前最好的,把它的行下标赋值给 index,以保证 index 中始终存放的都是已经比赛完的所有队伍中成绩最好的那支队伍所在的行下标。这样,当第 6 行的外层 for 循环执行结束时,index 中存放的就是冠军队伍所在行的行下标。

(4)第 20 行输出最后的冠军队伍的序号 index+1 和最终成绩 grades[index][0]。

例 6.9 利用二维数组编程输出"杨辉三角"的前 n(n≤20)行。

【解题方法】

杨辉三角是一个由数字排列组成的三角形数表,图 6.9 是一个包含前 7 行的杨辉三角。

杨辉三角中的数具有如下的规律:

(1)任意一行中的数字个数与行号相同,即第一行有 1 个数,第二行有 2 个数,以此类推。

(2)任意一行的行首和行尾数字都是 1。

(3)从第 3 行开始,除行首和行尾外,其他位置上的数都等于其上一行中位于该数左上方和右上方的两个数之和。如第 3 行中的 2 等于第 2 行中位于其左右上方的两个 1 的和,第 6 行中第 3 个数 10 等于第 5 行中位于其左上方的 4 与右上方的 6 之和。

基于以上规律,可以计算出任意行杨辉三角中的所有数字。

此外,为了便于利用循环语句计算杨辉三角中的数,在用二维数组存储杨辉三角时需要进行简单的处理:把每一行的第 1 个数统一存放到二维数组相应列下标为 0 的元素中,第 2 个数存放到列下标为 1 的元素中,以此类推。最终实际存储的形式如图 6.10 所示。

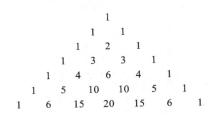

图 6.9 包含前 7 行的杨辉三角

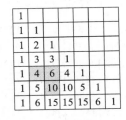

图 6.10 存储在二维数组中的杨辉三角

经过简单的处理之后,原始杨辉三角中除行首、行尾之外其他位置上的数都等于其上一行中位于该数上方和左上方的两个数之和。如第 6 行中第 3 个数 10 等于第 5 行中位于其上方的 6 和左上方的 4 之和,如图 6.10 所示。

利用二维数组输出"杨辉三角"前 n(n≤20)行的程序代码如下:

```
#include <stdio.h>
int main()
{
    int n,i,j;
    printf("输入要打印的行数 n(2<n≤20):");
    scanf("%d",&n);
    if(n>20) n=20;                        //第 7 行
    int t[20][20];                        //第 8 行
```

```
        t[0][0]=1;                              //第 9 行
        t[1][0]=1;
        t[1][1]=1;
        for(i=2;i<n;i++)                        //第 12 行
        {
            t[i][0]=1;                          //行首元素为 1
            for(j=1;j<i;j++)                    //第 15 行
            {
                t[i][j]=t[i-1][j-1]+t[i-1][j];
            }                                   //第 18 行
            t[i][i]=1;                          //行尾元素为 1
        }                                       //第 20 行
        for(i=0;i<n;i++)
        {
            for(int k=1;k<=n-i;k++)
                printf("  ");
            for(j=0;j<=i;j++)
                printf("%6d",t[i][j]);
            printf("\n");                        //输出完一行后换行
        }                                        //第 28 行
        return 0;
    }
```

【运行效果】

【程序分析】

(1)第 7 行的 if 语句判断用户输入 n 的值是否超过 20。如果超过 20,就设置为 20。其目的是控制输出的杨辉三角的行数不要太大,过大会造成显示不规范。

(2)第 8 行定义二维数组 t 用于存储杨辉三角。

(3)第 9 行到第 11 行初始化杨辉三角前 2 行的数值。

(4)第 12 行到第 20 行利用 for 循环给第 3～n 行元素赋值。其中,第 14 行和第 19 行分别把当前行的行首和行尾元素均赋值为数字 1;第 15 行到第 18 行计算当前行中除行首、行尾之外其他元素的值。

(5)第 21 行到第 28 行循环输出杨辉三角。其中,第 23 行和第 24 行输出当前行第一个元素之前的空格占位,以使输出的数字显示更加美观;第 25 行和第 26 行利用 for 循环遍历并输出当前行所有元素值。

6.4　字符数组与字符串

随着计算机和网络技术的快速发展,越来越多的应用要求在程序中把文本字符串作为一个整体来进行处理,比如在自然语言处理领域,需要通过对文本数据的挖掘去寻找规律。在 C 语言中,把字符串看作字符数组来处理。

6.4.1　字符数组

所谓字符数组就是所有数组元素均为字符类型数据的数组。字符数组中的一个数组元素存放一个字符。字符数组同样有一维数组和多维数组之分。字符数组的定义、引用和初始化方法与数值型数组类似,比如例 6.10 所示的程序可以输出一个菱形图案。

例 6.10　利用二维字符数组输出菱形图案。

```c
#include<stdio.h>
int main()
{
    char diamond[5][5]={{' ',' ','*'},{' ','*',' ','*'},{'*',' ','*',' ','*'},{' ','*',' ','*'},{' ',' ','*'}};
    for(int i=0;i<5;i++)
    {
        for(int j=0;j<5;j++)
        {
            printf("%c ",diamond[i][j]);
        }
        printf("\n");
    }
    return 0;
}
```

【运行效果】

6.4.2　字符串

字符串常量是放在一对双引号中的一串字符或符号。比如"This is a string."是一个字符串常量,它在内存中实际存储的是各个字符的 ASCII 码。在实际存储字符串时,为清楚界定字符串中包含的字符的边界,会在字符串的后面再存储一个特殊的字符'\0',其 ASCII 码为 0,称为字符串结束标志,如图 6.11 所示。

84	104	105	115	32	105	115	32	97	32	115	116	114	105	110	103	46	0
T	h	i	s		i	s		a		s	t	r	i	n	g	.	\0

图 6.11   字符串常量

C 语言中没有字符串类型,也没有字符串变量,字符串的存放与处理都是利用字符数组实现的。为了更方便、直观地表明字符数组中存放的是一个字符串,C 语言允许使用字符串常量初始化字符数组。比如,下面两种初始化字符数组的方式都是合法的:

```
char str[]= {"I am a student."};
char str[]=  "I am a student.";
```

需要注意的是,尽管用于初始化的字符串的长度是 15,但数组 str 的长度不是 15 而是 16。这是因为 str 除了存储字符串本身外,还需要额外增加一个字节的空间用于存储字符串结束标志'\0'。因此,上面两种字符数组初始化结果与下面等价:

```
char str[16]= {'I', ' ', 'a', 'm', ' ', 'a', ' ', 's', 't', 'u', 'd', 'e', 'n', 't', '.', '\0'};
```

在实际应用中,程序员通常更关心的是有效字符串的长度,而不是字符数组的长度。有了字符串结束标志'\0'后,字符数组的长度就显得不那么重要。在程序中往往依靠检测'\0'的位置来判定字符串是否结束,而不是根据数组的长度来决定字符串的长度。比如,例 6.11 所示的程序可以用来求字符串 str 的长度。

例 6.11   计算字符串的长度。

```
#include "stdio.h"
int main()
{
    char str[ ]="I am a student.";
    int length =0;
    while(str[length]!='\0')
    {
        length ++;
    }
    printf("字符串\"%s\"的长度为:%d\n",str,length);
    return 0;
}
```

【运行效果】

字符串"I am a student."的长度为:15

【程序分析】

程序中字符个数的统计功能主要由 while 循环结构实现。循环开始时,length 的初值为 0,str[length]的值为字符串中第一个字符。由于第一个字符不是'\0',程序执行

while 循环体语句,即把 length 的值加 1,然后取下一个字符看是否为'\0',之后每循环一次,length 的值就加 1,直到所有字符都访问完后,str[length]的值就是'\0',循环终止。此时 length 中的值就是字符串的长度。

在定义字符数组时应事先估计实际字符串的长度,保证数组长度始终大于字符串的实际长度。如果在一个字符数组中先后存放多个不同长度的字符串,则应使数组长度大于最长的字符串的长度。

由于使用字符'\0'作为字符串结束标志,如果一串字符的中间包含字符'\0',编译器就会把'\0'之前的字符看作一个完整的字符串,'\0'之后的部分都不属于这个字符串。

例 6.12 字符'\0'是字符串结束标志。

```
#include<stdio.h>
int main()
{
    char str[]="I am\0 a student.";
    printf("字符数组 str 中的元素值:");
    for(int i=0;i<17;i++)
    {
        printf("%c",str[i]);
    }
    printf("\n");
    printf("实际字符串:%s\n", str);
    return 0;
}
```

【运行效果】

```
字符数组str中的元素值: I am a student.
实际字符串: I am
```

6.4.3 常用字符串处理函数

C语言提供了丰富的字符串处理函数,大致可分为字符串的输入、输出、合并、修改、比较、转换、复制、搜索等,使用这些函数可大大减轻编程的负担。用于输入/输出的字符串函数,在使用前应包含头文件 stdio.h,使用其他字符串函数则应包含头文件 string.h。下面介绍几个常用的字符串处理函数。

1. 输入字符串函数 gets()

格式:gets(一维字符数组名);

功能:把从键盘输入的一个以回车符结束的字符串放入字符数组中,并在字符串的末尾自动添加'\0'。

例 6.13 输出用户从键盘输入并存放到字符数组 str 中的字符串。

```
#include<stdio.h>
int main()
{
    char str[20];
    printf("请输入一个字符串:");
    gets(str);
    printf("输入的字符串为:%s\n",str);
    return 0;
}
```

【运行效果】

请输入一个字符串: How are you?
输入的字符串为: How are you?

scanf()函数也可以通过格式控制符%s输入字符串,那么scanf()函数与gets()函数有什么区别呢? 例6.14说明了二者的不同。

例6.14　scanf()函数与gets()函数的区别。

```
#include<stdio.h>
int main()
{
    char str[20];
    printf("请输入一个字符串:");
    scanf("%s",str);
    printf("输入的字符串为:%s\n",str);
    return 0;
}
```

【运行效果】

请输入一个字符串: How are you?
输入的字符串为: How

【程序分析】

scanf()函数从键盘读取字符串时以空格或回车符为分隔符,遇到空格或回车符就认为当前字符串结束,所以无法读取含有空格的字符串。而gets()函数则认为空格本身是字符串的一部分,只有遇到回车符时才认为字符串输入结束。也就是说,gets()函数可以用来读取一整行字符串,不管中间输入了多少个空格,只要用户没有按下回车键,gets()函数都认为是一个完整的字符串。

2. 输出字符串函数 puts( )

格式:puts(字符数组名);

功能:把字符数组中的字符串输出到显示器,即在屏幕上显示该字符串。

例6.15　利用puts()函数显示用户从键盘输入并存放到字符数组str中的字符串。

```
#include<stdio.h>
int main()
{
    char str[20];
    printf("请输入一个字符串:");
    gets(str);
    puts(str);
    return 0;
}
```

【运行效果】

请输入一个字符串: How are you?
How are you?

puts()函数在输出字符串时会将'\0'自动转换成'\n',因而 puts()函数在输出字符串后自动换行。另外,gets()函数和 puts()函数只适用于对一个字符串的处理,不能写成 puts(str1,str2)或 gets(str1,str2)。

3. 计算字符串长度函数 strlen()

格式:strlen(字符数组名);

功能:计算字符串的实际长度并作为函数返回值。注意字符串的实际长度不含字符串结束标志'\0'。

例 6.16 利用 strlen()函数获取字符串的长度。

```
#include<stdio.h>
#include<string.h>
int main()
{
    char str[20]="I am a student.";
    printf("The length of the string is %d.\n", strlen(str));
    return 0;
}
```

【运行效果】

The length of the string is 15.

【程序分析】

strlen()函数计算的是字符串的实际长度,因而输出结果既不是 16 也不是数组长度 20。

4. 字符串连接函数 strcat()

格式:strcat(字符数组名 1,字符数组名 2);

功能:把字符数组 2 中的字符串连接到字符数组 1 中字符串的后面,并删去字符数组 1 中的字符串结束标志'\0'。函数返回值是字符数组 1 的首地址。

例 6.17 把初始化赋值的字符数组与动态赋值的字符串连接起来。

```
#include<stdio.h>
#include <string.h>
int main()
{
    char str1[18]="My name is ";
    char str2[6];
    printf("input your name: ");
    gets(str2);                        //第 8 行
    strcat(str1,str2);                 //第 9 行
    puts(str1);                        //第 10 行
    return 0;
}
```

【运行效果】

```
input your name: Tom.
My name is Tom.
```

【程序分析】

程序解析：第 8 行把输入的字符串"Tom."存放到字符数组 str2 中。第 9 行通过 strcat()函数删除字符数组 str1 中字符串的字符串结束标志'\0'，再把字符数组 str2 中的字符串"Tom."连接到字符串"My name is "后面。第 9 行输出连接后的字符串"My name is Tom."。连接前后的数组状态如图 6.12 所示。

连接前str1:	M	y		n	a	m	e		i	s		\0	\0	\0	\0	\0	\0	\0
连接前str2:	T	o	m	.	\0	\0												
连接后str1:	M	y		n	a	m	e		i	s		T	o	m	.	\0	\0	\0
连接后str2:	T	o	m	.	\0	\0												

图 6.12　连接前后数组状态

使用 strcat()函数时需要注意，字符数组 1 应定义足够的长度，否则不能全部装入连接后的字符串。

5. 字符串拷贝函数 strcpy()

格式：strcpy(字符数组名 1,字符数组名 2);

功能：把字符数组 2 中的字符串拷贝到字符数组 1 中。拷贝时字符串结束标志'\0'也一同拷贝。字符数组 2 也可以是一个字符串常量，这时相当于把一个字符串整体赋值给字符数组 1。

例 6.18　把 str2 数组中的字符串拷贝到 str1 数组中。

```
#include<stdio.h>
#include <string.h>
int main()
{
    char str1[15]="hello",str2[]="C Language ";
    strcpy(str1,str2);
```

```
        puts(str1);
        return 0;
    }
```

【运行效果】

C Language

【程序分析】

strcpy(st1,str2)执行前后数组的状态如图6.13所示。

执行前str1:	h	e	l	l	o	\0	\0	\0	\0	\0	\0	\0	\0	\0
执行前str2:	C		L	a	n	g	u	a	g	e	\0			
执行后str1:	C		L	a	n	g	u	a	g	e	\0	\0	\0	\0
执行后str2:	C		L	a	n	g	u	a	g	e	\0			

图6.13 拷贝前后数组的状态

使用strcpy()函数时要注意字符数组1应有足够的长度,以便能够容纳需要拷贝的字符串。

6. 字符串比较函数 strcmp( )

格式:strcmp(字符数组名1,字符数组名2);

功能:按照ASCII码值依次比较两个字符串的对应字符,直到出现不相等的字符或到达字符串末尾,并由函数返回值返回比较结果。

函数返回值情况如下:

(1)返回值=0,表示字符串1等于字符串2,如"ABC"="ABC"。

(2)返回值>0,表示字符串1大于字符串2,如"aBC">"ABC"。

(3)返回值<0,表示字符串1小于字符串2,如"ABC"<"AbC"。

例6.19 判断用户输入的密码是否正确并给出相应的提示信息。

```c
#include<stdio.h>
#include <string.h>
int main()
{
    const char PASSORD[]="administrator";
    char password[20]={0};
    puts("Enter Your Password: ");
    gets(password);
    if(strcmp(password,PASSORD) !=0)
    {
        puts("Password Error!");
        return -1;
    }
    puts("Welcome!");
    return 0;
}
```

【运行效果】

```
Enter Your Password:
administrator
Welcome!
```

6.4.4　字符数组与字符串程序设计举例

例 6.20　编程实现从键盘输入 5 个城市名的汉语拼音字符串,寻找并输出其中名称所对应的字符串最大的那个城市的城市名。

【解题方法】

一个城市名的汉语拼音就是一个字符串,可以用一维字符数组存储。这样,5 个城市名就可以用二维字符数组来存储,二维数组的一行用于存储一个城市名字符串。如果把一个字符串看成一个元素,那么二维字符数组可以看作元素类型为字符串的一维数组,在使用时可以用字符串数组的元素值来表示字符串,如图 6.14 所示。

city[0] →	B	e	i	J	i	n	g	\0	\0	\0
city[1] →	S	h	a	n	g	H	a	i	\0	\0
city[2] →	T	i	a	n	J	i	n	\0	\0	\0
city[3] →	G	u	a	n	g	Z	h	o	u	\0
city[4] →	W	u	H	a	n	\0	\0	\0	\0	\0

图 6.14　字符串数组示意图

在图 6.14 中,city[0] 即表示"BeiJing",这样就可以借助相关的字符串处理函数来解决问题。程序代码如下:

```c
#include <stdio.h>
#include <string.h>
int main()
{
    char city[5][20],str[20];                         //第 5 行
    puts("Enter 5 Cities : ");
    for(int i=0;i<5;i++)    gets(city[i]);            //第 7 行
    strcpy(str,city[0]);                              //第 8 行
    for(int i=1;i<5;i++)                              //第 9 行
    {
        if(strcmp(city[i],str)>0)    strcpy(str,city[i]); //第 11 行
    }
    printf("The max is : ");
    puts(str);                                        //第 14 行
}
```

【运行效果】

【程序分析】

(1)第5行定义一个二维字符数组 city 和一个一维字符数组 str,其中二维字符数组 city 用于存储5个城市名拼音字符串,数组的每一行对应一个城市名。一维字符数组 str 用于存储所找到的最大城市名的汉语拼音字符串。

(2)第7行通过 for 循环利用 gets()函数依次输入5个城市名的汉语拼音字符串并存放到字符串数组 city 中。gets()函数要求一个一维字符数组名作为参数,这里 city[i] 是二维字符数组 city 的第 i+1 行,相当于一个一维字符数组。

(3)第8行通过调用字符串复制函数 strcpy()对 str 进行初始化。strcpy()函数的第2个参数 city[0]对应的字符串是所输入的第1个城市名,第1个参数 str 是存储最大城市名的字符数组,函数执行后 str 中就是第1个城市名,也就是开始时假定第1个城市名就是最大的。

(4)第9行到第12行的 for 循环实现找出最大城市名并存储到 str 字符数组中。循环总共进行4次,从行下标 i 为1即第2个城市名开始,每次循环都利用字符串比较函数 strcmp()将当前行所对应的城市名字符串 city[i]与目前找到的最大城市名字符串 str 进行比较,如果 city[i]比 str 大,就把 city[i]的值复制给 str,以确保 str 中永远是当前最大的那个城市名。这里第11行 if 语句的条件是判断 strcmp()返回值是否大于零,如果大于零,说明 city[i]对应的城市名更大,就把它复制到 str 中。这样,循环执行完后 str 中存放的就是最大城市名。

(5)第14行利用字符串输出库函数 puts()把 str 的值输出,即输出最大城市名。

例6.21 输入一行字符,统计其中有多少个单词,单词之间用空格分隔开。

【解题方法】

定义一个初始值为0的整型变量 counter 用于统计单词的个数,从第一个字符开始逐个检查用户输入的所有字符,如果当前字符是某个单词的第一个字符,则说明出现了一个新单词,此时使 counter 的值加1。这样,当用户输入的所有字符检查完后,counter 的最终值即为单词的个数。

上述过程最关键的是如何判断当前字符是某个单词的第一个字符,即如何判断出现了一个新单词。为此,首先设置一个初始值为 false 的布尔类型变量 new_word 作为判断是否出现新单词的标志,取值为 false 表示没有出现新单词,取值为 true 表示出现了新单词。然后,根据当前字符与前一个字符的取值情况判断是否出现新单词:如果当前字符是空格,显然没有出现新单词;如果当前字符不是空格而前一个字符是空格,说明当前字符就是接下来要出现的单词的第一个字符,即出现了一个新单词;如果当前字符不是空格且前一个字符也不是空格,说明当前字符和前一个字符属于同一个单词,即没有出现新单词。这种对应关系可用表 6.2 来描述。

表 6.2　字符与新单词出现的关系

当前字符	前一个字符	是否出现新单词	对应的操作
空格	无要求	否	new_word=false;
非空格	空格	是	new_word=true;　counter++;
非空格	非空格	否	无

　　注意这里有个编程小窍门:如果当前检查的字符是空格,说明上一个单词已经结束或者还没有遇到单词,此时将 new_word 的值赋值为 false,这样检查下一个字符时就可以根据 new_word 的值来判断前一个字符是否为空格。程序代码如下:

```
#include<stdio.h>
#include<stdbool.h>
int main()
{
    char ch, string[255];
    int counter =0;
    bool new_word =false;                              //第 7 行
    printf("请输入一行字符:\n");
    gets(string);                                      //第 9 行
    for( int i=0; ( ch=string[i] ) != '\0'; i++)       //第 10 行
    {
        if( ch ==' ' )                                 //第 12 行
        {
            new_word =false;                           //第 14 行
        }
        else if( new_word ==false )                    //第 16 行
        {
            new_word =true;                            //第 18 行
            counter ++;                                //第 19 行
        }
    }                                                  //第 21 行
    printf("There are %d words in the line.\n",counter);
    return 0;
}
```

【运行效果】

```
请输入一行字符:
I am a student.
There are 4 words in the line.
```

【程序分析】

(1)第 7 行定义的布尔型变量 new_word 用于判断是否出现新单词,初始值为 false。

(2)第 9 行使用 gets( )函数输入字符串。

(3)第 10～21 行的 for 循环对输入的字符串逐个字符进行检查,判断是否出现了新单词。其中,第 10 行中的循环终止条件为条件表达式(ch＝string[i])! ＝'\0',首先执行括号内的赋值表达式 ch＝string[i],即将当前字符 string[i]赋给字符变量 ch,此时赋值表达式和变量 ch 的值均为当前字符,然后再判断它是否为字符串结束标志'\0'。如果该条件表达式的值为真(当前字符不是'\0'),则继续执行第 12～21 行循环体语句,否则说明所有字符均已处理完毕,单词个数已经求出,终止循环。第 12 行判断当前字符是否为空格字符,如果是,说明尚未出现新单词,就在第 14 行将 new_word 置为 false。第 16 行表示当前字符不是空格字符,而且前一个字符是空格字符(new_word 的值为 false 表示前一个字符为空格字符),说明出现了一个新单词,此时在第 18 行把 new_word 设置为 true,在第 19 行把 counter 的值加 1(单词数增加了一个)。如果第 16 行的 if 条件不满足,即 new_word 的值为 true,表示当前字符不是空格且前一个字符也不是空格(new_word 的值为 true 表示前一个字符不是空格字符),说明它们都是同一个单词内的字符,并未出现新单词,此时直接转回第 10 行取下一个字符进行判断。

6.5　扩展阅读

杨辉三角是一个排列形如三角形的无限对称的数字金字塔,因其在我国南宋数学家杨辉 1261 年所著的《详解九章算法》一书中首次出现,我国当代数学家华罗庚把它称为杨辉三角。

事实上,杨辉在《详解九章算法》曾明确地注明该图称为"开方作法本源图","出《释锁算术》,贾宪用此术",因此杨辉三角也称为贾宪三角。贾宪是我国北宋数学家,他大约在 1050 年完成《黄帝九章算经细草》一书,原书已经遗失,但关于进行高次开方运算的"贾宪三角"被杨辉抄录在《详解九章算法》著作中。《九章算术》成书于公元一世纪左右,是一本综合性的历史著作,内容十分丰富,总结了战国、秦、汉时期的数学成就。《九章算术》最早系统阐述了分数运算,记录了"盈不足"问题,首次阐述了负数及其加减运算法则等,它的出现标志中国古代数学形成了完整的体系。作为一部世界数学名著,《九章算术》早在隋唐时期就传入朝鲜和日本,先后被译成日语、俄语、德语、法语等多种版本。

在欧洲,法国数学家帕斯卡在 1653 年的《论算术三角》中首次给出了一个近似的三角形表,因此杨辉三角也称为帕斯卡三角(Pascal's Triangle)。帕斯卡的论述比杨辉晚了近 400 年,比贾宪更是晚了 600 年。其实,在帕斯卡之前,已经有不少人讨论过。古代波斯数学家奥马尔·海亚姆大约在 12 世纪时就描述过这个三角形。德国人阿皮纳斯曾经在 1527 年出版的一本算术书封面上刻画了这个图形。德国人施蒂费尔和意大利人塔塔伊亚等都曾在 16 世纪研究过这种图形。

杨辉三角的结构非常简单,但其中却蕴藏着丰富的数学逻辑和规律。下面是一些可以从中推导出的数学性质:

(1)杨辉三角的两条斜边(即最外层)上的数字都是 1,如图 6.15 中阴影所示。

(2)除最外层上的数字 1 外,其他的数都等于它左右肩膀上的两个数的和,如图 6.15

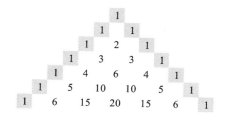

图 6.15　杨辉三角中的数字规律

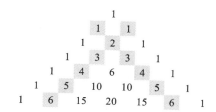

图 6.16　杨辉三角中的自然数列

中 20＝10＋10。

（3）每一行的数字都左右对称,偶数行最中间的两个数最大,奇数行中间一个数最大。

（4）杨辉三角两条斜边下的第二层上的数字构成自然数列,如图 6.16 中阴影所示。类似地,第三层上的数字构成三角数列,第四层上的数字构成四面体数(也称为三角锥体数),第五层上的数字构成 5-单纯形数,第六层上的数字构成 6-单纯形数,以此类推。单纯形是几何上某一维度空间中构造最简单的结构,0-单纯形就是点,1-单纯形就是一条线段,2-单纯形就是三角形,3-单纯形就是四面体,4-单纯形就是五胞体。

（5）每一行中数字的和都是以 2 为底的幂。把每一行上的数字加起来会依次得到 1、2、4、8、16、…,恰好是一个 2 倍增长的数列。

（6）对于左斜边下的第二层自然数列中的每个数,其完全平方数等于该数右边的数与右下的数相加的和。如图 6.16 中第 3 行中 $2^2＝1＋3$,第 4 行中 $3^2＝3＋6$,等等。

（7）把每一行上的数字串联起来可以得到以 11 为底的幂数列。如图 6.16 中第 1 行 $1＝11^0$,第 2 行 $11＝11^1$,第 3 行 $121＝11^2$,等等。

（8）把杨辉三角中的数字按左对齐排列,对角线相加即可得到斐波那契数列,如图 6.17 所示。波那契数列又称"兔子数列"、黄金分割数列,其特点是从第三项开始,每一项都等于前面相邻的两项之和。现实世界中蜻蜓翅膀、蜂巢、菠萝表面的突起、许多花朵(如玫瑰、菊花、向日葵等)的花瓣数目等都具有这个数列的排列规律。

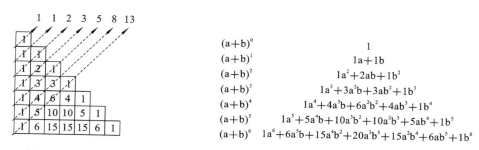

图 6.17　杨辉三角中的斐波那契数列

图 6.18　杨辉三角与二项式展开

（9）杨辉三角每一行的数字恰好对应二项式的标准展开系数,其对应关系如图 6.18 所示。

可见,杨辉三角这一古代优秀发明创造可以推广到很多现代数学应用中。

6.6 小 结

数组是一组数目固定、类型相同的元素组合而成的数据结构,利用数组名和索引值(下标)可以访问数组中的任意元素。将数组和循环控制语句结合使用是一种非常强大的编程技术。本章详细介绍了 C 语言中数组的定义、初始化方法及应用,主要内容如下:

(1)C 语言的数组遵循"先定义再使用"的基本规范。定义数组需要指定数组元素的类型、数组名和数组长度。

(2)数组存放在计算机内存中一块连续的存储区域中,其中的每个元素占用相同大小的内存空间,具有相同的名称和相同的数据类型,索引(下标)值用于区分不同元素。

(3)除定义的同时进行初始化外,对数组的引用只能逐个元素进行。可以把数组元素当作同类型的普通变量来对待,普通变量能够执行的操作,同类型的数组元素也可以执行。

(4)数组元素的索引(下标)值从 0 开始,最大值为数组长度减 1。

(5)数组名中存放的是数组所占内存空间的首地址,也就是第一个数组元素的地址。

(6)C 语言中二维数组在内存中按行序优先存放,类似的存放规则可以推广到三维及上的多维数组。

(7)多维数组可以看成是特殊的一维数组,因为本质上它们在内存中都是按一维方式存储的。

(8)字符串存放在字符数组中,此时字符数组长度至少是字符串长度值加 1。

(9)字符串以'\0'作为结束标志,但字符数组并不要求它的最后一个字符为'\0'。

(10)在程序中依靠测试'\0'的位置来判定字符串是否结束,而不是根据数组的长度来决定字符串的长度。

(11)为了提高使用字符串编程的效率,C 语言提供大量的字符串库函数。

习 题

1. 若有定义 int a[10];,则对数组 a 元素的正确引用是(   )。

A. a[10]   B. a[3.5]   C. a(5)   D. a[10−10]

2. 为了判断两个字符串 s1 和 s2 是否相等,应当使用(   )。

A. if(s1==s2)   B. if(s1=s2)

C. if(strcpy(s1,s2))   D. if(strcmp(s1,s2)==0)

3. 若二维数组 a 有 m 列,则计算任一元素 a[i][j] 在数组中的位置的公式为(   )。(设 a[0][0] 位于数组的第一个位置上)

A. i*m+j   B. j*m+I   C. i*m+j−1   D. i*m+j+1

4. 定义"int a[][3]={1,2,3,4,5,6,7,8};",则数组 a 的行数为(   )。

A. 2   B. 3   C. 4   D. 不确定

5. 若有定义"int a［3］［4］;",则对数组 a 元素的正确引用的是(　　　)。

A. a［2］［2］　　　　　 B. a［1,3］　　　　　 C. a［5］　　　　　　 D. a［1］［4］

6. 如果有定义语句"char str1［10］,str2［10］=｛"books"｝;",则能将字符串"books"
赋给数组 str1 的正确语句是(　　　)。

A. str1="books";　　　　　　 B. strcpy(str1,str2);

C. str1=str2;　　　　　　　 D. strcpy(str2,str1);

7. 设有数组定义"char array［10］="China";",则数组 array 所占的存储空间为(
)个字节。

A. 5　　　　　　 B. 6　　　　　　 C. 10　　　　　　 D. 11

8. 如有语句"char s1［5］,s2［7］;",要给数组 s1 和 s2 整体赋值,下列语句中正确的是
(　　　)。

A. s1=getchar();s2=getchar();　　　 B. scanf("％s％s",s1,s2);

C. scanf("％c％c",s1,s2);　　　　　 D. gets(s1,s2);

9. 语句 int a［ ］=｛0,0,0,0,0,0,0,0｝;与语句 int a［8］=｛0｝;是否等价?

10. 字符数组定义为"char c［5］=｛'H','e','l','l','o'｝;",则数组 c 可以看作一个字
符串吗? 为什么?

11. 编写程序实现将一个数插入到一个有序的数列中,要求插入后仍有序。

12. 某选举活动有 5 位候选人,候选人按 1～5 编号,投票工作是在选票上标记出某
位候选人的编号。请编写一个程序,使用数组变量 count 读取选票并计算每位候选人的
得票数。如读取的数字不在 1～5 的范围内,该选票被视为"废票",程序应可以计算出废
票数。

13. 编写程序输入一个 4 行 4 列的矩阵,求出上三角元素之和。

14. 编写程序输入 10 个整数存入一维数组,统计输出其中的正数、负数和零的个数。

15. 编写程序输入一行字符串,将该字符串中所有的大写字母改为小写字母后输出。

16. 编写程序从键盘输入 5 个 double 类型数据存入到一个数组中,计算数组中每个
数的倒数后将结果存储到另一个数组中,输出倒数并计算和输出倒数的总和。

第7章

函数

随着计算机技术的高速发展和计算机应用的快速普及,人们利用计算机解决的问题越来越广泛,编写的程序代码越来越多。如果把所有的程序代码都放在main()主函数中,后续阅读和维护将会变得越来越困难。为了简化程序设计,C语言引入了函数的概念。本章介绍模块化程序设计思想和C语言函数。

7.1　模块化程序设计与函数

现实生活中,当我们遇到复杂问题的时候,常常采用"分而治之"的策略,即把复杂问题划分为若干相对独立而又比较容易解决的简单问题,然后分别予以解决。比如,一辆汽车由众多零部件构成,汽车生产厂商不可能独自完成所有的零部件生产。实际上,一辆汽车上的发动机可能来自于广西的厂家,驱动电机、金属材料成形与模具可能来自于上海的厂家,铝车轱辘轮圈可能来自于河北的厂家,等等。汽车生产厂商只需把来自于这些不同厂家生产的零件进行组合拼装即可完成汽车的生产。这样,生产一辆汽车就从一项庞大而复杂的工程简化成了多个独立的简单工程,既提高了每个独立零件生产厂商的工作效率,又使每个厂家在自己负责的领域有更多的发明与更快的更新。这种"分而治之"的策略就是模块化思想。

生活中这样的例子数不胜数。任何一个部门没有分工都很难维持日常工作的井然有序,任何一件事情缺乏分工都会导致事倍功半。"分而治之"不仅能提高工作效率,而且还能方便管理,方便找出工作中的问题。事实上,这种模块化的思想也体现在我国古代的军事管理中。著名的《孙子兵法·兵势篇》中记载有"凡治众如治寡,分数是也",意思是如果把军队按一定的编制组织好,那么管理和指挥人数众多的大军也就如同管理和指挥人数很少的部队一样容易。这也体现了模块化管理在古代军事化管理中的应用。

复杂的程序设计也可以采用同样的策略,如图7.1所示。

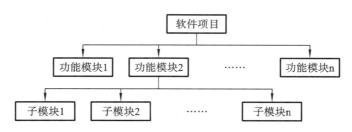

图 7.1　模块化程序设计思想

图 7.1 中,把整个程序划分成若干个功能较为单一的程序模块,分别予以实现,然后把所有程序模块像"搭积木"一样装配起来,这种在程序设计中"分而治之"的策略,称为模块化程序设计思想。

在 C 语言中,用函数实现程序的模块化。从这个意义上来说,函数就是具有相对独立功能的程序片段。使用函数构建程序,有以下几个好处:

(1)可以单独编写和测试每个函数,简化了整个程序的编写与调试过程。

(2)独立的小函数比一个大函数更容易理解和处理。

(3)其他程序也可以使用事先编写好的函数,而无需详细了解代码细节,可以加快开发速度。

(4)大型程序可以由不同的团队分别开发不同的函数模块,最后组装成完整的程序。

前述章节中其实已经使用过 C 语言中的函数,比如 main()与大括号及其内部部分称为 C 语言的主函数,即 main()函数。C 语言程序中,main()函数是必不可少的,它是所有程序运行的入口。此外,在程序中还使用过 printf()、scanf()、puts()等函数,这些函数早被 C 语言开发者编写完成,存放在库函数中,因此每次编写程序之前,都会在程序最开始加入"♯include〈stdio.h〉"编译预处理指令,表示调用 stdio 库。当然,开发者也可以自定义函数,提供给其他开发者使用。

7.2　函数的定义、声明与调用

在 C 语言中,使用函数编程必须遵循一定的规范:

(1)确保程序中使用的所有函数必须事先存在。如果函数事先不存在,就需要先把函数构造出来。在 C 语言中,构造函数的过程称为函数定义。

(2)应该对程序中需要使用的自定义函数进行注册,以便清楚地知道需要用到哪些函数以及这些函数在使用时的要求。该过程在 C 语言中称为函数声明。

(3)由于同一个函数在不同程序中所处理的对象可能不同,必须保证调用函数和被调用函数之间能够有效地交流信息。该过程在 C 语言中通过函数调用加以实现。

以上函数的定义、声明与调用可以看作是利用自定义函数实现 C 语言程序设计的"三部曲"。

7.2.1　函数定义

定义一个函数需要说明函数的基本结构并用具体的语句实现函数功能。函数定义的一般形式如下：

返回值类型符　函数名(类型符 1　形参名 1, …, 类型符 n　形参名 n)

{

**　　　变量声明部分**

**　　　执行部分**

}

例 7.1　定义函数实现计算两个实数的平均值。

```
double average(double x, double y)          //第 1 行
{                                           //第 2 行
    double z;                               //第 3 行
    z = (x + y) / 2;                        //第 4 行
    return z;                               //第 5 行
}                                           //第 6 行
```

【程序分析】

(1)第 1 行称为函数首部,其中第一个 double 是函数的返回值类型符,用来说明将来某个函数调用这个函数时可以向调用本函数的那个函数回送一个 double 类型的数据。返回值通常是调用本函数的那个函数希望本函数执行后能够得到的结果,例 7.1 中就是返回两个 double 类型的数据经过计算之后的平均值。

(2)函数首部中的 average 是函数名,其他函数可以通过这个名字来明确指定要执行的函数。

(3)函数名 average 后面的一对小括号"()"是函数标识,也可以看作是函数运算符,用于向编译器说明前面的 average 是一个函数。

(4)小括号内"double x, double y"称为形式参数。形式参数用于说明将来其他函数调用本函数时,应该向本函数传递进来的数据要求,包括需要传递的数据的个数及每个数据的类型。从这个意义上来说,这里的形式参数列表只是表示一种占位,即先把位置占住,将来程序真正执行到这里的时候再传递实际的数据,因此称为形式参数,简称形参。例 7.1 中所定义函数的功能是计算两个 double 类型数据的平均值,这就要求在调用本函数时需要传递进来两个数据,每个数据的类型都是 double 型,因此形参列表定义为"double x, double y"。

(5)第 2 行到第 6 行由一对大括号括起来的内容称为函数体。函数体由一系列 C 语句构成,每条语句均以分号结束。注意 C 语言程序中的所有符号都必须在英文状态下输入,否则编译无法通过。

(6)函数体中的语句通常包括声明部分和执行部分。声明部分用来声明本函数中将要使用的其他函数以及变量。例 7.1 中第 3 行定义了一个变量 z,用于存放 x 和 y 经计算之后得到的平均值。第 4 行和第 5 行是执行部分的语句,用来完成本函数的具体功

能。第 4 行计算 x 和 y 的平均值,并把计算结果赋给变量 z。第 5 行"return z;"的作用是把 z 的值作为函数值回传给调用本函数的那个函数,这样那个函数就可以得到计算好的平均值。

average()函数的定义结构可以用图 7.2 说明。

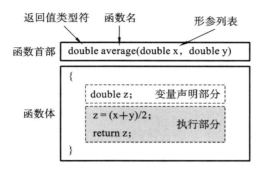

图 7.2　函数定义的结构

在定义函数过程中需要注意以下几点:

(1)函数首部和函数体共同构成一个完整的函数定义,二者不可分割,不能在函数首部后面加分号。

(2)如果函数不需要返回信息,返回值类型符用 void。

(3)形式参数需要根据具体问题进行设置,比如例 7.1 中假如要计算 3 个实数的平均值,就需要设置 3 个形式参数。如果实际问题不需要,也可以没有形式参数,比如到目前为止定义的 main()函数基本上都没有设置形式参数。

(4)C 语言中的函数都是独立的,不能嵌套定义,即不能在一个函数的函数体内部定义另外一个函数。

(5)main()函数的定义与其他函数没有区别,只是在程序执行时由操作系统率先调用它。

7.2.2　函数调用

函数调用是指在一个函数的函数体内部使用另一个函数,以执行后面那个函数所实现的功能。为了更好地区分这两个函数,通常把在函数体中调用其他函数的函数称为主调函数,被其他函数调用的函数称为被调函数。

例 7.2　调用 average()函数求 3.0 和 5.0 的平均值。

```c
#include <stdio.h>
double average(double x, double y)
{
    double z;
    z = (x +y) / 2;
    return z;
}
```

```
int main()
{
    double ave;
    ave = average(3.0, 5.0);
    printf("ave=%lf\n",ave);
    return 0;
}
```

【运行效果】

ave=4.000000

【程序分析】

(1)程序中定义了两个函数:average()函数和 main()函数。average()函数就是例 7.1 所定义的计算 2 个实数平均值的函数。在 main()函数中通过 average(3.0,5.0)实现对 average()函数的调用。因此,main()函数是主调函数,average()函数是被调函数。

(2)函数调用 average(3.0,5.0)中的 3.0 和 5.0 称为实际参数(简称实参),与 average()函数定义中的形式参数 x 和 y 相对应,表明在主调函数 main()中实际使用被调函数 average()时求的是 3.0 和 5.0 这两个数的平均值。

(3)在 average()函数定义中,函数执行完之后会返回所求的两个 double 类型数据的平均值。这里,"ave = average(3.0,5.0);"表示在调用执行完 average()函数之后要把 average()函数返回的结果赋值给 ave 变量,这样在 main()函数中就可以通过变量 ave 来使用 3.0 和 5.0 这两个数的平均值。这种把函数调用放到一个表达式中是常用的一种函数调用方式。

(4)函数调用后面加上分号构成一条函数调用语句。这个分号是必需的,因为 C 语言是按语句执行的,而分号是一条语句结束的标志,如果不加分号,C 编译器会认为它是一个表达式而不是语句。

除了本例中这种函数调用方式外,还可以根据需要采用其他的方式调用函数。

(1)如果对函数返回值不感兴趣,可以直接把函数调用作为一条 C 语言语句,如:

```
average(3.0, 5.0);
```

通常调用库函数 printf()就采用这种调用方式,如:

```
printf("Hello World");
```

事实上,一旦函数定义完成,调用自定义函数和调用库函数没有区别。

(2)把函数调用作为另一个函数调用的参数,如:

```
printf("% lf\n", average(3.0, 5.0));
```

把 average()函数调用作为 printf()函数的一个参数,该语句的含义是直接输出 average()函数的返回值,也就是 3.0 和 5.0 的平均值。

7.2.3 函数声明

函数声明是一条定义函数基本特性的语句,它出现在主调函数中,用于声明被调函数的返回值类型、函数名和每个形式参数的类型。在对函数进行声明时,可以把它编写成与函数首部一模一样,只是要在末尾加上一个分号。比如,在例 7.2 中,由于 main() 函数调用了自定义函数 average(),应当在 main() 函数体中对 average() 函数进行声明,声明方式如例 7.3 所示。

例 7.3　在主调函数 main() 中声明自定义被调函数 average()。

```c
#include <stdio.h>
double average(double x, double y)
{
    double z;
    z = (x +y) / 2;
    return z;
}

int main()
{
    double ave;
    double average(double x, double y);
    ave =average(3.0, 5.0);
    printf("ave=%lf\n",ave);
    return 0;
}
```

【运行效果】

```
ave=4.000000
```

【程序分析】

main() 函数中的第 2 条语句"double average(double x,double y);"为函数声明语句。这条语句的作用是告诉编译器:main() 函数里面调用 average() 函数时需要提供两个 double 类型的数据,执行完后会返回一个 double 类型的数据。如果后面在调用函数时没有遵循这些规范,编译器就会报错。

函数声明也称为函数原型,它提供了函数的所有外部规范,能使编译器在使用这个函数的地方创建适当的指令,检查是否正确地使用它。

【注意】不同的编译器对函数声明的处理方式略有区别。一般情况下,程序员在编写程序代码时,如果定义被调函数的源代码放在了定义主调函数的源代码的前面,即使在主调函数中没有对被调函数进行声明,编译也可以通过。比如例 7.2 就是这种情况,average() 函数的定义代码出现在 main() 函数的定义代码的前面。但是,如果定义被调函数的源代码放在了定义主调函数的源代码的后面,而且在主调函数中没有对被调函数进行声明,部分编译器会给出警告信息甚至报错。建议初学者养成规范编程的良好习惯,在调用函数之前都要声明被调用的函数。

7.2.4 没有返回值的函数

有时,可能只需要函数执行的过程,而不是为了获取最后的结果。此时可以使用"void"作为函数的返回值类型,表示该函数没有返回值。

例7.4 显示出一个直角在左下方的等腰直角三角形,腰长由键盘输入决定。

```c
#include <stdio.h>
void put_stars(int n)
{
    int i;
    for(i=0;i<n;i++)  putchar('*');
}
int main()
{
    int i,length;
    void put_stars(int n);
    printf("请输入等腰直角三角形的腰长:");
    scanf("%d",&length);
    for(i=1;i<=length;i++)
    {
        put_stars(i);
        putchar('\n');
    }
    return 0;
}
```

【运行效果】

```
请输入等腰直角三角形的腰长: 4
*
**
***
****
```

【程序分析】

put_stars()函数的功能仅为输出 n 个星号(＊),并不需要任何返回值,所以函数的返回值类型为 void(空类型)。

7.2.5 没有形参的函数

有些函数在执行过程中不需要从主调函数接收任何数据就能完成函数的功能,此时在定义函数时不需要形式参数。比如在例7.4中,由于等腰直角三角形的腰长需要用户从键盘输入,就可能出现用户因误操作等行为而输入负数的情况,此时自然也就无法输出三角形。为此,可以定义一个没有形参的函数 judge()用于确保用户输入的是一个正数,如例 7.5 所示。

    例 7.5 显示出一个直角在左下方的等腰直角三角形,腰长由键盘输入决定。

```c
#include <stdio.h>
int judge()
{
    int temp;
    do
    {
        printf("请输入等腰直角三角形的腰长:");
        scanf("%d",&temp);
        if(temp<=0)  printf("三角形的腰长只能是正数!\n");
    }while(temp<=0);
    return temp;
}

void put_stars(int n)
{
    for(int i=0;i<n;i++)  putchar('*');
}

int main()
{
    int i,length;
    int judge();
    void put_stars(int n);
    length=judge();
    for(i=1;i<=length;i++)
    {
        put_stars(i);
        putchar('\n');
    }
    return 0;
}
```

【运行效果】

```
请输入等腰直角三角形的腰长: -3
三角形的腰长只能是正数!
请输入等腰直角三角形的腰长: 4
*
**
***
****
```

【程序分析】

judge()函数的作用是返回一个从键盘输入的正整数。它对用户输入的值进行判断,如果不是正数,给出提示信息"三角形的腰长只能是正数!"后继续等待用户输入,直至用户输入一个正数为止。judge()函数在执行过程中不需要从主调函数 main()中接收任何数据,因而不需要设置形式参数。无形式参数的函数通常用于判断,通过这样的判断可以使得程序更加健壮,减少用户输入错误数据的可能性。

7.3 深入理解函数的调用

C语言程序通常是由一个个的函数构成的,编写 C 语言程序主要就是编写和使用这些函数。要使所编写的程序能够正确执行,就必须理解 C 语言函数的调用机制。

7.3.1 函数调用与内存空间

C语言程序中的函数根据需要会指定形式参数,必要时也会在函数体中定义一些变量,这些参数和变量在执行期间均需要占用一定的内存空间,但是系统给这些参数和变量分配和回收内存空间的时机却是不同的。

一个函数定义中定义的形参和变量,在该函数未被调用时,并不占内存中的存储空间。只有在函数调用语句执行时,函数的形参和该函数内定义的变量才被临时分配存储空间。

下面以调用求两个 double 型实数平均值的函数为例分析函数调用的过程,程序见例 7.6。

例 7.6 求从键盘输入的两个 double 型实数的平均值。

```
#include <stdio.h>
int main()
{
    double a , b , ave;
    double average(double x, double y);
    scanf("%lf%lf",&a,&b);
    ave =average( a , b );
    printf("ave=%lf\n",ave);
    return 0;
}
double average(double x, double y)
{
    double z;
    z = (x +y) / 2;
    return z;
}
```

【运行效果】

```
3.0 5.0
ave=4.000000
```

【程序分析】

程序在 main() 函数中输入两个 double 型数据给变量 a 和 b, 然后调用 average() 函数计算 a 和 b 的平均值, 把计算的结果放到变量 ave 中, 最后输出。程序经过编译和链接之后, 执行过程如表 7.1 所示。

表 7.1　例 7.6 程序执行过程

程序代码	执行过程	内存空间
double a, b, ave;	程序执行时首先由操作系统调用 main() 函数, 此时发生函数调用, 系统为 main() 函数中的变量 a、b、ave 分配相应的内存空间	main 函数 a □ b □ ave □
scanf("%lf%lf", &a, &b);	输入两个 double 型数据赋值给变量 a 和 b, 假定输入 3.0 和 5.0, 则分配给 a 和 b 的空间中就有了确定的值	main 函数 a 3.0 b 5.0 ave □

ave = average(a, b);	调用 average() 函数, 根据函数名找到 average() 函数的定义处	double average (double x, double y)
		{
		　double z;
		　z = (x + y) / 2;
		　return z;
		}

	为 average() 函数中定义的形式参数 x、y 分配内存空间 【注意】可以看出, main() 函数中的实参 a、b 与 average() 函数中的形参 x、y 占用不同的内存空间	main 函数　　average 函数 a 3.0　　x □ b 5.0　　y □ ave □

程序代码	执行过程	内存空间
ave = average(a，b)；	把 main()函数中实参 a 和 b 的值分别复制一份赋值给形参变量 x 和 y。这样，x 和 y 所占的内存空间中就有了与实参 a 和 b 相同的值 3.0 和 5.0 　【注意】需要保证实参列表中的实参与形参列表中的形参数量相同、类型相符、顺序一致，否则赋值会出现问题	**main函数** a 3.0 b 5.0 ave ☐　　**average函数** x 3.0 y 5.0
	程序执行流程转移到 average()函数体执行。执行第 1 条语句"double z；"为 average()函数中定义的变量 z 分配内存空间 　【注意】此时程序在 average()函数中执行，main()函数中变量 a、b 和 ave 的值均不可见	**main函数** **average函数** x 3.0 y 5.0 z ☐
	接下来 average()函数会利用形参变量 x 和 y 的值计算出平均值并赋值给变量 z，变量 z 的内存空间中也就有了确定的值 4.0	**main函数** **average函数** x 3.0 y 5.0 z 4.0
	执行 return z；语句，此时： 　①把变量 z 内存空间中的值回传到 main()函数中函数调用处 　②销毁 average()函数中为 x、y、z 分配的内存空间，由系统回收，此后 x、y、z 不再存在，但 main()函数中的变量空间依然存在，如右上图所示 　③结束 average()函数的执行，程序流程转回到 main()函数中调用 average()函数处，并把回传的值 4.0 赋值给变量 ave。这样，变量 ave 的内存空间中就有了确定的值 4.0，如右下图所示 　【注意】定义函数时函数类型需要与 return 后面表达式的结果类型相一致	**main函数** a 3.0 b 5.0 ave ☐ **main函数** a 3.0 b 5.0 ave 4.0

续表

程序代码	执行过程	内存空间
printf("ave=%lf\n",ave);	输出 ave 变量的值 4.0,就是 3.0 和 5.0 的平均值	**main函数** a 3.0 b 5.0 ave 4.0
return 0;	回收 main 中分配的内存空间,并把 0 回传给操作系统,程序执行结束	—

从以上程序执行过程可以看出:

(1)程序执行期间,实参和形参分别占用不同的内存空间。在函数的调用过程中,可以给实参与形参命名相同的名字,不用担心名字相同无法运行的问题。

(2)实参向形参的数据传递是"值传递",是把实参的值复制一份给了形参,而且这种传递是单向的,只能由实参传给形参,不能由形参传给实参,实参无法得到形参的值。

(3)数据在实参与形参的传递过程中是一一对应的关系,第一个实参的值只能传递给第一个形参,第二个实参的值只能传递给第二个形参,以此类推。这就要求在函数调用的过程中,主调函数应根据被调函数的形参声明给出相同个数、数据类型一致的实参。完成数据传递之后,形参被赋予了实参的值,并作为变量参与后续函数体中的计算。

(4)在调用函数的过程当中,一旦遇到 return 语句,函数的调用立即结束,即使后续还有其他代码,return 语句后的代码也不会执行。

(5)主调函数要想得到被调函数执行的结果,需要在被调函数中使用 return 语句回传结果数据,且只能回传一个数据。

总之,深入理解函数调用的执行过程有助于程序员正确使用函数来编写 C 语言程序,也更有利于程序员正确理解形参与实参之间的"值传递"这一作用机制。

7.3.2 数组作为函数参数

函数参数是实现主调函数与被调函数之间数据传递的基本方式。数组是存放批量数据的有效形式。当需要从主调函数向被调函数传递批量同类型数据时,使用数组作为函数参数无疑是一种较好的选择。数组作为函数实参可以有两种形式,一种是数组元素作为函数实参,另一种是数组名作为函数实参,两种形式对原始数组的影响有很大区别。

比较和交换是常用的两种操作,在排序算法中大量使用,因此将其单独作为一个函数实现很有必要。本节以交换数组中两个元素值为例分析数组元素和数组名作为函数参数的区别。

1. 数组元素作为函数参数

例 7.7 交换数组中两个元素的值(数组元素作为函数实参)。

```
#include <stdio.h>
int main()
{
    int arr[2]={3, 5};
    void swap1(int x, int y);    // 声明 swap1()函数
    printf("交换前:arr[0]=%d, arr[1]=%d\n", arr[0], arr[1]);
    swap1(arr[0], arr[1]);
    printf("交换后:arr[0]=%d, arr[1]=%d\n", arr[0], arr[1]);
    return 0;
}

void swap1(int x, int y)
{
    int t;
    t =x;
    x =y;
    y =t;
    return;
}
```

【运行效果】

```
交换前：arr[0] = 3, arr[1] = 5
交换后：arr[0] = 3, arr[1] = 5
```

【程序分析】

自定义函数时,函数所定义的形式参数的个数和类型是由主调函数调用该函数时需要传递的实参个数和类型确定的。本例中 main()函数是主调函数,为了实现交换功能,需要向被调函数 swap1()传递整型数组 arr 中的两个元素值。由于可以把数组元素看作同类型的普通变量进行操作,swap1()函数的形式参数可以定义为两个整型变量 x 和 y。

程序从 main()函数开始执行。在调用交换函数 swap1()之前定义并初始化了数组 arr,系统分配相应的内存空间,如图 7.3(a)所示。

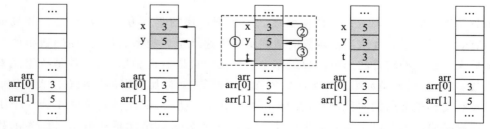

(a) 执行main()函数中调 (b) 调用swap1()函数, (c) 执行swap1() (d) swap1()内交换 (e) swap1()函数调用结
用swap1()函数前语句　实参值复制给形参　函数内交换语句　完成,函数返回前　束,返回到main()函数

图 7.3　数组元素作为函数参数时函数调用前后内存状态图

调用函数 swap1()时,需要为形式参数 x 和 y 分配内存空间并把实参 arr[0]和 arr[1]的值传递过去,此时内存空间分布如图 7.3(b)所示。

接下来,程序执行流程转移到 swap1()函数。在 swap1()函数内,借助中间变量 t 完成变量 x 和 y 值的交换,执行过程按照图 7.3(c)中①②③的顺序进行。交换后的内存空间分布如图 7.3(d)所示。可以看到,此时 x 和 y 的值已经实现了交换。

当 swap1()函数执行完"return;"语句后,函数调用结束,swap1()函数中形参 x、y 及内部定义的变量 t 所分配的内存空间被系统回收,程序流程转移到 main()函数中调用 swap1()函数语句处。此时,内存空间分布如图 7.3(e)所示。由于 C 语言程序在函数调用过程中函数参数只能从实参传递给形参,不能从形参回传给实参,因此 arr[0]和 arr[1] 的值并没有发生变化。

由此可见,使用数组元素作为函数实参不能实现交换数组中两个元素值的功能。

2. 数组名作为函数参数

例 7.8　交换数组中两个元素的值(数组名作为函数实参)。

```c
#include <stdio.h>
int main()
{
    int arr[2]={3, 5};
    void swap2(int a[]);    // 声明 swap2()函数
    printf("交换前:arr[0]=%d, arr[1]=%d\n", arr[0], arr[1]);
    swap2(arr);
    printf("交换后:arr[0]=%d, arr[1]=%d\n", arr[0], arr[1]);
    return 0;
}

void swap2(int a[])
{
    int t;
    t =a[0];
    a[0]=a[1];
    a[1]=t;
    return;
}
```

【运行效果】

```
交换前：arr[0] = 3,  arr[1] = 5
交换后：arr[0] = 5,  arr[1] = 3
```

【程序分析】

swap2()函数的形式参数"int a[]"表示本函数可以接收一个整数类型的数组作为实际参数。这样,main()函数把整数类型的数组 arr 作为实参符合 C 语言函数调用时参数传递的规范。

程序执行到 main()函数中"swap2(arr);"语句前的内存空间分布如图 7.4(a)所示。

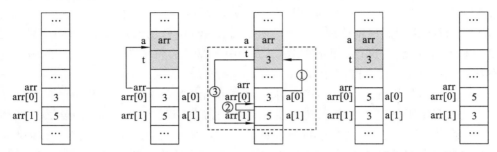

(a) 执行main()函数中调　(b) 调用swap2()函数,　(c) 执行swap2()　　(d) swap2()内交换　(e) swap2()函数调用结
　用swap2()函数前语句　　实参值复制给形参　　　函数内交换语句　　　完成,函数返回前　　束,返回到main函数

图 7.4　数组名作为函数参数时函数调用前后内存状态图

执行函数调用语句"swap2(arr);"时,为 swap2()函数的形式参数中的变量 a 分配内存空间并把实际参数 arr 的值传递过去,如图 7.4(b)所示。注意,由于数组名 arr 中存放的是数组 arr 的首地址,通过参数传递后,数组名 a 中存放的也是数组 arr 的首地址。

接下来,程序执行流程转移到 swap2()函数。由于数组名 a 和数组名 arr 中存放的都是数组 arr 的首地址,交换数组元素 a[0]和 a[1]的值也就是交换 arr[0]和 arr[1]的值,交换过程按照图 7.4(c)中①②③的顺序进行。交换后的内存空间分布如图 7.4(d)所示。可以看到,此时 arr[0]和 arr[1]的值已经实现了交换。

当 swap2()函数执行完"return;"语句后,函数调用结束,swap2()函数中形参 a 及内部定义的变量 t 所分配的内存空间被系统回收,程序流程转移到 main()函数中调用swap2()函数语句处。此时,内存空间分布如图 7.4(e)所示。可见,尽管 C 语言程序在函数调用过程中函数参数只能从实参"单向"传递给形参,但当用数组名(地址)作为函数实参时,一定程度上达到了实参与形参之间"双向"传递的效果。

用地址作为函数参数为程序员编写程序提供了极大的灵活性,但对初学者来说理解起来往往比较困难,第 8 章将对此进一步讨论。

7.4　函数的嵌套调用

复杂的问题经过一次分解后,分解出的模块可能仍然比较复杂。比如办一台晚会,总导演会根据节目类别成立导演组,导演组中的各导演分工负责歌曲类、舞蹈类、小品类和戏曲类等工作。而其中小品类的节目又会有多个,小品类导演又会在内部划分成不同的节目小组以便完成各个节目,各个节目小组只需专心完成本节目。当节目演出时,总导演去找小品导演,小品导演再去找节目小组完成本小组节目。大型程序设计也是这样,如果顶层分解出的函数功能比较复杂,就再次分解成几个函数来实现。程序执行时,主函数调用它这一级分解出来的函数,该函数执行过程中可以调用这个函数本身分解出来的其他函数,最终完成复杂的任务。

一个函数调用另一个函数时,被调用的那个函数再去调用其他函数的情况就称为函数的嵌套调用。标准 C 规定,程序中的函数定义都是互相平行、独立的。在定义一个函数时,该函数内不允许再定义另一个函数,也就是说,函数不能嵌套定义。但是在调用一个函数的过程中,被调函数可以再去调用另一个函数。

例 7.9 计算 3 个整数中最大数与最小数的差。

```
#include <stdio.h>
int main()
{
    int a, b, c, d;
    int differ(int x, int y, int z);
    scanf("%d%d%d", &a, &b, &c);
    d =differ(a, b, c);
    printf("Max -Min =%d\n", d);
    return 0;
}
int differ(int x, int y, int z)
{
    int m, n;
    int imax(int x, int y, int z);
    int imin(int x, int y, int z);
    m =imax(x, y, z);
    n =imin(x, y, z);
    return m -n;
}
int imax(int x, int y, int z)
{
    int r1, r2;
    r1 =x >y ? x : y;
    r2 =r1 >z ? r1 : z;
    return r2;
}
int imin(int x, int y, int z)
{
    int r1, r2;
    r1 =x <y ? x : y;
    r2 =r1 <z ? r1 : z;
    return r2;
}
```

【运行效果】

```
3 5 9
Max - Min = 6
```

【程序分析】

程序由 4 个函数构成：主函数 main()、求 3 个整数中最大数的函数 imax()、求 3 个整数中最小数的函数 imin() 和求两个整数之差的函数 differ()。4 个函数之间存在两层函数嵌套调用：main() 函数在执行过程中调用 differ() 函数，而 differ() 函数在执行过程中又调用 imax() 函数和 imin() 函数，函数调用关系如图 7.5 所示。

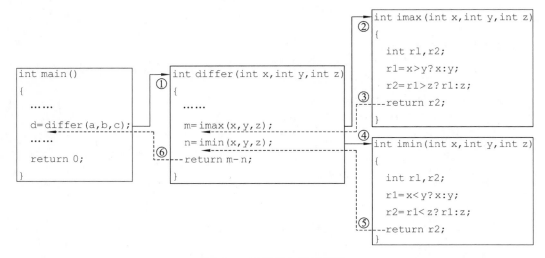

图 7.5　函数嵌套调用关系

程序执行流程如下：

(1)执行 main() 函数中调用函数 differ() 之前的语句，从键盘输入 a、b、c 的值。

(2)调用函数 differ()，程序流程转到 differ() 函数定义处，如图 7.5 中箭头①所示。

(3)执行 differ() 函数中调用函数 imax() 之前的语句。

(4)调用函数 imax()，程序流程转到 imax() 函数，如图 7.5 中箭头②所示。

(5)执行 imax() 函数，完成 imax() 函数全部操作，求出最大值。

(6)返回 differ() 函数中调用 imax() 函数位置，得到最大值 m，如图 7.5 中箭头③所示。

(7)继续执行 differ() 函数中未执行完的部分。

(8)调用函数 imin()，程序流程转到 imin() 函数，如图 7.5 中箭头④所示。

(9)执行 imin() 函数，完成 imin() 函数全部操作，求出最小值。

(10)返回 differ() 函数调用 imin() 函数位置，得到最小值 n，如图 7.5 中箭头⑤所示。

(11)继续执行 differ() 函数中未执行完的部分，求出最大值与最小值的差。

(12)返回 main() 函数调用 differ() 函数位置，得到最大值与最小值的差 d，如图 7.5 中箭头⑥所示。

(13)继续执行 main() 函数中未执行完的部分，直到结束。

这样设计有以下好处：

(1)程序在编写时可以多次细分，每个函数的功能都相对独立并且简单，简化了程序编写的难度。比如本例中 main() 函数在实现时只需要从键盘输入 3 个整数，然后通过一条函数调用语句求出最大数与最小数的差,最后输出结果即可。differ()函数接收 3 个整数,通过两条函数调用语句分别求出最大数和最小数,然后返回二者之差。imax()函数和 imin()函数则只需要分别实现求 3 个整数的最大值与最小值的功能。

(2)程序整体上结构清晰、逻辑性强,增加了函数的可读性与通用性,体现了模块化程序设计的思想,有利于大型程序设计与开发。

7.5　函数的递归调用

既然函数可以嵌套调用,那么被嵌套调用的函数也可以是主调函数本身,这时就会出现一个函数自己调用自己的情况,通常称一个函数直接或间接调用自己为递归调用。现实世界中利用递归可以解决许多问题,比如可以用来求解正整数的阶乘。通常,一个正整数 n 的阶乘可以定义为

$$n! = \begin{cases} 1, & n=1 \\ n \times (n-1)!, & n>1 \end{cases}$$

其中(n−1)! 的求法与 n! 的求法相同,因此可以利用例 7.10 所示的程序求解 n!。

例 7.10　求正整数 n!。

```
#include <stdio.h>
int fact(int n)
{
    int f;
    if (n==1)
    {
        f =1;
    }
    else
    {
        f =n* fact(n-1);
    }
    return f;
}

int main()
{
    int m, a;
    int fact(int n);
    scanf("%d", &a);
    m =fact(a);
    printf("%d! =%d\n", a, m);
    return 0;
}
```

【运行效果】

【程序分析】

定义函数 fact()用于计算正整数 n!。在 fact()的函数体中,又调用了 fact()函数本身,这就是函数的递归调用。

下面以求 5! 为例,分析函数递归调用的执行过程,函数调用关系如图 7.6 所示。

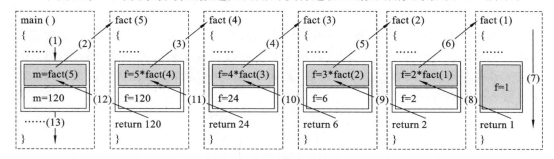

图 7.6　函数递归调用示意图

程序执行流程如下:

(1)执行 main()函数中调用函数 fact()之前的语句,从键盘输入 a 的值为 5。

(2)调用函数 fact(),程序流程转到 fact()函数定义处,将实参 5 传递给 n。

(3)执行 fact()函数,n 的值为 5,不等于 1,执行 else 后面的语句,再次调用 fact()函数,程序流程再次转到 fact()函数,此时将实参的值 4 传递给 n。

(4)执行 fact()函数,n 的值为 4,不等于 1,执行 else 后面的语句,再次调用 fact()函数,程序流程再次转到 fact()函数,此时将实参的值 3 传递给 n。

(5)执行 fact()函数,n 的值为 3,不等于 1,执行 else 后面的语句,再次调用 fact()函数,程序流程再次转到 fact()函数,此时将实参的值 2 传递给 n。

(6)执行 fact()函数,n 的值为 2,不等于 1,执行 else 后面的语句,再次调用 fact()函数,程序流程再次转到 fact()函数,此时将实参的值 1 传递给 n。

(7)执行 fact()函数,n 的值为 1,if 条件满足,f 的值赋值为 1。

(8)返回到上一次调用 fact()函数位置处,计算 $f=1*2=2$。

(9)返回到上一次调用 fact()函数位置处,计算 $f=2*3=6$。

(10)返回到上一次调用 fact()函数位置处,计算 $f=6*4=24$。

(11)返回到上一次调用 fact()函数位置处,计算 $f=24*5=120$。

(12)返回到 main()函数中调用 fact()函数位置处,得到 m=120。

(13)继续执行 main()函数的剩余部分,输出"5! =120",直至程序结束。

从程序执行过程可以看到,fact()函数通过 4 次自己调用自己,实现了求 5! 的功能,大大减少了编写代码的工作量。

有些问题使用传统的迭代算法是很难求解甚至无解的,使用递归却可以很容易地解决。递归是一种分析和解决问题的方法和思想。简单来说,递归的思想就是把问题分解成为规模更小的、具有与原问题有着相同解法的问题。比如本例中求 5! 可以转化为求

4!，而求 4！又可以转化为求 3!，以此类推，不断地把问题的规模变小，而新问题与原问题有着相同的解法。

但是，并不是所有能分解成为规模更小并且与原问题有着相同解法的问题都能用递归解决。一般情况下，利用递归解决的问题必须满足两个条件：

(1)可以通过递归调用来缩小问题规模，且新问题与原问题有着相同的形式。

(2)存在一种简单情境，可以使递归在简单情境下退出。比如，求 5！的例子中，当 n 的值为 1 时，可以直接得到 1！为 1，从而可以结束递归过程。

如果一个问题不满足以上两个条件，那么它就不能用递归来解决。

另外，在编写递归函数时，一定要把对简单情境的判断写在最前面，以保证函数调用在检查到简单情境的时候能够及时地中止递归，否则，函数可能会“永不停息”地在那里递归调用。

7.6　变量的作用域

C 语言中变量的属性除了数据类型外还有存储类别等其他属性。存储类别指的是数据在内存中存储的方式，数据存储的方式会影响变量的作用域和生存期。本节从作用域角度来考察变量的存储类别属性。

7.6.1　全局变量与局部变量

变量的作用域是指变量可以被使用的有效范围，在程序中主要体现在变量定义语句所处的位置。

C 语言程序中的变量可以在函数首部、函数体、复合语句内部和函数外部定义。在一个函数内部定义的变量只在本函数范围内有效，即只有在本函数内才能引用它们。在复合语句内定义的变量只在本复合语句范围内有效，在该复合语句以外不能使用这些变量。这两类变量都称为局部变量，其作用域通常称为块作用域，如图 7.7 所示。

```
float fun(int a)
{
    int b, c;
    ……
    for(int i=1; i<10; i++)
    {
    int j;
    ……
    }
    ……
}
int main()
{
    int m, n;
    ……
    return 0;
}
```

变量i、j的作用域

变量a、b、c的作用域

变量m、n的作用域

图 7.7　局部变量与块作用域

图 7.7 中的程序代码段所定义的变量都是局部变量。其中,形式参数 a 和变量 b、c 均在 fun()函数中定义,只能在 fun()函数中使用,不能在 main()函数中使用。变量 i、j 在 for 循环结构中定义,只能在 for 循环语句中使用,fun()函数中其他地方不能使用,更不能在 main()函数中使用。类似地,变量 m、n 也只能在 main()函数中使用,即主函数中定义的变量也只在主函数中有效。

在函数外定义的变量称为外部变量。外部变量是全局变量,可以为定义该变量的源程序文件中其他函数所使用。它的有效范围为从定义变量的位置开始到本源文件结束,其作用域通常称为文件作用域,如图 7.8 所示。

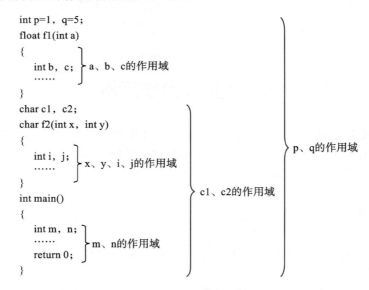

图 7.8 外部变量与文件作用域

在图 7.8 中,变量 p、q、c1、c2 定义在所有函数之外,是全局变量。p、q 可以在 f1()函数、f2()函数和 main()函数中使用。c1、c2 可以在 f2()函数和 main()函数中使用,但不能在 f1()函数中使用。

既然同一文件中的所有函数都能使用定义在这些函数前的全局变量的值,那么如果在一个函数中改变了全局变量的值,就能影响到其他函数中该全局变量的值。由于函数的调用只能带回一个函数返回值,因此必要时可以利用全局变量增加函数间的联系渠道,这相当于变相地通过函数调用返回了一个以上的值。

例 7.11 利用全局变量和函数计算圆周长及面积。

```c
#include <stdio.h>
float circum = 0, area = 0;
int main()
{
    float r;
    void circum_area(float r);
    scanf("%f",&r);
```

```
        circum_area(r);
        printf("周长 =%f,面积 =%f\n",circum,area);
        return 0;
    }
    void circum_area(float r)
    {
        const float pi =3.1415926;
        circum =2 *pi *r;
        area =pi *r *r;
        return ;
    }
```

【运行效果】

```
3
周长 = 18.849556, 面积 = 28.274334
```

【程序分析】

在 circum_area()函数内利用公式计算出了圆周长 circum 和圆面积 area。但是,由于 circum_area()函数最多只能返回一个值,这就导致程序员无法在 main()函数中通过调用 circum_area()函数的方式既返回 circum 的值又返回 area 的值。为此,程序把变量 circum 和 area 定义为外部变量。这样,变量 circum 和 area 既可以在 main()函数中使用,也可以在 circum_area()函数中使用。尽管 circum_area()函数的返回值类型定义为 void,但客观上却达到了从 circum_area()函数得到两个返回值的效果。

【注意】实际编程过程中不建议采用这种方式,因为它破坏了函数的独立性,增加了程序中函数之间的耦合性。低耦合性和高内聚性是模块化程序设计的一项基本原则。

7.6.2 同名变量的作用域

C 语言允许具有不同作用域的变量具有相同的名称。这可能会造成同名变量作用域的"重叠"或"冲突"问题。当出现这种情况时,C 语言遵循"小作用域"优先原则,主要体现在两个方面:

(1)局部变量优先原则,即如果作用域"重叠"的同名变量分别是全局变量和局部变量,那么在局部变量的作用域范围内全局变量是"不可见的",程序使用的是局部变量。

(2)内层变量优先原则,即如果作用域"重叠"的同名变量都是局部变量,那么在内层局部变量的作用域范围内外层局部变量是"不可见的",程序使用的是内层局部变量。

例 7.12 同名变量的作用域。

```
#include <stdio.h>
int x =19;
void print_x()
```

```
    {
        printf("print_x 函数内:x =%d\n",x);
    }
int main()
    {
        int i;
        int x =99;
        void print_x();
        print_x();
        printf("main 函数内 for 语句前:x =%d\n",x);
        for(i =1;i <4;i++)
        {
            int x =i * i;
            printf("for 语句循环体内:x =%d\n",x);
        }
        printf("main()函数内 for 语句后:x =%d\n",x);
    }
```

【运行效果】

```
print_x函数内: x = 19
main函数内for语句前: x = 99
for语句循环体内: x = 1
for语句循环体内: x = 4
for语句循环体内: x = 9
main函数内for语句后: x = 99
```

【程序分析】

同名变量 x 分别在函数外部、main()函数体内和 for 语句循环体内定义。函数外部定义的变量 x 是全局变量,初始值为 19,其作用域从定义处开始到文件结束,包括print_x()函数和 main()函数。main()函数体内定义的变量 x 是局部变量,初始值为 99,其作用域为main()函数体。for 语句循环体内定义的变量 x 也是局部变量,初始值为 i * i,其作用域为 for 语句循环体所在的复合语句。可见,在 for 语句循环体内 3 个同名变量的作用域"重叠",在 main()函数体内 for 语句之外全局变量 x 和 main()函数体内定义的局部变量 x 的作用域"重叠"。程序执行时,遵循"小作用域"优先原则:

(1)在 main()函数内调用 print_x()函数输出 x 时,只有全局变量 x 的作用域覆盖到了 print_x()函数,因此输出的是全局变量 x 的值 19。

(2)在 main()函数内 for 语句前输出 x 时,全局变量 x 和 main()函数体内定义的局部变量 x 的作用域出现了"重叠",根据局部变量优先原则,输出的是 main()函数体内定义的局部变量 x 的值 99。

(3)在 for 语句循环体内输出 x 时,3 个同名变量 x 的作用域同时出现了"重叠",根据局部变量优先原则和内层变量优先原则,3 次循环输出的都是 for 语句循环体内定义的局部变量 x,值分别为 1、4 和 9。

(4)在 main()函数内 for 语句后输出 x 时,已经超出了 for 语句循环体内定义的局部变量 x 的作用域,但全局变量 x 和 main()函数体内定义的局部变量 x 的作用域依然"重叠",根据局部变量优先原则,输出的是 main()函数体内定义的局部变量 x 的值 99。

允许变量重名为编写大型应用程序提供了便利,但也降低了程序源代码的可读性,应该尽量避免使用。

7.7 变量的生存期

变量的生存期是指变量值存在的时间周期。C 语言程序在执行过程中,有些变量在程序运行的整个过程中都是存在的,而有些变量则是在调用它所在的函数时才临时分配存储空间,在函数调用结束后该存储空间就被释放。

计算机的内存在使用时主要分为系统区与用户区。程序员编写的程序和使用的数据都存放在内存的用户区。用户区在使用时又划分为程序区、静态存储区和动态存储区。其中,程序代码放在程序区,程序中使用的数据分别存放在静态存储区和动态存储区,如图 7.9 所示。

图 7.9　计算机内存使用分区

C 语言中变量的存储类别分为自动的(auto)、静态的(static)、寄存器的(register)和外部的(extern)四种。在程序中定义或声明变量和函数时,除了需要指定数据类型外,还可以通过相应的存储类别声明符指定存储类别。如果没有指定存储类别,系统会隐含地指定为某一种存储类别。具有不同存储类别属性的变量按下面的方式存储在相应的存储区。

(1)全局变量、声明为 static 类别的局部变量存放在静态存储区。

(2)形参变量、函数体内部定义的动态局部变量、函数调用时的现场信息和函数返回地址等存放在动态存储区。

存储类别声明符对全局变量和局部变量的影响是不同的,下面以局部变量中的自动变量和静态变量为例来分析。

函数中的局部变量如果没有声明为 static 类别变量,则它们都是动态分配存储空间的,数据存储在动态存储区。这些数据在函数调用开始时被分配动态存储空间,函数结束时自动释放这些空间,因此这部分局部变量被称为自动变量。比如下面的代码片段:

```
int func(float a)
{
    auto int b, c= 3;
    ......
}
```

　　变量 b 和变量 c 在 func() 函数内定义,属于局部变量。同时,利用存储类别声明符 auto 指定它们的存储类别是自动的。因此,变量 b 和变量 c 都属于自动变量。

　　事实上,在 C 语言中,如果想要把一个局部变量声明为自动变量,在定义时可以省略存储类别声明符 auto,系统会隐含地指定其为自动存储类别。比如上面的程序代码等价于:

```c
int func(float a)
{
    int b, c= 3;
    ……
}
```

　　由此可见,截止到目前为止,我们所定义的局部变量都属于自动变量。

　　在程序执行过程中,自动变量存储区域的分配和回收是动态进行的。如果在一个程序中两次调用同一个函数,那么在两次调用时分配给自动变量的存储空间位置可能是不相同的。如果一个程序中包含若干个函数,每个函数中局部变量的生存期并不等于整个程序的执行周期,它只是整个程序执行周期的一部分。

　　对于函数中定义的自动变量来说,执行函数调用语句时,系统才会为其中的自动变量分配存储空间,函数执行结束,该空间会被系统回收,也就无法再访问存储在其中的变量值。如果希望函数中局部变量的值在函数调用结束后不消失,即占用的存储空间不释放,就应该指定该局部变量为静态局部变量,用存储类别声明符 static 进行声明。这样在下次调用该函数时,该变量的值为上次该变量调用结束时的值。

　　例 7.13　自动变量与静态局部变量。

```c
#include <stdio.h>
int main()
{
    int f(int a);
    int a=2, i;
    for (i=0; i<3; i++)
    {
        printf("%d\n", f(a));
    }
    return 0;
}
int f(int a)
{
    auto int b=0;
    static int c=3;
    b =b +1;
    c =c +1;
    return a+b+c;
}
```

【运行效果】

【程序分析】

程序中 main()函数调用了 f()函数 3 次,尽管每次调用传递的实际参数 a 的值都是 2,但是 f()函数返回的结果却不相同。这是由 f()函数内所定义变量的存储类别属性造成的。f()函数内定义的变量 c 是静态局部变量,main()函数在第 1 次调用 f()函数时在静态存储区为变量 c 分配存储空间并赋初值 3,此后在程序运行的整个过程中该存储空间会一直被变量 c 占用而不会被系统回收。当 main()函数第 2 次调用 f()函数时,由于为变量 c 分配的内存空间依然存在,系统不会再次为变量 c 分配内存并初始化,而是直接使用第 1 次调用后的结果 4。同样,当 main()函数第 3 次调用 f()函数时,变量 c 的值直接使用第 2 次调用后的结果 5。而对于 f()函数中定义的自动变量 b 来说,main()函数每次调用 f()函数时系统都会在动态存储区为其分配存储空间并初始化为 0,每次 f()函数执行结束,为变量 b 分配的内存空间都会被系统回收。程序执行期间每次调用 f()函数时变量 b 和 c 的值的变化情况如表 7.1 所示。

表 7.1　调用 f()函数时变量 b 和 c 的值的变化

第 n 次调用	调用时初值		调用结束时的值		
	b	c	b	c	a＋b＋c
1	0	3	1	4	7
2	0	4	1	5	8
3	0	5	1	6	9

考虑存储类别属性的局部变量在使用时需要注意:

(1)静态局部变量属于静态存储类别,在静态存储区内分配存储单元,在程序整个运行期间都不释放。自动变量(动态局部变量)属于动态存储类别,分配在动态存储区空间,函数调用结束后立即释放。

(2)静态局部变量在编译时赋初值,只赋初值一次,程序运行时已有初值。此后每次调用函数时不再重新赋初值,而是保留上次函数调用结束时的值。自动变量赋初值不在编译时进行,而是在函数调用时进行,每调用一次函数都重新初始化。

(3)如果在定义局部变量时不赋初值:对静态局部变量来说,编译时对数值型变量自动赋初值 0,对字符型变量自动赋初值空字符('\0');对自动变量来说,它的值为不确定的值,这是由于每次函数调用结束后存储单元已释放,下次调用时又重新分配存储单元,而所分配的单元中的内容是不可知的。

(4)虽然静态局部变量在函数调用结束后仍然存在,但其他函数不能引用它,因为它是局部变量,只能被本函数引用,而不能被其他函数引用。

7.8　扩展阅读

模块化是管理复杂性的有效策略，以模块化思想为管理策略的事例古今中外连绵不绝。

韩信是秦汉之际一流的军事家，擅长治军和指挥大兵团作战。刘邦评价他能够连百万之众，战必胜，攻必取。楚汉相争期间，韩信以其杰出的军事才能统兵灭魏、取代、破赵、胁燕、收齐，直至最后垓下灭楚。韩信的高明之处在于其统军做到了从招兵、训练到作战全流程一条生产线。只要合理分配部曲，治理百万大军也和治理少量军队一样如臂使指。所谓"韩信点兵，多多益善"就是这个道理，与《孙子兵法》中所说的"治众如治寡，分数是也"有异曲同工之处。

现代经济学之父亚当·斯密在其经济学著作《国富论》中提出，"劳动生产力的最大提高，以及任何引导或应用劳动的地方的更高技能、熟练程度和判断力，似乎都是分工的结果"。为了说明这一点，亚当·斯密举了一个制造扣针的经典例子。制针业务可以划分为抽丝、拉直、切断、削尖、磨光等大约 18 道工序。如果 18 道工序分别由专门的工人担任，即使是只有 10 人的小工厂，每天也能制造 48000 多枚针，平均每人每天制针 4800枚。但如果没有受过业务训练又不熟悉机器的工人单独完成所有 18 道工序，一天可能 1枚针也造不出来。亚当·斯密举这个例子是为了阐明劳动分工对提高效率的价值，其实，将"18 道工序"交由专人完成也是一种"模块化"的生产方式。

知名咖啡餐饮品牌星巴克是世界第二多连锁门店的餐饮企业。星巴克在快速扩张过程中遇到了门店装修难题：一是门店装修进度太慢，跟不上开店速度；二是如何保证各门店在品牌风格、调性不变的基础上有所变化，从而避免单调。为此，星巴克花 150 万美元请来了门店设计专家莱特·马西。马西根据咖啡从种植、烘焙、调制到饮用四个阶段的生产历程设计出 4 种主题色。又根据星巴克三类不同样式的家具设计 3 种家具样式。将 4 种主题色和 3 种家具样式排列组合成 12 种门店装修风格。门店装修时直接从仓库中取用提前制作好的模块进行现场搭配。在使用了这种模块化装修方案后，单个门店的装修金额也从 35 万美元减少到 29 万美元，装修时长从原来 24 周缩短到 8 周，能够早日开店销售。由于星巴克门店众多，1995 年到 2000 年的 5 年期间就为星巴克省下了 1 亿多美元。花费 150 万美元的设计费却节约了 1 亿多美元，这就是模块化的力量。

模块化思想在提高工作效率的同时，对团队合作意识和责任精神也提出了较高的要求。团队成员之间如果缺乏规范意识和精益求精的态度，往往会酿成大错。1998 年 12月 11 日，洛克希德·马丁公司在美国卡纳维拉尔角空军基地发射了一颗名为"火星气候探测者号"的火星探测卫星。火星气候探测者号用于研究火星的大气层、气候以及表层变化，总造价约 3 亿 2760 万美元。经过 9 个多月 6 亿 6900 万公里的飞行后，火星气候探测者号于 1999 年 9 月 23 日到达火星。然而，在即将进入预定轨道时，火星气候探测者号却突然失去了联系。任务失败的主要原因是工程团队的不同部门使用的度量单位不同。火星气候探测者号上的飞行系统软件使用公制单位牛顿计算推进器动力，而地面控制团队发送导航指令时输入的方向校正量和推进器参数则使用英制单位磅力。按照最初设计，火星气候探测者号应该在距离火星地面 150 公里的高度入轨,这个高度没有大气而非常安全。但实际上,地面控制团队人员输入英制单位磅力后,探测卫星入轨高度距离火星地面只有 57 公里,低于预期的高度,导致卫星最终在过大的火星大气压力和摩擦下解体。

7.9　小　　结

　　模块化程序设计是解决复杂问题的基本思想。C 语言中,函数是实现模块化程序设计的基础构件。本章介绍了 C 语言函数的定义、声明和调用方法,深入分析了函数调用的作用机制,讨论了函数的嵌套与递归调用过程,从作用域和生存期角度进一步论述了变量的存储类别属性,主要内容如下:

　　(1)函数其实就是一段可以重复调用的、功能相对独立的程序段。

　　(2)函数定义的一般形式:

返回值类型符 函数名(形参列表)

{

　　　　函数体

}

　　(3)函数声明的一般形式:

返回值类型符 函数名(形参列表)

　　(4)函数调用的一般形式:

函数名([实参列表])

　　(5)函数的参数分为形参和实参两种,形参出现在函数定义中,实参出现在函数调用中,发生函数调用时,将把实参的值传递给形参。

　　(6)函数的值是指函数的返回值,它是在函数中由 return 语句返回的。

　　(7)简单变量作为函数参数进行函数调用时,形参与实参占用不同的内存空间,将实参的值复制到形参中,参数单向传递。调用结束,形参空间被释放,实参空间仍保留并维持原值。

　　(8)数组名作为函数参数进行函数调用时,将数组的存储地址作为参数传递给形参,形参指向的数据与实参指向的数据占用同样的存储单元,达到双向传递效果。一般以数组名或指针变量作为实参。

　　(9)一个函数调用另一个函数时,被调用的那个函数可以再去调用其他的函数,这称为函数的嵌套调用。C 语言程序中的函数不可以嵌套定义,但可以嵌套调用。

　　(10)递归是一种通过重复将问题归结为同类的子问题而解决问题的方法。递归只需少量的程序就可描述出解题过程所需要的多次重复计算,大大地减少了程序的代码量。

　　(11)变量的存储类别决定变量的作用域和生存期两个性质。

　　(12)变量的作用域指变量起作用的范围,是变量的空间属性。一个变量只能在它的作用域范围内被识别和使用。

　　(13)变量的生存期指变量起作用的时间,是变量的时间属性。

习　题

1. 在 C 语言中，函数的数据类型是指(　　　)。

A. 任意指定的数据类型　　　　　　B. 函数形参的数据类型

C. 调用该函数时的实参的数据类型　D. 函数返回值的数据类型

2. 以下关于 return 语句的叙述中正确的是(　　　)。

A. 一个自定义函数中必须有一条 return 语句

B. 定义成 void 类型的函数中可以有带返回值的 return 语句

C. 一个自定义函数中可以根据不同情况设置多条 return 语句

D. 没有 return 语句的自定义函数在执行结束时不能返回到调用处

3. 以下正确的函数原型声明是(　　　)。

A. double fun(int x, int y);　　　　B. double fun(int x; int y)

C. double fun(int x, int y)　　　　 D. double fun(int x,y);

4. C 语言规定，简单变量作实参时，它与对应形参之间的数据传递方式是(　　　)。

A. 单向值传递

B. 地址传递

C. 由实参传给形参，再由形参传回给实参

D. 由用户指定传递方式

5. 函数调用语句"func(rec1,rec2＋func(rec3,rec4));"中，func()函数的实参个数是(　　　)。

A. 2　　　　　B. 3　　　　　C. 4　　　　　D. 有语法错误

6. C 语言规定，程序中各函数之间(　　　)。

A. 不允许直接递归调用，也不允许间接递归调用

B. 既允许直接递归调用，也允许间接递归调用

C. 允许直接递归调用，不允许间接递归调用

D. 不允许直接递归调用，允许间接递归调用

7. 若用数组名作为函数调用的实参，则传递给形参的是(　　　)。

A. 数组元素的个数　　　　　　B. 数组的第一个元素的值

C. 数组中全部元素的值　　　　D. 数组的首地址

8. 若已定义实参数组"int a[2][3]＝{2,4,6,8,10};"，则在被调用函数 f()的下述定义中，对形参数组 b 定义正确的选项是(　　　)。

A. f(int b[ ][6]);　　　　　　B. f(int b[2][ ]);

C. f(int b[ ][3]);　　　　　　D. f(int b[ ][ ]);

9. 一个完整的 C 源程序是(　　　)。

A. 由一个主函数或一个以上的非主函数构成

B. 由一个主函数和一个以上的非主函数构成

C. 由一个且仅由一个主函数和零个以上的非主函数构成

D. 由一个且只有一个主函数或多个非主函数构成

10. 简述 C 语言中引入函数的作用与好处。

11. 简述 C 语言中函数调用及值传递的过程。

12. 简述 C 语言中递归函数调用的具体过程。

13. 编写程序计算两个数的平方差,其中计算两个数平方差的功能利用函数实现。

14. 一个数如果恰好等于它的所有真因子之和,这个数就称为"完数",如 6 是完数,因为它的真因子为 1、2、3,且 6＝1＋2＋3。请编写一个判别 m 是否为完数的函数,并编写主函数,通过调用此函数统计自然数 1～100 间完数的个数。

15. 水仙花数是各位数字立方之和等于数字本身的三位整数,如 153 是水仙花数,因为 $153＝1^3＋5^3＋3^3$。请编写一个判别 m 是否为水仙花数的函数,并编写主函数,通过调用此函数统计所有水仙花数的个数。

16. 定义一个函数,以数组的形式向函数传递 10 个实数,计算出这 10 个实数的平均值。编写程序从键盘输入 10 个数,调用定义的函数计算其平均值,输出最终结果。

第8章

指针

指针是 C 语言中最具特色的内容之一,也是 C 语言最显著的优点之一,但它也是难于掌握的知识内容,同时更是编程时较容易出错的地方。正确而灵活地运用指针,可以使程序简洁、高效。每一个学习和使用 C 语言的人,都应当深入学习并掌握指针。可以说,没有掌握指针就没有掌握 C 语言的精华。

8.1 指针是什么

指针就是地址。比如,通知大家今天下午到 15♯教学楼 102 教室上程序设计基础课程,那么"15♯教学楼 102"就是下午上程序设计基础课程的教室地址,"15♯教学楼 102"也就是指向 102 教室的指针。

计算机对内存的管理模式类似于现实生活中的教学楼管理模式。教学楼有若干个教室,内存也划分为若干存储数据的存储单元。教学楼中的每个教室都有地址,内存中的每个存储单元也有存储地址,如图 8.1 所示。

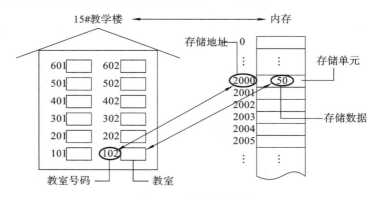

图 8.1 指针概念图

通常,内存中的存储空间以字节为单位进行组织。内存中的每一个字节都有一个不同于其他字节的唯一编号,这个唯一的编号就是内存中一个具体字节的地址,也就是该字节的指针。比如,图 8.1 中地址为 2000 的字节中存储了数据 50。地址 2000 就是存储了数据 50 的这个字节的指针。

C 语言程序在编译或运行时都会在内存中为程序定义的变量分配足够容量的存储单元。系统在内存中分配给变量的存储单元的起始地址就是这个变量的地址。

比如,假定 C 语言程序中定义了一个整型变量 i 和一个浮点型变量 k。由于存储一个整型数据或者一个浮点型数据都需要 4 个字节的存储空间,程序在编译时编译器就会在内存中为整型变量 i 和浮点型变量 k 各自分配 4 个字节的存储空间。假定为整型变量 i 分配的存储空间地址是 2000、2001、2002 和 2003 这 4 个字节,这 4 个字节就组成一个对应于整型变量 i 的存储单元,存储单元中第一个字节的地址 2000 就是这个存储单元的地址,也就是整型变量 i 的地址。同样地,假设为浮点型变量 k 分配的存储空间地址是 2004、2005、2006 和 2007 这 4 个字节,这 4 个字节也组成一个对应于浮点型变量 k 的存储单元,存储单元中第一个字节的地址 2004 就是这个存储单元的地址,也就是浮点型变量 k 的地址。

可见,变量本质上就是对程序中数据存储空间的抽象表示。数据存储空间中第一个字节的地址就是变量在内存中的"地址"。通过变量的地址,就能在内存中找到该变量对应的存储单元,或者说地址所"指向"的变量存储单元。这样,人们就将地址形象化地称为指向变量存储单元的"指针"。

C 语言中的地址包括位置信息(内存中所在空间的位置编号,或称纯地址)和它所指向的数据的类型信息,也就是说 C 语言中的地址是"带类型的地址"。这也就意味着指针也是"带类型的指针"。不同类型的变量在内存中占用大小不一的存储单元。比如字符型变量在内存中占用 1 个字节的存储空间,那么指向字符型变量的指针就指向有 1 个字节的存储单元。整型变量在内存中占用 4 个字节的存储空间,指向整型变量的指针则指向有 4 个字节的存储单元。

另外,需要特别指出的是,存储单元的地址和存储单元的内容是两个不同的概念。存储单元的地址是内存中该存储单元第一个字节的地址,而存储单元的内容则指的是该存储单元中所存储的数据值。

8.2 指针变量

指针就是地址,那么是否可以在 C 语言中定义能存放地址值也就是指针值的变量呢?

8.2.1 什么是指针变量

C 语言中,确实有指针变量。

1. 指针变量就是存放指针的变量

在 C 语言中,指针变量就是用于存放内存单元地址的变量。

假设一个 C 语言程序中定义了两个变量,一个是整型变量 i,另一个是变量 i_pointer。编译系统在编译时,分别为它们分配 4 个字节的存储空间。假定变量 i 分配了地址为 2000 至 2003 的 4 个字节的存储单元,变量 i 的值为 10,变量 i_pointer 分配了地址为 2010 至 2013 的 4 个字节的存储单元,如图 8.2 所示。

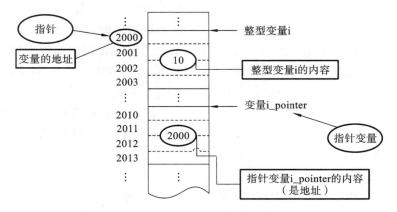

图 8.2   指针变量概念表述图

对于整型变量 i 而言,地址 2000 就是整型变量 i 在内存中的地址,地址 2000 也就是指向整型变量 i 的指针,而存放在变量 i 对应的存储单元中的数据 10 就是整型变量 i 的内容。

如果把整型变量 i 的地址,也就是整型变量 i 的指针 2000,作为数据值存放在为变量 i_pointer 分配的地址为 2010 至 2013 的 4 个字节的存储单元中,则变量 i_pointer 的值就是整型变量 i 的地址,变量 i_pointer 就是存放地址的指针变量。此时,称指针变量 i_pointer 指向整型变量 i。为了更好地区分这两个变量,也可以称指针变量所指向的变量为目标变量,比如这里的整型变量 i 就是目标变量。

2. 通过指针变量间接访问变量

访问变量的一般方法是按变量名直接访问变量。有了能存储变量地址的指针变量之后,就可以通过存放变量地址的指针变量去间接访问目标变量。

对于图 8.2 中的示例,可以通过赋值语句:

```
i=3;
```

直接访问变量 i,并把变量 i 的值修改为 3。

变量 i_pointer 中存储了变量 i 的地址,还可以利用变量 i_pointer 的值间接访问变量 i。间接访问的方法是在 i_pointer 变量名之前加上星号(*),表示以变量 i_pointer 的值为地址访问该地址所指向的变量。比如:

```
*i_pointer =20;
```

该赋值语句中的 *i_pointer 把指针变量 i_pointer 的值 2000 作为地址,去访问地址为 2000 的变量 i,并通过赋值语句把变量 i 的值改写为 20。

3. 指针运算符

上例中,使用了一个通过地址间接访问目标变量的运算符 ∗ ,称为指针运算符。指针运算符 ∗ 和取地址运算符 & 是两个互为逆运算的地址运算符。

取地址运算符 & 用于取变量的地址。如果在变量 i 的前面加上 & 运算符,就是去求变量 i 在内存中的地址,也就是编译程序在内存中为变量 i 所分配的存储单元中第一个字节的地址。而 ∗ 运算符则刚好相反,它是通过地址去访问该地址所指向的变量。从这个意义来说,& 运算符和 ∗ 运算符互为逆运算。

回到刚才的例子,思考一下 i_pointer 与 &i 以及 &(∗ i_pointer)之间的关系,i 与 ∗ i_pointer以及 ∗ (&i)之间的关系。

实际上,变量 i_pointer 是一个指针变量,它的内容是地址量。 ∗ i_pointer 表示通过存储在变量 i_pointer 中的地址去找该地址所指向的目标变量,∗ i_pointer 的内容就是地址所指向的目标变量的数据值。而 &i_pointer 则表示指针变量 i_pointer 所占用存储单元的首地址。

在上面的例子中,变量 i_pointer 的值是 2000,也就是变量 i 在内存中的地址,那么 ∗ i_pointer就是 2000 所指向变量 i 的值,也就是 10。而 &i_pointer 表示变量 i_pointer 的地址,也就是 2010。

因此,i_pointer 与 &i 以及 &(∗ i_pointer)三者都表示变量 i 的地址 2000,它们在数值上是相等的,即

i_pointer == &i == &(∗ i_pointer)

而 i 与 ∗ i_pointer 以及 ∗ (&i)都表示变量 i 的值 10,它们三者也是相等的,即

i == ∗ i_pointer == ∗ (&i)

8.2.2　指针变量的定义

定义指针变量的一般形式为:

类型名　∗ 指针变量名;

比如:

```
int *pointer_1, *pointer_2;
```

它表示定义两个可以指向整型变量的指针变量 pointer_1 和 pointer_2。其中,前面的 int 是在定义指针变量时必须指定的“基类型”。

指针变量的基类型用来指定指针变量可以指向的变量的类型。基本数据类型如 int、char、float 等都可以作为指针变量的基类型。指针变量是由基类型派生出来的,它不能离开基类型而独立存在。

【注意事项】

(1)指针变量名前面的“ ∗ ”表示所定义的变量为指针型变量。指针变量名不包含“ ∗ ”。比如:

```
int *pointer_1;
```

定义的指针变量的变量名为 pointer_1,而不是 * pointer_1。

(2)在定义指针变量时必须指定基类型。

(3)如何表示指针类型。指向整型数据的指针类型表示为

```
int   *
```

读作"指向 int 的指针"或简称"int 指针"。

(4)指针变量中只能存放地址(指针),不要将一个整数赋给一个指针变量。

8.2.3 指针变量的引用

例 8.1 通过指针变量访问整型变量。

```
#include <stdio.h>
int main()
{
    int a=100,b=10;
    int *pointer_1,*pointer_2;
    pointer_1=&a;
    pointer_2=&b;
    printf("a=%d,b=%d\n",a,b);
    printf("*pointer_1=%d,*pointer_2=%d\n",*pointer_1,*pointer_2);
    return 0;
}
```

【运行效果】

```
a=100,b=10
*pointer_1=100,*pointer_2=10
```

【程序分析】

首先,定义了两个整型变量 a 和 b,其值分别为 100 和 10。

接着,又定义了两个指针变量 pointer_1 和 pointer_2:

```
int *pointer_1,*pointer_2;
```

并通过赋值语句给它们赋值为变量 a 的地址和变量 b 的地址:

```
pointer_1= &a;
pointer_2= &b;
```

这样一来,*pointer_1 和 *pointer_2 就表示它们所指向的变量 a 和变量 b 的值。由于变量 a 和变量 b 的值分别为 100 和 10,因此 *pointer_1 和 *pointer_2 的值也分别为 100 和 10。

【注意】在例 8.1 中,定义指针变量 pointer_1 时,一定要在前面声明其所要指向的数据的数据类型 int。

C 语言中的地址是"带类型的地址",每一个地址都包括位置信息和它所指向的数据的类型信息,所以,C 语言中的指针也是"带类型的指针"。在定义指针变量时,一定要声

明该指针变量所指向的数据的类型名。

例 8.2 使用指针变量,比较输入的两个整数的大小,再把它们按先大后小的顺序输出。

```c
#include <stdio.h>
int main()
{
    int *p1,*p2,*p,a,b;          //p1,p2 的类型是 int *类型
    printf("please enter two integer numbers:");
    scanf("%d,%d",&a,&b);        //输入两个整数
    p1=&a;                       //使 p1 指向变量 a
    p2=&b;                       //使 p2 指向变量 b
    if(a<b)                      //如果 a<b,p1 与 p2 的值互换
    {
        p=p1;
        p1=p2;
        p2=p;
    }
    printf("a=%d,b=%d\n",a,b);
    printf("max=%d,min=%d\n",*p1,*p2);
    return 0;
}
```

【运行效果】

```
please enter two integer numbers:
5,9
a=5,b=9
max=9,min=5
```

【程序分析】

首先,定义三个整型指针变量 p、p1 和 p2,定义两个整型变量 a 和 b。

接着,输入两个整数,分别赋值给了变量 a 和 b。

再接着,把整型变量 a 和 b 的地址赋值给整型指针变量 p1 和 p2。

然后,比较变量 a 和 b 的值,如果 a<b,则通过整型指针变量 p 把整型指针变量 p1 和 p2 中存储的地址值进行了互换。这意味着指针变量 p1 和 p2 的指向关系发生了变化,原来指向整型变量 a 的指针变量 p1 现在指向整型变量 b,而原来指向整型变量 b 的指针变量 p2 现在指向整型变量 a,但整型变量 a 和 b 的值并没有变化,如图 8.3 所示。

从程序的运行结果可以清楚地看到,变量 a 和 b 的值并未交换,它们仍保持原值,但是整型指针变量 p1 和 p2 的值改变了,它们的指向关系进行了互换。

这个例子有意思的地方在于程序并没有交换整型变量的值,而是交换两个指针变量的值。

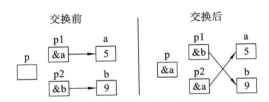

图 8.3　例 8.2 中交换变量前后的示例图

8.2.4　指针运算

除了前文已介绍的取地址运算符 & 和指针运算符 * 之外,指针变量还可以执行赋值运算、算术运算、比较运算和指针下标运算。

1. 赋值运算

与其他变量一样,指针变量也可以被赋值,但只能被赋予地址值或空值(NULL)。需要注意的是,指针变量必须指向与其基类型一致的变量或数据结构。也就是说,指针变量如果要赋予非空值的话,必须赋予与其基类型一致的变量或数据结构的地址值。比如,下面的用法是错误的:

```
float x,y;
int *p;
p=&x;      //实型变量 x 的地址赋值给整型指针变量 p,将导致错误的运行结果
y=*p;
```

【程序分析】

赋值语句“p＝&x;”把实型变量 x 的地址赋值给整型指针变量 p,将导致错误的运行结果。

C 语言允许为指针变量赋予任何指针(地址)值,所以上面的程序片段能够编译通过,但却得不到正确的结果。

2. 算术运算

指针变量只有加法和减法两种算术运算,包括:

(1)自增运算＋＋、自减运算－－。

(2)加、减整型数据。

(3)指向同一数组的不同数组元素的指针之间的减法运算。

对指针变量不允许进行的算术运算包括指针间相乘或相除、两个指针相加、位操作、指针与实型数据的加减等。

【注意】指针算术运算的结果与其基类型相关。如果指针的基类型是整型(1 个整型数据在内存中占据 4 个字节的存储空间),则指针加 1 时,将向后(内存高地址端)跳过 4 个字节,指向后面的整数;而指针减 1 时,将向前(内存低地址端)跳过 4 个字节,指向前面的整数。其他基类型的指针情况类似。

调试程序时,若需要了解某个指针值,可以用%p 的格式输出指针值。

```
int i,j,x=0,y=1;
int *p1, *p2,num[]={1,2,3,4,5,6,7,8,9,10};
p1=&num[0];      //p1赋值为num数组中第1个数组元素在内存空间中的首地址
p2=p1+1;         //加法运算,p2赋值为num[1]的首地址
printf("\n&num[0]=%p, &num[1]=%p ",p1,p2);
for(i=0;i<5;p1+=2,p2+=2,i++)
{
    x+=*p1;     //使用x进行累加
    y* =*p2;    //使用y进行累乘
}
printf("\n The sum=%d,The factor=%d ",x,y);
```

【程序分析】

其中,p1 和 p2 两个指针变量首先分别赋值为 num[0]和 num[1]的地址。

其后,for 循环中的 p1+=2,使得 p1 的值每次循环跳过 2 个整型数据,从而使 p1 在 5 次循环中依次指向 num[0]、num[2]、num[4]、num[6]和 num[8]。同样,for 循环中的 p2+=2,使得 p2 的值也是每次循环跳过 2 个整型数据,从而使 p2 在 5 次循环中依次指向 num[1]、num[3]、num[5]、num[7]和 num[9]。在 for 循环体中,p1 指向的数据被累加到变量 x 上,p2 指向的数据被累乘到变量 y 上。

这样,循环结束后,x=num[0]+num[2]+num[4]+num[6]+num[8]=1+3+5+7+9=25,y= num[1]×num[3]×num[5]×num[7]×num[9]=2×4×6×8×10=3840。

3. 比较运算

在关系表达式中,允许进行指针的比较运算,但要注意这种运算对程序设计是否有意义。一般,指针的比较常用于两个或两个以上指针变量都指向同一个公共数据对象的情况。比如,同一个数组中各个数组元素的指针之间的比较。

任何指针与空指针(NULL)的比较在程序设计中是必要的,但基类型不同的指针之间的比较一般是没有意义的。

4. 指针下标运算

C 语言提供了指针变量的下标运算[],其形式类似于一维数组元素的下标访问形式。当相同类型的数据被分配在地址连续的内存空间中时,可以使用指针的下标运算[]访问所需变量。

【注意】使用指针下标运算时,p[i]等同于 *(p+i)。

```
int i;
char *p="How are you?";
for(i=0;p[i]!='\0'; i++)
    printf("%c", p[i]);        //把p指针变量所指向的字符串中的字符逐一输出
```

【程序分析】

字符指针变量 p 被赋值为字符串"How are you?"在内存中的首地址,使用 p[i](等同于 *(p+i))将"How are you?"中的字符逐一输出。

【注意】字符串在内存中存储时,要在最后增加一个字符数据空间存放字符串结束符'\0'。也就是说,这里的字符串"How are you?"在内存中所占存储空间的长度为 13 个字节,其中前 12 个字节用来存放"How are you?"中的 12 个字符,最后一个字节用来存放字符串结束符'\0'。

8.2.5 指针变量作为函数参数

指针变量也可以作为函数的参数,可将一个变量的地址传递到另一个函数中。

例 8.3 改用函数实现例 8.2 的程序功能:比较输入的两个整数的大小,再把它们按先大后小的顺序输出。

```c
#include <stdio.h>
int main()
{
    void swap(int *p1,int *p2);
    int a,b;
    int *pointer_1,*pointer_2;
    printf("please enter a and b:");
    scanf("%d,%d",&a,&b);
    pointer_1=&a;
    pointer_2=&b;
    if(a<b) swap(pointer_1,pointer_2);
    printf("max=%d,min=%d\n",a,b);
    return 0;
}
void swap(int *p1,int *p2)      //交换 a 和 b 的值,p1 和 p2 值不变
{
    int temp;
    temp=*p1;
    *p1=*p2;
    *p2=temp;
}
```

【运行效果】

```
please enter a and b:5,9
max=9,min=5
```

【程序分析】

例 8.3 中定义了一个 swap()函数,其参数是两个整型指针变量 p1 和 p2。而在主函数 main()中,定义了 a、b 两个整型变量和 pointer_1、pointer_2 两个整型指针变量;接着,输入两个整数,分别赋值给了变量 a 和 b;再接着,把整型变量 a 和 b 的地址赋值给整型指针变量 pointer_1 与 pointer_2。

然后,比较变量 a 和 b 的大小,如果 a<b,以 pointer_1 和 pointer_2 作为实际参数调

用 swap( )函数。这样,pointer_1 与 pointer_2 中存放的地址值,就对应传递给了 swap( )
函数的形式参数 p1 和 p2,p1 和 p2 也分别指向整型变量 a 和 b,从而呈现出如图 8.4 所
示的指向关系。

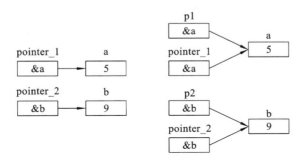

图 8.4　swap( )函数调用开始时指针指向关系示意图

而在 swap( )函数的函数体中,通过使用指针运算符,把 p1 和 p2 所指向的变量的数
据值进行了互换,也就是把变量 a 和 b 的数据值进行了互换。

执行完 swap( )函数后,返回到 main( )函数。此时,swap( )函数的形式参数 p1 和 p2
被注销,但 main( )函数中指针变量 pointer_1 与 pointer_2 的指向关系并没有发生变化,
依然分别指向变量 a 和 b,只是此时变量 a 和 b 的数据值已经进行了互换。这样,就使得
变量 a 中存储了 a 和 b 中的较大值,而变量 b 中则存储了较小值,从而呈现出如图 8.5 的
指向关系。

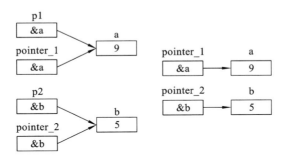

图 8.5　swap( )函数调用结束时指针指向关系示意图

最后,在 main( )函数中把变量中的较大值和较小值先后输出。

与例 8.2 不同,例 8.3 交换了 a 和 b 的值,但指针变量 p1 和 p2 值并没有改变。

那么,是否可以把 swap( )函数改写成参数不是指针变量的函数?

```
void swap(int x,int y)
{
    int temp;
    temp=x;
    x=y;
    y=temp;
}
```

答案是否定的。

因为这样改写,在函数调用时就不可能传递地址值到 swap() 函数中,而只能把变量 a 和 b 的值分别传递到参数 x 和 y 中。

这样,执行完 swap() 函数后,x 和 y 的值是互换了,但并未影响到 a 和 b 的值。

这也就意味着,在 swap() 函数结束,变量 x 和 y 释放之后,main() 函数中的 a 和 b 并未互换,也就实现不了程序所需的功能。

【注意】通常,函数的调用可以(而且只可以)得到一个返回值(即函数值),而使用指针变量作参数,却可以得到多个变化的值。这是不用指针变量作函数参数难以做到的。

如果希望通过函数调用得到 n 个要改变的值,可以这样做:

(1)在主调函数中设 n 个变量,用 n 个指针变量指向它们。

(2)设计一个函数,有 n 个指针形参。在这个函数中改变这 n 个指针形参所指向的存储单元的值。

(3)在主调函数中调用这个函数时,将这 n 个要改变值的变量的地址作实参,传递给该函数的形参。这样,在执行被调函数的过程中,通过形参指针变量就可以改变它们所指向的 n 个变量的值。返回到主调函数时,在主调函数中就可以使用这些改变了值的变量。

8.3 通过指针访问数组

与变量一样,数组中的每个数组元素都要在内存中占用存储单元,它们都有相应的地址,可以使用指针(地址)和指针变量访问数组中的数组元素。

8.3.1 一维数组元素的指针

数组元素的指针是该数组元素在内存中的存储单元的起始地址。可以用指针(地址)或指针变量指向数组中的数组元素。比如:

```
int a[10]={1,3,5,7,9,11,13,15,17,19};   //定义 a 为包含 10 个整型数据的数组
int *p;                                  //定义 p 为指向整型变量的指针变量
p=&a[0];                                 //把 a[0]元素的地址赋给指针变量 p
```

【程序分析】

程序中定义了一个包含 10 个数组元素的数组 a 和一个整型指针变量 p,再执行:

```
p=&a[0];
```

就把数组 a 中第 1 个数组元素的地址赋值给 p,p 也就指向数组 a 中第 1 个数组元素。

而如果执行:

```
p=&a[1];
```

就把数组 a 中第 2 个数组元素的地址赋值给 p,p 也就指向数组 a 中第 2 个数组元素。以此类推,就可以让 p 去指向数组 a 中所有的数组元素。

数组名也可以用来代表数组中第 1 个数组元素的地址,所以可以执行:

```
p= a;
```

同样,让 p 指向数组 a 中第 1 个数组元素。而执行:

```
p= a+i;
```

就可以让 p 指向数组 a 中第 i+1 个数组元素。

此外,也可以在定义指针变量时对指针变量进行初始化,把 a 数组中第 1 个数组元素的地址赋值给 p:

```
int *p=&a[0];
```

或者,直接把数据名 a 赋值给 p:

```
int *p= a;
```

都可以在定义指针变量 p 的同时,让 p 指向 a 数组中第 1 个数组元素。

8.3.2　指向数组元素的指针的运算

当指针变量 p 指向一个数组元素时,可以对指针变量 p 进行如下运算:

(1)+或+=。

指针变量可以加一个整数(用+或+=),如 p+1,表示指向同一数组中的后一个元素。

这里,要特别提醒的是,执行 p+1 或 p++时,并不是将 p 的地址值简单地加 1,而是根据指针变量 p 定义时的基类型,将 p 的地址值加上一个数组元素所占用的字节数。也就是说,这里加 1 其实是加了一个数组元素的存储单元的空间。

(2)-或-=。

指针变量可以减一个整数(用-或-=),如 p-1,表示指向同一数组中的前一个元素。

如果 p 的初值为 &a[0],则 p+i 和 a+i 的值就是数组元素 a[i]的地址,或者说,它们指向数组 a 中序号为 i 的元素。

而 *(p+i)或 *(a+i)是 p+i 或 a+i 所指向的数组元素 a[i]。

(3)++或--。

指针变量可以进行自加和自减运算,如 p++、++p、p--、--p。

此外,当两个指针变量 p1 和 p2 都指向同一数组中的元素时,还可以做减法运算,如 p1-p2 的结果是两个地址之差除以一个数组元素所占用的字节数,也就是 p1 和 p2 之间包含的数组元素的个数。

【注意】一般情况下,两个地址相加没有实际意义。

8.3.3　两种引用数组元素的方法

有了指针之后,访问数组中的数组元素也就有了两种方法:

(1)下标法。

下标法是通过指出数组名和下标值访问数组中的数组元素,比如,访问数组 a 中的第 i+1 个数组元素,可以使用 a[i]。

(2)指针法。

指针法是通过指出数组元素的地址访问数组中的数组元素,比如,访问数组 a 中的第 i+1 个数组元素,可以使用 *(a+i)。

例 8.4 输出整型数组 a 中全部 10 个元素的值。

【解题方法】一、采用下标法:

```c
#include <stdio.h>
int main()
{
    int a[10],i;
    printf("please enter 10 integer numbers:");
    for(i=0;i<10;i++)   scanf("%d",&a[i]);       //数组元素用数组名和下标表示
    for(i=0;i<10;i++)   printf("%d \t",a[i]);   //数组元素用数组名和下标表示
    printf("%\n");
    return 0;
}
```

【运行效果】

```
please enter 10 integer numbers:
1 2 3 4 5 6 7 8 9 10
1       2       3       4       5       6       7       8       9       10
```

【程序分析】

下标法中,访问数组元素的通常形式是数组名加中括号括起来的数组元素的下标,比如,a[i]就是指数组 a 中的第 i+1 个数组元素;而要指定第 i+1 个数组元素的地址,只需要在 a[i]前面加上 & 取地址运算符就可以。

采用下标法时,C 语言编译系统会将 a[i]转换为 *(a+i)处理,即先计算数组元素的地址,再去访问数组元素。因此,用这种方法找数组元素费时较多。

【解题方法】二、采用指针法:

```c
#include <stdio.h>
int main()
{
    int a[10],i;
    printf("please enter 10 integer numbers:");
    for(i=0;i<10;i++)   scanf("%d",&a[i]);
    for(i=0;i<10;i++)
      printf("%d\t",*(a+i));       //通过数组名和元素序号计算元素地址找到该元素
    printf("\n");
    return 0;
}
```

【运行效果】

【程序分析】

指针法中,访问数组 a 中的第 i+1 个数组元素时,先把数组名 a 加上 i,指向数组 a 中的第 i+1 个数组元素,再通过指针运算符 * 访问数组 a 中的第 i+1 个数组元素的值。

采用指针法时,C 编译系统并不需要将 a[i]转换为 *(a+i)处理,但也要先通过数组名去计算数组元素的地址,再去访问数组元素。因此,用这种方法找数组元素也比较费时。

【解题方法】三、采用指针变量:

```
#include <stdio.h>
int main()
{
    int a[10],*p,i;
    printf("please enter 10 integer numbers:");
    for(i=0;i<10;i++)   scanf("%d",&a[i]);
    for(p=a;p<(a+10);p++)   printf("%d ",*p);      //用指针指向当前的数组元素
    printf("\n");
    return 0;
}
```

【运行效果】

【程序分析】

程序使用 for 循环,通过指针变量遍历输出数组 a 的所有数组元素的值。在 for 语句中,循环初始条件是把数组名 a 赋值给指针变量 p,这样 p 就指向了数组 a 的初始数据元素;循环的增量表达式是 p++,表示每次循环指针变量 p 都做加 1 运算,这样就可以逐一指向数组 a 中的数组元素;而在每一次循环执行的循环体中,在指针变量 p 之前使用了指针运算符 *,这样就可以把逐一指向的数组 a 中的数据元素的值取出来进行输出;最后,循环结束条件为 p<(a+10),这意味着 p 指针将遍历 10 次,以保证把数组 a 中所有的 10 个数据元素全部取出。

相比较而言,下标法访问数组中的数组元素比较直观,适合初学者。用指针法或指针变量的方法不直观,难以很快地判断出当前处理的是哪一个元素,使用指针变量访问数组中的元素,直接使用指针变量遍历数组,不必再次重新计算地址,所以其执行效率最为高效。

8.3.4　多维数组元素的指针

下面以一个 3 行 4 列的二维整型数组为例说明二维数组中的数组元素的指针:

```
int a[3][4];
```

首先,把二维数组 a 看成有 3 个数组元素的一维数组:

a:{a[0],a[1],a[2]}

这样一来:

a[0]= * a　　a[1]= *(a+1)　　a[2]= *(a+2)

a=&a[0]　　a+1=&a[1]　　　a+2=&a[2]

转换成一般形式:

a[i]= *(a+i)

a+i=&a[i]

接着,不再把 a[i] 想象成一维数组中的数组元素,而是把它看作指向二维数组 a 的第 i+1 行数据的首地址,也就是 a 的第 i+1 行的起始数组元素 a[i][0] 的地址,即 a[i]=&a[i][0],所以

&a[i][j]= a[i]+j

这样一来,也就意味着:

&a[i][j]= a[i]+j= *(a+i)+j

a[i][j]= *(a[i]+j)= *(*(a+i)+j)

显然,

* a[i]≠a[i]　　　//因为 * a[i]= a[i][0],a[i]= &a[i][0]

a[i]≠a[i][0]　　//因为 a[i]= &a[i][0]

所以,根据上述指针指向关系,可知:

a=&a[0][0]= a[0]= * a　　　　　//二维数组的起始地址,也是第 1 行的起始地址

a[0][0]= * a[0]= *(* a)　　　　　　　　　//第 1 行起始元素

a[0][1]= *(a[0]+1)= *(* a+1)　　　　　　//第 1 行第 2 个元素

a[0][2]= *(a[0]+2)= *(* a+2)　　　　　　//第 1 行第 3 个元素

a[0][3]= *(a[0]+3)= *(* a+3)　　　　　　//第 1 行第 4 个元素

a[1][0]= * a[1]= *(*(a+1))　　　　　　　//第 2 行起始元素

a[1][1]= *(a[1]+1)= *(*(a+1)+1)　　　//第 2 行第 2 个元素

a[1][2]= *(a[1]+2)= *(*(a+1)+2)　　　//第 2 行第 3 个元素

a[1][3]= *(a[1]+3)= *(*(a+1)+3)　　　//第 2 行第 4 个元素

……

可见,对于 m 行 n 列的二维数组 a 及具有相同基类型的指针变量 pa,可以得到以下几个实用的表示形式(其中,0<=i<=m,0<=j<=n):

a=&a[0][0]=a[0]= * a　　　　　//数组起始地址

a[i]= *(a+i)=&a[i][0]　　　　　//第 i+1 行起始地址

&a[i][j]= a[i]+j= *(a+i)+j= &a[i][0]+j　　　　//数组元素 a[i][j]的地址

a[i][j]= *(a[i]+j)= *(*(a+i)+j)= *(&a[i][0]+j) //数组元素 a[i][j]的值

&a[i][j]=pa+i*n+j　　a[i][j]= *(pa+i*n+j)　　//执行 pa=a;之后

【注意】&a[i][j]≠ *(pa+i)+j　　a[i][j]≠ *(*(pa+i)+j)

因为尽管 pa 和 a 在数值上相等,但它们的含义不同。pa+i 指向 pa 之后的第 i+1 个数组元素;而 a+i 指向数组 a 的第 i+1 行的起始元素,即数组的第 i*n+1 个数组元素。

类似地,三维数组及其他多维数组的指针可参照二维数组的指针进行扩展。

8.3.5　以数组名作函数参数

先看如下程序片段:

```
int main()
{
    void fun(int arr[], int n);
    int array[10];
      ……
    fun(array,10);
    return 0;
}
void fun(int arr[], int n)
{
      ……
}
```

【程序分析】

程序中,array 是 main()函数中定义的数组,把它作为实参传递给 fun()函数,而 arr 则是 fun()函数中作为形式参数的数组名。

在 fun()函数被调用时,系统会在 fun()函数中建立一个指针变量 arr,用来存放从主调函数传递过来的实参数组中第 1 个元素的地址。当 arr 接收了实参数组中第 1 个元素的地址后,arr 就指向实参数组第 1 个元素,也就是指向 array[0]。这样一来,如果 fun()函数的函数体中,形参数组中各元素的值发生变化,那么也就意味着实参数组元素的值发生了变化。

其实,在 fun()函数中,形式参数 arr 可以不用定义为数组,还可以像如下程序片段一样,直接把它定义为一个指针变量:

```
int main()
{
    void fun(int arr[], int n);
    int array[10];
      ……
    fun(array,10);
    return 0;
```

```
        }
    void fun(int *arr, int n)
    {
        ......
    }
```

【程序分析】

在 fun() 函数被调用时,系统会在 fun() 函数中建立一个指针变量 arr,用来存放从主调函数传递过来的实参数组首元素的地址。当 arr 接收了实参数组的首元素地址后,arr 就指向实参数组首元素,也就是指向 array[0]。这样一来,如果 fun() 函数的函数体中,使用 arr 指针变量所引发的数组元素值的变化,也同样意味着实参数组元素的值发生了变化。

表 8.1 对变量名和数组名作为函数参数进行了比较。

表 8.1　以变量名和数组名为函数参数的比较

实参类型	要求形参的类型	传递的信息	函数调用能否改变实参的值
变量名	变量名	变量的值	不能
数组名	数组名或指针变量	实参数组首元素的地址	能

需要说明的是,C 语言调用函数时虚实结合的方法都是采用"值传递"方式。只不过,当用变量名作为函数参数时,传递的值是变量的值。而当用数组名作为函数参数时,由于数组名代表的是该数组首元素的地址,因此传递的值是地址值,所以要求形参为指针变量。

【注意】实参数组名代表一个固定的地址,或者说是指针常量,但形参数组名并不是一个固定的地址,而是按指针变量处理。

这意味着,在函数调用进行虚实结合后,形参的值就是实参数组首元素的地址。而在函数执行期间,形参的值可以改变,比如可以再次被赋值。

```
    int main()
    {
        void fun(int arr[], int n);
        int array[10];
          ......
        fun(array,10);
        return 0;
    }
    void fun (arr[ ],int n)
    {
        printf("%d\n", *arr);      //输出 array[0]的值
        arr=arr+3;                 //形参数组名可以被赋值
        printf("%d\n", *arr);      //输出 array[3]的值
    }
```

【程序分析】

在 fun()函数被调用时,系统会在 fun()函数中建立一个指针变量 arr,用来存放从主调函数传递过来的实参数组中第 1 个元素的地址。因为 arr 并不是地址常量,而是一个指针变量,所以在 fun()函数中,arr 可以当作变量执行 C 语句:

```
arr=arr+3;
```

实际上,如果有一个实参数组,希望调用函数过程中也能改变此数组中数组元素的值,实参与形参的对应关系可以有以下 4 种情况,分别如表 8.2 中的程序说明。

(1)形参和实参都用数组名。

(2)实参用数组名,形参用指针变量。

(3)实参和形参都用指针变量。

(4)实参为指针变量,形参为数组名。

表 8.2 形参与实参的对应关系

情况(1)	情况(2)	情况(3)	情况(4)

int main()
{
  int a[10];
  ……
  f(a,10);
  ……
}
int f(int x[], int n)
{
  ……
}
	int main()
	{
	  int a[10];
	  ……
	  f(a,10);
	  ……
	}
	int f(int * x, int n)
	{
	  ……
	}
		int main()
		{
		  int a[10]; * p=a;
		  ……
		  f(p,10);
		  ……
		}
		int f(int * x, int n)
		{
		  ……
		}
			int main()
			{
			  int a[10]; * p=a;
			  ……
			  f(p,10);
			  ……
			}
			int f(int x[], int n)
			{
			  ……
			}

在后面两种情况中,如果要用指针变量作实参,那就必须先把数组名赋值给该指针变量,让其指向要改变数据元素值的数组。

8.4 通过指针引用字符串

printf()函数中输出的字符串是以直接字面形式给出的,通常表示为一对双引号中包含若干个合法的字符。除此之外,还可以通过指针引用字符串。

8.4.1 字符串的引用方式

通常用字符数组存放一个字符串,再通过数组名和下标去引用字符串中一个字符,也可以通过数组名和格式声明"%s"输出该字符串。

此外,还可以用字符指针变量指向一个字符串常量,通过字符指针变量引用字符串常量。

例 8.5 定义一个字符数组,在其中存放字符串"I love China!",输出该字符串和第 10 个字符。

```c
#include <stdio.h>
int main()
{
    char string[]="I love China!";
    printf("%s\n",string);
    printf("%c\n",string[9]);      // string[9]对应字符'i'
    return 0;
}
```

【运行效果】

I love China!
i

【程序分析】

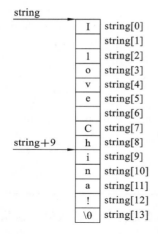

图 8.6 例 8.5 中的 string 字符数组的内存示意图

程序中,定义了一个名为 string 的字符数组,尽管定义时未指定 string 字符数组的长度,但因为在定义 string 字符数组时进行了初始化,让它保存字符串"I love China!"。所以,string 字符数组的长度为 14,其中前 13 个字节用来存放"I love China!"中的 13 个字符,最后一个字节用来存放字符串结束符'\0'。此时,数组名 string 就是字符数组首元素的地址。string 字符数组中各数组元素的值和地址如图 8.6 所示。

题目要求输出字符串中第 10 个字符,由于数组元素的序号是从 0 算起,所以应该输出 string[9](其值为字符'i')。如果使用指针表示,string[9] = *(string+9)。string+9 是 string 数组中 string[9]的地址,它指向字符'i',如图 8.6 所示。

例 8.6 通过字符指针变量输出一个字符串及其中第 10 个字符。

```c
#include <stdio.h>
int main()
{
    char *string="I love China!";
    printf("%s\n",string);
    printf("%c\n",*(string+9));      // string+9是字符串中字符'i'的地址
    return 0;
}
```

【运行效果】

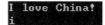

【程序分析】

程序中,定义了同样名为 string 的字符指针变量,并让它指向字符串"I love China!"。C 语言中字符串常量也按字符数组处理,编译运行时也会在内存中开辟一个字符数组用来存放该字符串常量,但这个字符数组没有名称,不能通过数组名对其进行访问,只能通过指针变量引用。

因为字符指针变量 string 通过初始化指向字符串"I love China!",所以字符指针变量 string 的值就是字符串"I love China!"在内存中的首字符元素(即字符'I')的地址,string＋9 也就是"I love China!"在内存中的第 10 个字符元素(即字符'i')的地址,＊(string＋9)也就是字符'i'。

无论使用字符数组还是字符指针变量,都可以按照％s 的格式声明输出其所指向的字符串。其实,C 语言中只有字符变量,并没有字符串变量。只能按照两种方法去保存与访问字符串,或者用字符数组,或者用一个字符指针变量去指向字符串。

可以在定义字符指针变量的同时指向一个字符串,比如:

```
char * string= "I love China!";
```

也可以先定义一个字符指针变量,后面通过赋值语句让它指向一个字符串,比如:

```
char * string;              //定义一个 char * 型变量
string= "I love China!";//把字符串第 1 个元素的地址赋给字符指针变量 string
```

【注意】string 定义为一个基类型为字符型的指针变量,它只能指向一个字符类型数据,而不能同时指向多个字符数据,更不是把"I love China!"这些字符存放到 string 中(指针变量只能存放地址),也不是把字符串赋给 * string,只是把"I love China!"的第 1 个字符的地址赋给了指针变量 string。

当然,还可以对指针变量进行再赋值,让其指向另一个字符串,比如:

```
string= "I am a student.";
```

通常,对于指针变量所指向的字符串,都可以按照％s 的格式声明输出,比如:

```
printf("%s\n",string);
```

这里,格式符％s 对应于字符指针变量名 string,执行该语句时,首先输出 string 所指向的字符串的第 1 个字符,然后自动使 string 加 1,使之指向下一个字符,再输出该字符;以此执行下去,直到遇到字符串结束标志'\0'为止。

字符串中字符的存取,既可以用下标法,也可以用指针法。

例 8.7　将字符串 a 复制为字符串 b,然后输出字符串 b。

【解题方法】一、下标法:

```
#include <stdio.h>
int main()
{
    char a[]="I am a boy.",b[20];        //定义字符数组
```

```
        int i;
        for(i=0;*(a+i)!='\0';i++) *(b+i)=*(a+i);
        *(b+i)='\0';                    //在 b 数组的有效字符之后加'\0'
        printf("string a is:%s\n",a);   //使用%s 格式符,输出 a 数组中全部字符
        printf("string b is:");
        for(i=0;b[i]!='\0';i++)  printf("%c",b[i]); //循环输出字符数组中的字符
        printf("\n");
        return 0;
    }
```

【运行效果】

```
string a is:I am a boy.
string b is:I am a boy.
```

【程序分析】

程序中,使用字符数组存储字符串,以字符数组名为指针,通过指针的加 1 运算遍历字符数组 a,并把其中存储的字符串转存到字符数组 b 中。最后,通过字符数组的下标访问字符数组 b 中的字符,并把它们逐一输出。

【解题方法】二、指针法:

```
#include <stdio.h>
int main()
{
    char a[]="I am a boy.",b[20],*p1,*p2;
    p1=a;p2=b;                      //p1,p2 分别指向 a 数组和 b 数组中的第一个元素
    for(;*p1!='\0';p1++,p2++)  *p2=*p1;
    *p2='\0';                       //在复制完全部有效字符后,加上'\0'
    printf("string a is:%s\n",a);   //输出 a 数组中的字符
    printf("string b is:%s\n",b);   //输出 b 数组中的字符
    return 0;
}
```

【运行效果】

```
string a is:I am a boy.
string b is:I am a boy.
```

【程序分析】

程序中,使用了两个字符指针变量,让它们分别指向字符数组 a 和 b。然后,通过指针变量的加 1 运算遍历字符数组 a,并逐一把其中存储的字符串转存到字符数组 b 中。

8.4.2　字符指针作为函数参数

如果需要把一个字符串一次性传递到另一个函数,逐个字符进行值传递是不现实的。最好采用传递地址值的方法,用存储字符串的字符数组的数组名作实参,或者用指

向字符串的字符指针变量作实参,把字符串的地址传递到另一个函数。这样一来,主调函数就可以引用被调用函数改变后的字符串。

例 8.8　用函数调用实现字符串的复制。

【解题方法】一、用字符数组名作为实参,用字符数组作为形参:

```c
#include <stdio.h>
int main()
{
    void copy_string(char from[], char to[]);
    char a[]="I am a teacher.";
    char b[]="You are a student.";
    printf("string  a=%s\nstring  b=%s\n",a,b);
    printf("\ncopy string a to string b:\n ");
    copy_string(a,b);                //用字符数组名作为函数实参
    printf("\nstring  a=%s\nstring  b=%s\n",a,b);
    return 0;
}
void copy_string(char from[], char to[])
{
    int i=0;
    while(from[i]!='\0')
    {
        to[i]=from[i];
        i++;
    }
    to[i]='\0';
}
```

【运行效果】

```
string  a=I am a teacher.
string  b=You are a student.

copy string a to string b:

string  a=I am a teacher.
string  b=I am a teacher.
```

【程序分析】

程序中,定义了一个可以实现字符串复制的 copy_string()函数,其形参为字符数组,而在 main()函数中调用 copy_string()函数的实参也是字符数组。

【解题方法】二、用字符型指针变量作为实参,用字符数组作为形参:

```c
#include <stdio.h>
int main()
{
    void copy_string(char from[], char to[]);
```

```
        char a[]="I am a teacher.";
        char b[]="You are a student.";
        char *from=a,*to=b;
        printf("string a=%s\nstring b=%s\n",a,b);
        printf("\ncopy string a to string b:\n");
        copy_string(from,to);                //实参为字符指针变量
        printf("\nstring a=%s\nstring b=%s\n",a,b);
        return 0;
    }
    void copy_string(char from[], char to[])
    {
        int i=0;
        while(from[i]!='\0')
        {
            to[i]=from[i];
            i++;
        }
        to[i]='\0';
    }
```

【运行效果】

【程序分析】

程序中,copy_string()函数与之前的程序完全一样,形参也为字符数组,但main()函数中调用 copy_string()函数的实参则是指向字符数组的字符指针变量。

【解题方法】三、用字符型指针变量作形参和实参:

```
#include <stdio.h>
int main()
{
    void copy_string(char *from, char *to);
    char *a="I am a teacher.";        //a 是 char*型指针变量
    char b[]="You are a student.";  //b 是字符数组
    char *p=b;                        //使指针变量 p 指向 b 数组首元素
    printf("string  a=%s\nstring  b=%s\n",a,b);   //输出 a 串和 b 串
    printf("\ncopy string a to string b:\n");
    copy_string(a,p);                 //调用 copy_string()函数,实参为指针变量
    printf("\nstring a=%s\nstring b=%s\n",a,b);   //输出改变后的 a 串和 b 串
```

```
        return 0;
    }
    void copy_string(char * from, char *to)      //定义函数,形参为字符指针变量
    {
        for(;*from!='\0';from++,to++)   *to=*from;
        *to='\0';
    }
```

【运行效果】

```
string  a=I am a teacher.
string  b=You are a student.

copy string a to string b:

string  a=I am a teacher.
string  b=I am a teacher.
```

【程序分析】

与之前的程序不同,copy_string()函数的形参均为字符型指针变量,而 main 函数中调用 copy_string()函数的实参一个是指向字符串的字符指针变量,另一个则是指向字符数组的字符指针变量。

其实,使用字符指针作函数参数时,函数的实参和形参都可以是字符数组名或字符指针变量。这样,调用关系有如下四种组合,如表 8.3 所示。

表 8.3　字符数组名和字符指针变量的调用关系

实　参	形　参
字符数组名	字符数组名
字符数组名	字符型指针变量
字符型指针变量	字符数组名
字符型指针变量	字符型指针变量

最后,比较字符指针变量和字符数组的使用规则:

(1)字符数组由若干个数组元素组成,每个数组元素中可以放一个字符。字符指针变量中存放的是地址,常常是其所指向的字符串第 1 个字符的地址,绝不是将字符串存放到字符指针变量中。

(2)可以对字符指针变量赋值,但不能对数组名赋值,因为数组名是常量。

(3)可以在定义字符指针变量的同时,让其初始化指向某一字符串:

```
    char *a= "I love China!";
```

也可以先定义字符指针变量,其后让其指向某一字符串:

```
    char *a;
    a="I love China!";
```

但在定义了字符数组之后,却不能再通过赋值的方式,把一个字符串直接整体赋值给字符数组:

```
char str[14];
str[]= "I love China!";    //错误
```

（4）编译时，编译系统会为字符数组分配若干个存储单元，以存放各数组元素的值。而对字符指针变量，只分配一个存储单元，以存放地址值。

（5）指针变量的值可以改变，而字符数组名代表一个固定的值（数组首元素的地址），不能改变。

（6）字符数组中各元素的值可以改变，可以对它们再赋值：

```
char a[]="House";
a[2]='r';
```

但字符指针变量指向的字符串常量中的内容是不可以被取代的，不能对它们再赋值。

```
char *b="House";
b[2]='r';                     //错误
```

（7）既可以用下标法也可以用地址法引用字符数组元素。比如，数组 a 中的第 6 个数组元素，可以用下标法表示为 a[5]，也可以用地址法表示为 *(a+5)。如果定义了字符指针变量 p，并使它指向数组 a 的首元素，则同样可以用指针变量加下标的形式去引用数组元素，比如 p[5]引用数组 a 中的第 6 个数组元素。当然，也可以用地址法引用数组元素，比如用 *(p+5)引用数组元素 a[5]。

（8）可以用指针变量指向一个格式字符串，从而用它代替 printf()函数中的格式字符串：

```
char *format="a=%d, b=%f/n";
printf(format, a, b);
```

8.5 函数指针

不只是数据要存储在内存中，编译运行时函数的程序代码也要存储在内存中。函数代码所在存储区域的起始地址称为指向函数的指针，简称函数指针。

与数组的情形类似，函数名既代表具体的函数名字，也可以作为指向该函数的指针，并且是指针常量。比如：

```
int func(char * x, int y);
```

定义了一个函数值为整型的函数，其有两个形式参数，分别是字符指针变量 x 和整型变量 y。而该函数的函数名 func 也是该函数在内存中所在存储区域的首地址，也就是该函数的函数指针。

指针变量不仅可以用来指向数据，也可以用来指向函数。比如：

```
int (*f_pointer)();
```

定义了一个指向整型函数的函数指针变量 f_pointer，它可用来指向任何整型函数。若

```
f_pointer=func;
```

则函数指针 f_pointer 指向函数 func()。

函数指针变量的一般定义形式为：

函数类型（ * 函数指针变量名)();

说明：

(1)"函数指针变量名"是所定义的、用以指向函数的函数指针变量的名字。

(2)"函数类型"用于说明函数执行后的返回值的数据类型。

(3)用函数指针引用函数时,必须先用函数名向函数指针变量赋值。

(4)函数指针变量只能用函数名赋值,除此之外,再无其他运算。

(5)"(＊函数指针变量名)()"不能写成"＊函数指针变量名()",后者是指针函数的定义形式。

例 8.9　用函数求输入的两个数据中的较大值。

【解题方法】一、使用函数名调用函数：

```c
#include <stdio.h>
int main()
{
    int max(int x,int y);
    int a,b,c;
    printf("Please enter a and b:\n");
    scanf("%d,%d",&a,&b);
    c=max(a,b);                      //通过函数名调用 max 函数
    printf("\na=%d\nb=%d\nmax=%d\n ",a,b,c);
    return 0;
}
int max(int x, int y)
{
    int z;
    if(x>y)   z=x;
    else   z=y;
    return(z);
}
```

【运行效果】

```
Please enter a and b:
5,28

a=5
b=28
max=28
```

【解题方法】二、使用函数指针变量调用函数：

```c
#include <stdio.h>
int main()
{
    int max(int x,int y);
    int (*p)();
    int a,b,c;
    p=max;                //将 max()函数的入口地址赋值给函数指针变量 p
```

```
        printf("Please enter a and b:\n");
        scanf("%d,%d",&a,&b);
        c=(*p)(a,b);          //使用函数指针变量调用max()函数
        printf("\na=%d\nb=%d\nmax=%d\n ",a,b,c);
        return 0;
    }
    int max(int x, int y)
    {
        int z;
        if(x>y)   z=x;
        else   z=y;
        return(z);
    }
```

【运行效果】

```
Please enter a and b:
5,28

a=5
b=28
max=28
```

【程序分析】

main()函数中定义了一个函数指针变量 p;然后,赋值语句"p＝max;"将 max()函数的函数指针,也就是 max()函数在内存中的首地址赋值给函数指针变量 p;接着,使用赋值语句"c＝(＊p)(a,b);"调用函数指针变量 p 所指向的 max()函数,也就是说,赋值语句"c＝(＊p)(a,b);"等价于"c＝max(a,b);"。

总结一下,使用函数指针变量调用函数的步骤:

(1)定义指向函数的函数指针变量。注意:定义函数指针变量时,其定义格式中的"函数类型",必须与定义的函数指针变量所将指向的函数的返回值类型一致。

(2)把要调用执行的函数名赋值给函数指针变量,比如例 8.9 中的"p＝max;"。

(3)用函数指针变量调用函数。注意:用函数指针变量 p 调用函数时,只需将(＊p)代替所要访问的函数名,并在(＊p)之后的小括号中根据需要写上实参即可。例如:

```
    c= (*p)(a,b);
```

表示"调用由 p 指向的函数,实参为 a 和 b,得到的函数值赋值给变量 c"。

用函数名调用函数,只能调用所指定的一个具体的函数,而通过函数指针变量调用函数则比较灵活,可以根据需要调用不同的函数。

8.6　指针函数

一个函数可以返回一个整型值、字符型值、实型值等,也可以返回指针型的数据,也就是地址。返回指针值的函数称为指针函数,其定义形式如下:

类型名　* 函数名(参数表列)

{函数体}

返回指针值的函数的一般定义形式与其他函数略有不同,主要在于函数名的前面有一个星号指针运算符,用以表示该函数执行完毕之后的返回值是一个指向类型名存储单元的指针。比如:

```
int   *a(int x,int y)              //定义函数,返回值为整型指针
{
    ......
}
```

它定义了一个名为 a、有整型形参 x 和 y 的函数。函数名 a 前面的星号 *,表示 a()函数是一个返回指针值的函数。也就是说,调用它以后能得到一个指向整型数据的指针。

【注意】程序中,"* a"两侧没有括号,a 的两侧分别为 * 运算符和()运算符。()优先级高于 *,因此 a 先与()结合,显然这是函数形式。这个函数前面有一个 *,表示此函数是指针型函数(函数返回值是指针)。最前面的 int 表示返回的指针指向整型变量。

例 8.10　有 3 个学生,每个学生有 4 门课程的成绩,要求在用户输入学生序号后搜索并输出该生的全部成绩。要求用指针函数实现其中搜索的功能。

```
#include <stdio.h>
int main()
{
    float score[][4]={{60,70,80,90}, {56,89,67,88},{34,78,90,66}};
    float *search(float (*pointer)[4],int n);
    float *p;
    int i,k;
    printf("enter the number of student:\n");
    scanf("%d",&k);
    printf("The scores of No.%d are:\n",k);
    p=search(score,k-1);
    for(i=0;i<4;i++)
        printf("%5.2f\t",*(p+i));
    printf("\n");
    return 0;
}


float *search(float (*pointer)[4],int n)
{
    float *pt;
    pt= *(pointer+n);        //pt 的值是 &score[k-1][0]
    return pt;
}
```

【运行效果】

```
enter the number of student:
2
The scores of No.2 are:
56.00    89.00    67.00    88.00
```

【程序分析】

程序用一个二维数组保存了 3 个学生各 4 门课程的成绩,在用户输入学生序号以后,能输出该学生的全部 4 门课程的成绩。其中,查找学生课程成绩的功能用指针函数 search()实现。

可以看到,search()函数名之前有指针运算符 * ,表示 search()函数执行完毕之后会返回一个指向浮点型数据的地址。main()函数中定义了一个浮点型指针变量 p,用以保存调用 search()函数执行完毕之后得到的地址值,也就是查找到的学生 4 门课程成绩在内存中的首地址,赋值给浮点型指针变量 p,由 p 再去把该生的成绩输出。

search()函数中 Pointer 指针对 Score 数组的指向关系如图 8.7 所示。

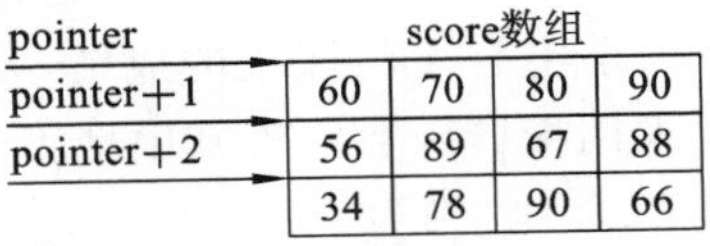

pointer	score数组			
pointer+1	60	70	80	90
pointer+2	56	89	67	88
	34	78	90	66

图 8.7　例 8.10 的 search()函数中 pointer 指针对 score 数组的指向关系示意图

从这个例子可以看出,返回指针值的函数调用和其他函数的调用没有区别,只要保证其调用是用在相同类型指针变量的语句中即可。这样,就可以把函数调用的结果赋值给与该函数返回结果相同类型的指针变量。

8.7　指针数组和多重指针

8.7.1　指针数组

所谓指针数组就是数组元素都是指针的数组。也就是说,指针数组中的每一个数组元素都可以用来存放地址,相当于一个指针变量。

指针数组的一般定义形式与其他数组的不同之处是:定义指针数组时,数组名前面要加上指针运算符 * :

类型名 ＊数组名[数组长度];

比如,"int ＊ p[4];"定义一个含有 4 个数组元素的指针数组 p,p 中的每一个数组元素都相当于一个整型指针变量。

一般地,指针数组适合用来指向若干个字符串,会使字符串处理更加方便灵活。

例 8.11　将若干字符串按字母顺序(由小到大)输出。

```c
#include <stdio.h>
#include <string.h>
int main()
{
    void sort(char *name[],int n);
    void print(char *name[],int n);
    char *name[]={"Follow me", "BASIC","Great Wall", "FORTRAN", "Computer
design"};
    int n=5;
    sort(name,n);
    print(name,n);
    return 0;
}
void sort(char *name[],int n)
{
    char *temp;
    int i,j,k;
    for(i=0;i<n-1;i++)                     //用选择法排序
    {
        k=i;
        for(j=i+1;j<n;j++)
            if(strcmp(name[k],name[j])>0)
                k=j;
        if(k!=i)
        {
            temp=name[i];
            name[i]=name[k];
            name[k]=temp;
        }
    }
}
void print(char *name[],int n)
{
    int i;
    for(i=0;i<n;i++)
        printf("%s\n",name[i]);
}
```

【运行效果】

```
BASIC
Computer design
FORTRAN
Follow me
Great Wall
```

【程序分析】

程序定义并初始化一个名为 name 的指针数组。这也就意味着 name 数组中有 5 个数组元素,它们都是指向字符串的指针变量,初始化之后,它们分别指向"Follow me"、"BASIC"、"Great Wall"、"FORTRAN"和"Computer design"这 5 个字符串。

其后,通过调用 sort()函数,把 name 指针数组中数组元素的指向关系进行了互换,以实现指向上的排序。

最后,通过调用 print()函数,把 name 指针数组中数组元素指向的字符串,按下标顺序,依次打印输出出来。

排序前后的相关指向关系,如图 8.8 所示。

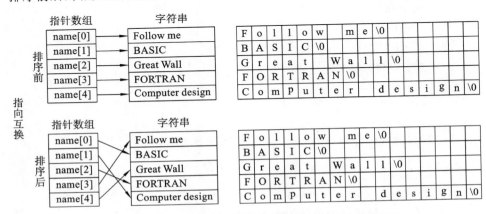

图 8.8　例 8.11 中排序前后的指针数组的指向关系示意图

从图 8.8 可以看到,调用 sort()函数之后,name 指针数组中数组元素的指向关系进行了互换,实现了指向上的排序。

8.7.2　多重指针

指向指针数据的指针称为指向指针的指针。

其实,例 8.11 中就有指向指针数据的指针。其中,name 指针数组的每一个数组元素都可以看作一个指针变量,而 name 数组中的每一个数组元素也都有相应的地址,数组名 name 本身就代表该指针数组第 1 个元素的地址,name+i 是 name 中第 i+1 个数组元素的地址,这意味着 name+i 就是指向指针型数据的指针。

也可以定义一个指针变量 p,让它指向指针数组中的数组元素,那么,p 就是指向指针型数据的指针变量。

通常,定义一个指向指针数据的指针变量的形式是在变量名前面加两个 * 号:

类型名　** **指针变量名;

比如:"char **p;"定义了一个指向指针数据的指针变量 p。变量名前面有两个 * 号,表示 p 指向一个字符指针变量,而该字符指针变量则指向一个字符型数据。如果在 p 前加一个 * 号运算符,就得到 p 所指向的字符指针变量的值。例如:

```
    p=name+2;
    printf("%d\n",*p);   //name[2]的值(即字符串"Great Wall"在内存中的首地址)
    printf("%s\n",*p);   //以字符串形式(%s)输出字符串"Great Wall"
```

【程序分析】

程序中,变量 p 赋值为 name+2,使 p 指向 name 数组中的第 3 个数组元素,也就指向字符串"Great Wall"。接着,使用%d 的格式符把 *p 的值,即 name 数组中的第 3 个数组元素的值,也就是字符串"Great Wall"在内存中的首地址输出。最后,使用%s 的格式符把 *p 所指向的字符串"Great Wall"输出。

【注意】*p 表示对指向指针的指针变量 p 进行取值运算,获得 p 所指向的指针值。

例 8.12　使用指向指针数据的指针变量。

```
#include <stdio.h>
int main()
{
    char * name[]={"Follow me","BASIC","Great Wall","FORTRAN", "Computer
design"};
    char **p;
    int i;
    for(i=0;i<5;i++)
    {
        p=name+i;
        printf("%s\n",*p);
    }
    return 0;
}
```

【运行效果】

```
Follow me
BASIC
Great Wall
FORTRAN
Computer design
```

【程序分析】

程序定义了一个指向指针的指针变量 p。第 1 次执行 for 循环体时,赋值语句"p=name+i;"使 p 指向 name 数组的第 1 个数组元素,*p 是 name 数组的第 1 个数组元素的值,即"Follow me"字符串在内存中首字符的地址,用 printf()函数以格式符为%s 输出"Follow me"字符串。循环执行 5 次,依次输出 5 个字符串。

指针数组的元素也可以不指向字符串,而指向整型数据或实型数据等其他类型的数据。

一般而言,直接访问是指通过变量名访问变量。利用指针变量访问另一个变量就是"间接访问"。如果指针变量中直接存放目标变量的地址,称为"单级间址"。指向指针数据的指针用的是"二级间址"方法。从理论上说,间址方法可以延伸到多级,即多重指针。

8.8　动态内存分配与指向它的指针变量

通常,为全局变量分配的存储空间位于内存中的静态存储区,为非静态的局部变量(包括形参)分配的存储空间则位于内存中的动态存储区,这个存储区是一个称为栈(Stack)的区域。

除此以外,C语言还允许建立内存动态分配区域,以存放一些临时使用的数据,这些数据不必在程序的声明部分定义,也不必等到函数结束时才释放,而是需要时随时开辟,不需要时随时释放。这些数据临时存放在一个特别的自由存储区,称为堆(Heap)区。可以根据需要,向系统申请所需大小的堆区存储空间。由于没有在声明部分把它们定义为变量或数组,因此不能通过变量名或数组名去引用这些数据,只能通过指针来引用。

8.8.1　建立和释放内存动态存储区域

C语言通过库函数分配和释放内存动态存储区域。

1. malloc()函数

malloc()函数是一个返回指针的函数,用以在内存的动态存储区中分配一个指定长度(以字节为单位)的连续空间。其函数原型为:

```
void *malloc(unsigned int size);
```
其中,形参 size 的类型为无符号整型,用于指定需要分配的内存字节数。如果 malloc()函数执行成功,其返回值是所分配区域的第一个字节的地址。也就是说,malloc()函数是一个指针型函数,返回的指针指向所分配区域的第一个字节。比如:

```
malloc(50);
```
申请分配 50 字节的临时内存,内存分配成功时函数值为其第 1 个字节的地址。

【注意】malloc()函数所返回指针的基类型为 void,即不指向任何类型的数据,只提供一个纯地址。如果 malloc()函数因某种原因(如内存空间不足等)不能分配所请求的内存,则返回空指针(NULL)。

2. calloc()函数

可以使用 calloc()函数开辟动态存储区。其函数原型为:

```
void *calloc(unsigned n, unsigned size);
```
calloc()函数除了形参 size 之外,还有一个无符号整型的形参 n,其作用就是在内存的动态存储区中分配 n 个长度为 size 的连续空间。

通常,calloc()函数可以为一维数组开辟动态存储空间,n 为数组元素个数,每个元素长度为 size。这相当于实现了动态数组的功能。calloc()函数返回指向所分配域的第一个字节的指针。如果分配不成功,返回 NULL。比如:

```
p=calloc(50,4);
```
申请分配 50×4 个字节的临时分配域,如果分配成功,则把首地址赋给指针变量 p。

3. realloc()函数

如果已经通过 malloc()函数或 calloc()函数获得了动态空间,但需要改变内存空间大小,可以用 realloc()函数重新分配动态存储区。其函数原型为:

```
void *realloc(void *p,unsigned int size);
```

realloc()函数可以将 p 所指向的动态空间的大小改变为 size。如果重新分配成功,则返回指向新内存块的指针;如果重新分配失败,则返回 NULL,原始内存块保持不变。比如:

```
realloc(p,50);
```

将 p 所指向的已分配的动态空间改为 50 字节。

4. free()函数

free()函数用以释放动态存储区。其函数原型为:

```
void free(void *p);
```

其作用是释放指针变量 p 所指向的动态空间,使这部分空间能重新被其他变量使用。p 应是最近一次调用 calloc()或 malloc()函数时得到的函数返回值。

以上 4 个函数的声明在 stdlib.h 头文件中,在使用这些函数时应当通过"♯include 〈stdlib.h〉"指令把 stdlib.h 头文件包含到程序文件中。

8.8.2　void 指针类型

C 语言允许使用基类型为 void 的指针类型。程序员可以定义一个基类型为 void 的指针变量(即 void * 型变量),它不指向任何类型的数据。

【注意】不要把"指向 void 类型"理解为能指向"任何类型"的数据,而应理解为"指向空类型"或"不指向确定的类型"的数据。

在将 void 类型的指针变量的值赋给另一指针变量时,将由系统对它进行类型转换,使之适合于被赋值的变量的类型。比如,下面的代码将 malloc()函数返回的 void 类型指针,强制转换为 int 类型指针,并把它赋值给整型指针变量 p。

```
int *pt;
pt=(int * )malloc(100);      //malloc(100)是 void * 型,把它转换为 int * 型
```

8.9　指针应用程序举例

例 8.13　将数组 a 中 n 个整数按相反顺序存放。

【解题方法】一、用数组名作为实参,用数组作为形参:

```
#include <stdio.h>
int main()
{
    void inv(int x[],int n);        //inv()函数声明
    int i,a[10]={3,7,9,11,0,6,7,5,4,2};
```

```
        for(i=0;i<10;i++)  printf("%d ",a[i]);     //输出未交换时数组各元素的值
        printf("\n");
        inv(a,10);                                   //调用 inv()函数,进行交换
        for(i=0;i<10;i++)  printf("%d ",a[i]);     //输出交换后数组各元素的值
        printf("\n");
        return 0;
    }
    void inv(int x[],int n)                          //形参 x 是数组名
    {
        int temp,i,j,m=(n-1)/2;
        for(i=0;i<=m;i++)
        {
            j=n-1-i;
            temp=x[i]; x[i]=x[j]; x[j]=temp;        //把 x[i]和 x[j]交换
        }
        return;
    }
```

【运行效果】

```
3 7 9 11 0 6 7 5 4 2
2 4 5 7 6 0 11 9 7 3
```

【程序分析】

main()函数用数组名 a 作为实参调用 inv()函数,而且 inv()函数也用数组作为形参,并采用下标法完成对整型数组的访问。

【解题方法】二、用数组名作为实参,用指针变量作为形参:

```
#include <stdio.h>
int main()
{
    void inv(int *x,int n);
    int i,a[10]={3,7,9,11,0,6,7,5,4,2};
    for(i=0;i<10;i++)  printf("%d ",a[i]);
    printf("\n");
    inv(a,10);
    for(i=0;i<10;i++)  printf("%d ",a[i]);
    printf("\n");
    return 0;
}
void inv(int *x,int n)        //形参 x 是指针变量
{
    int *p,temp,*i,*j,m=(n-1)/2;
    i=x; j=x+n-1; p=x+m;
    for(;i<=p;i++,j--)
```

```
            {
                temp=*i; *i=*j; *j=temp;        //*i 与*j 交换
            }
            return;
        }
```

【运行效果】

```
3 7 9 11 0 6 7 5 4 2
2 4 5 7 6 0 11 9 7 3
```

【程序分析】

main()函数中用字符数组名 a 作为实参调用 inv()函数。不同于解题方法一,这里 inv()函数用指针变量作为形参,并采用指针法完成对整型数组的访问。

【解题方法】三、用指针变量作为实参,用指针变量作为形参:

```
#include <stdio.h>
int main()
{
    void inv(int *x,int n);        //inv()函数声明
    int i,a[10]={3,7,9,11,0,6,7,5,4,2};
    int *p=a;                      //指针变量 p 指向 a[0]
    for(i=0;i<10;i++,p++)  printf("%d ",*p);      //输出 a 数组的元素
    printf("\n");
    p=a;                           //指针变量 p 重新指向 a[0]
    inv(p,10);                     //调用 inv()函数,实参 p 是指针变量
    for(p=a;p<a+10;p++)  printf("%d ",*p);
    printf("\n");
    return 0;
}
void inv(int *x,int n)             //定义 inv()函数,形参 x 是指针变量
{
    int *p,m,temp,*i,*j;
    m=(n-1)/2;i=x;j=x+n-1;p=x+m;
    for(;i<=p;i++,j--)
    {
        temp=*i;*i=*j;*j=temp;
    }
    return;
}
```

【运行效果】

```
3 7 9 11 0 6 7 5 4 2
2 4 5 7 6 0 11 9 7 3
```

【程序分析】

inv()函数也用指针变量作为形参,并采用指针法完成对整型数组的访问。但是,不

同于解题方法一和解题方法二,这里的 main()函数用指针变量作为实参调用 inv()函数。

例 8.14 改变指针变量的值。

```
#include <stdio.h>
int main()
{
    char *a="I love China!";
    a=a+7;                  //改变指针变量的值,即改变指针变量的指向
    printf("%s\n",a);   //输出从 a 指向的字符开始的字符串
    return 0;
}
```

【运行效果】

`China!`

【程序分析】

程序中 a 是一个指针变量,可以修改它的值。要注意与下面错误用法的区别:

```
#include <stdio.h>
int main()
{
    char str[]={"I love China!"};
    str=str+7;        //错误! str 是常量,不可改变
    printf("%s\n",str);
    return 0;
}
```

以上程序中,str 是字符数组的数组名,是一个常量,等于 str 数组在内存中分配的存储空间的首地址,其值是不可以改变的。

例 8.15 为一个 3 行 4 列的整型数组输入数据,并将该数组转置后输出。要求使用函数指针编写程序。

```
#include <stdio.h>
void array_in(int *arr,int row,int col)
{
    int i,j;
    printf("Please input %d×%d Matrix:\n",row,col);
    for(i=0;i<row;i++)
        for(j=0;j<col;j++)
            scanf("%d",arr+i*col+j);   //指针法引用数组元素,输入 arr[i][j]值
    return;
}
void array_trans(int *arr1, int *arr2,int row,int col)
{
    int i,j;
    for(i=0;i<row;i++)
        for(j=0;j<col;j++)
```

```
            * (arr2+j*row+i)= * (arr1+i*col+j);     //转置,arr2[j][i]=arr1[i][j]
        return;
    }
    void array_out(int *arr,int row,int col)
    {
        int i,j;
        for(i=0;i<row;i++)
        {
            printf("\n");
            for(j=0;j<col;j++)
                printf("%3d",* (arr+i*col+j));     //输出 arr[i][j]值
        }
        return;
    }
    int main()
    {
        int i,j,a[3][4],b[4][3];
        void (*f1)(),(*f2)(), (*f3)();   //定义 3 个通用(无值)型函数指针变量
        f1=array_in;
        f2=array_trans;
        f3=array_out;
        (*f1)(a,3,4);     //即调用 array_in(a,3,4)函数,输入 3 行 4 列数组的数据值
        (*f2)(a,b,3,4);   //即调用 array_ trans (a,b,3,4)函数,实现数组的转置
        printf("\nThe original matrix:");
        (*f3)(a,3,4);     //即调用 array_out(a,3,4)函数,输入 a 数组的数据值
        printf("\nThe transposed matrix:");
        (*f3)(b,4,3);     //即调用 array_out(b,4,3)函数,输入转置后的 b 数组的数据值
        return 0;
    }
```

【运行效果】

```
Please input 3×4 Matrix:
1 2 3 4 5 6 7 8 9 10 11 12

The original matrix:
  1  2  3  4
  5  6  7  8
  9 10 11 12
The transposed matrix:
  1  5  9
  2  6 10
  3  7 11
  4  8 12
```

【程序分析】

程序中,定义了 array_in()、array_ trans()和 array_out()三个函数,分别实现矩阵的输入、转置和输出。

在 main()函数中,定义 f1、f2 和 f3 三个通用(无值)型函数指针变量,分别把它们赋值为 array_in()、array_ trans()和 array_out()三个函数的函数名,使它们分别指向 array_in()、array_ trans()和 array_out()三个函数。接下来,通过 f1 函数指针执行"(∗ f1)(a,3,4);"语句就相当于调用 array_in(a,3,4)函数,实现输入待转置的 3 行 4 列数组中所有数组元素值的功能;通过 f2 函数指针执行"(∗ f2)(a,b,3,4);"语句就相当于调用 array_ trans (a,b,3,4)函数,实现对数组 a 进行转置并把转置结果保存到数组 b 的功能。最后,使用 f3 函数指针,执行"(∗ f3)(a,3,4);"和"(∗ f3)(b,4,3);"语句,也就是分别调用 array_out(a,3,4)和 array_out(b,4,3)函数,把转置前的数组和转置后的数组分别输出。

【注意】为函数指针变量赋值时,直接使用函数名,不必书写函数参数。用函数指针变量调用函数时,只需将"(∗ 函数指针变量名)"替代函数名,后面和通常的函数调用形式一样,再加上括号括起来的实参就可以了。

例 8.16　有 3 个学生,每个学生有 4 门课程的成绩。要求找出其中有不及格课程的学生及其全部课程成绩。

```c
#include <stdio.h>
int main()
{
    float score[][4]={{60,70,80,90},{56,89, 67,88},{34,78,90,66}};
    float *search(float (*pointer)[4]);
    float *p;
    int i,j;
    for(i=0;i<3;i++)
    {
        p=search(score+i);
        if(p==*(score+i))
        {
            printf("No.%d score:",i+1);
            for(j=0;j<4;j++)
                printf("%5.2f   ",*(p+j));
            printf("\n");
        }
    }
    return 0;
}
float *search(float (*pointer)[4])
{
    int i=0;
    float *pt;
```

```
        pt=NULL;              //先使 pt 的值为 NULL
        for(;i<4;i++)
            if(*(*pointer+i)<60) pt=*pointer;
        return(pt);
    }
```

【运行效果】

```
No. 2 score:56.00  89.00  67.00  88.00
No. 3 score:34.00  78.00  90.00  66.00
```

【程序分析】

程序用一个二维数组保存了 3 个学生各 4 门课程的成绩,main()函数使用 for 语句循环遍历所有学生,并在 for 语句的循环体中调用指针函数 search()遍历学生的所有课程成绩,以发现该学生的课程不及格情况;若发现该学生存在不及格情况,会把该学生的学号和该学生的所有课程成绩输出。其中,查找学生是否有课程不及格的功能用指针函数 search()实现。

例 8.17 有一个指针数组,其元素分别指向一个整型数组的元素,用指向指针数据的指针变量,输出整型数组各元素的值。

```
# include <stdio.h>
int main()
{
    int a[5]={1,3,5,7,9};
    int *num[5]={&a[0],&a[1],&a[2],&a[3],&a[4]};
    int **p,i;              //p 是指向指针型数据的指针变量
    p=num;                  //使 p 指向 num[0]
    for(i=0;i<5;i++)
    {
        printf("%d ",**p);
        p++;
    }
    printf("\n");
    return 0;
}
```

【运行效果】

```
1 3 5 7 9
```

【程序分析】

程序中,a 是一个整型数组,num 是一个存放数组 a 中逐个数组元素地址的指针数组,p 是指向指针的指针变量。程序把 p 赋值为 num 数组的数组名,通过 p 间接访问整型数组 a,把 a 中的所有数组元素的值输出。

例 8.18 建立动态数组,输入 5 个学生的成绩,另外用一个函数检查其中有无低于 60 分的成绩。若有,则输出不合格的成绩。

```
#include <stdio.h>
#include <stdlib.h>
int main()
{
    void check(int * );
    int *p1,i;
    p1=(int * )malloc(5*sizeof(int));   //将 void 类型的指针强制转换为整型指针
    for(i=0;i<5;i++)   scanf("%d",p1+i);
    check(p1);
    return 0;
}
void check(int *p)
{
    int i;
    printf("They are fail:");
    for(i=0;i<5;i++)
        if(p[i]<60)  printf("%d ",p[i]);
    printf("\n");
}
```

【运行效果】

```
75 85 58 63 50
They are fail:58 50
```

【程序分析】

程序首先使用 malloc()函数开辟了 5×4 个字节的临时分配域,将 malloc()函数返回的 void 类型的指针强制转换为 int 类型的指针,并把它赋值给整型指针变量 p1;接着,使用指针变量 p1 输入 5 个整型数据,并把它们存储在开辟的临时分配域中;最后,调用 check()函数,遍历输入的 5 个整型数据,找到其中小于 60 分的不及格成绩并输出。

8.10　扩展阅读

如果现代社会没有地址系统,世界将会怎样?

18 世纪之前的欧洲街道不像现在这样都有名字,房屋也不像现在这样都有编号。那时人们要寄信,常常不知道如何准确地书写收信人地址。英国伦敦邮局经常接到一些地址很怪的信件,比如:"这封信寄给一个戴眼镜的姑娘,她照顾着两个婴儿",或者"这封信写给我的妹妹,她叫简,她有一条腿是木头做的"。当时的邮递员看到这样的信件,往往只能干瞪眼,无法完成信件的投递。

直到 18 世纪的维也纳,当时哈布斯堡帝国的领导人玛丽亚·特蕾莎下令给每栋房屋编上号码,才开始有了现代社会地址系统的雏形。但是,当时这样做的目的并不是为了帮助臣民在城市中能够找到方向,而是为了更好地征税和征兵。

再到了 19 世纪的伦敦,被誉为"现代邮政之父"的罗兰·希尔为了提高英国邮政的效率,推动政府给全国的街道命名,才有了现代意义上比较成熟的地址系统。

由此,维也纳和伦敦也成了现代的地址系统两个最主要的发源地。

在这期间,尤其值得一提的是,现代流行病学之父约翰·斯诺在 1854 年伦敦索霍区的一次霍乱疫情中,利用伦敦刚创造的房屋编号系统绘制"霍乱地图",查明霍乱流行的来源和传播路线的故事。

自 1831 年霍乱第一次肆虐英国,霍乱造成的恐惧笼罩了整个英国,数以千计的人们短时间内死亡。当时,英国医学界对霍乱暴发起源的权威论调是"瘴气论",大部分医生认为霍乱是由瘴气引起的,而"瘴气"则是污水渠、沼泽、垃圾坑、敞开的坟墓和其他腐烂物散发出的有毒气体,人一旦吸入这种气体就会恶心、胃痛、呕吐、腹泻,最终因脱水而亡。但斯诺对瘴气论持怀疑态度,他认为瘴气论并不能解释霍乱的起源和传播。因为在 1831 年他参与的霍乱治疗中,他注意到患病的煤矿工人大部分时间都深处地下,那里并没有下水道或沼泽,也没有瘴气,而且霍乱发病的第一症状并不是从鼻子或呼吸道而是由胃开始的,斯诺大胆推测霍乱是通过看不见的细菌传播的,矿工因为用水紧张经常不洗手,手上的细菌会在饮食喝水时进入体内,从而导致患病。

为了证明这一论断,当 1848 年霍乱再次袭击伦敦时,斯诺开始跟踪霍乱疫情的发展,通过大量的样本统计,探究霍乱的传播途径,并于 1849 年自费出版了《论霍乱的传播模式》一书。书中论证,霍乱是一种由毒素引起的传染性疾病,其主要的传播途径是被毒素污染的水。但该书出版后并未引起太大的反响,人们只是将斯诺的新观点视作解释霍乱疫情肆虐的众多理论之一罢了。

斯诺坚信自己的判断,他始终认为霍乱是由被污染的水传播的。于是,当 1854 年夏天霍乱再次肆虐伦敦时,1765 年英国议会下令推行的房屋编号系统和 1837 年英国注册总署施行的集中登记出生和死亡的机制就派上了大用场。斯诺统计了因霍乱而死亡的病例的居住地址,并用标点地图的方法绘制了"霍乱地图",研究了当地水井分布和霍乱患者分布之间的关系,进而在伦敦索霍区的一轮霍乱传播疫情中,发现在一口水井供水范围内霍乱罹患率明显较高,以此为线索找到了本轮霍乱暴发的发源地:一个被污染的水泵。

人们卸掉了水泵的手柄,切断了这口水井的供水,限制了被污染的水的流动与传播,索霍区的霍乱发病情况果然得到了明显下降。约翰·斯诺也因此被流行病学奉为先驱和英雄。今天,我们在伦敦黄金广场附近的布劳维克街(布劳德街水泵原址)上,还可以看到一个竖立的水泵,这个水泵被拆除了手柄,旁边还有一块纪念碑,上面介绍了约翰·斯诺关于霍乱的研究。

由此,我们可以清晰地看到,地址在帮助人们研究和分析流行病的来源的传播路线方面起到了至关重要的作用。而且,尽管约翰·斯诺的霍乱研究并没有发现导致霍乱的病原体是霍乱杆菌,但他创造性地使用空间统计学寻找传染源的方法——以"霍乱地图"为代表的绘制地图法如今已经成为医学地理学及流行病传染学中的一种基本研究方法。

到了现代社会,地址已经成为一个人接入社会网络的通行证。人的身份和居住地址往往绑定在一起,没有地址的人就没有完整的社会身份。有时候,我们甚至可以从一串地址上读出关于种族、财富和权力的信息。但是,根据万国邮政联盟的网站显示,世界上大多数家庭都没有街道地址。这让美国学者戴尔德丽·马斯克感到非常意外。真的有这么多人没有自己的地址吗? 没有地址到底意味着什么呢? 我们今天采用的地址系统,究竟是从什么时候开始,出于什么原因被发明出来的呢? 带着这些问题,戴尔德丽开始了她的调查。她发现,不仅仅是发展中国家的大多数家庭都没有街道地址,美国农村有些地区也没有街道地址。于是,她从美国老家开始,一路调查了五大洲十几个国家,写成了一本名为《地址的故事:地址簿里隐藏的身份、种族、财富与权利密码》的专著。在书中,戴尔德丽对世界各地的街道名称的起源进行了令人印象深刻的研究,并通过引人入胜而又深思熟虑的表达,给我们讲述了地址的故事,让我们看到,除了准确地分发邮件之外,为街道命名、为房屋和建筑物编号的行为背后隐藏着的不为人知的历史和意义。

现代社会,地址系统的建立是国家走向现代化的重要环节。而根据万国邮政联盟的网站显示,地址也是帮助人们摆脱贫困的最廉价方式之一,它有助于人们获得信贷权、投票权和全球市场。

8.11 小　　结

"指针"是 C 语言中一个形象化的名词,形象地表示"指向"的关系。使用指针能直面内存存储区,不仅可以编写程序直接访问内存存储区,还能很好地提高程序执行的时空效率。本章介绍了指针、指针变量、指针运算、通过指针引用数组、通过指针引用字符串、函数指针、指针函数、指针数组和动态地址分配等方面的知识内容。

(1)"指针"是 C 语言中一个形象化的名词,形象地表示"指向"的关系,其在物理上的实现是通过地址来完成的。

◇ &a 是变量 a 的地址,也可称为变量 a 的指针。

◇ 指针变量是存放地址的变量,即存放指针的变量。

◇ 指针变量的值是一个地址,也可以说,指针变量的值是一个指针。

◇ 指针变量也可称为地址变量,它的值是地址。

◇ & 是取地址运算符,&a 的值是 a 的地址,也可以说,& 是取指针运算符。&a 的值是变量 a 的指针(即指向变量 a 的指针)。

◇ 数组名是一个地址,是数组首元素的地址,也可以说,数组名是一个指针,是数组首元素的指针。

◇ 函数名是一个指针(指向函数代码区的首字节),也可以说,函数名是一个地址(函数代码区首字节的地址)。

◇ 函数的实参如果是数组名,传递给形参的是一个地址,也可以说,传递给形参的是一个指针。

(2)一个地址型的数据实际上包含 3 个信息:

◇ 表示内存编号的纯地址。

◇ 它本身的类型,即指针类型。

◇ 以它为标识的存储单元中存放的是什么类型的数据,即基类型。

(3)指针和指针变量不同。指针就是地址,而指针变量是用来存放地址的变量。

(4)什么叫"指向"? 地址就意味着指向,因为通过地址能找到具有该地址的对象。对于指针变量来说,把谁的地址存放在指针变量中,就说此指针变量指向谁。

【注意】并不是任何类型数据的地址都可以存放在同一个指针变量中的,只有与指针变量的基类型相同的数据的地址才能存放在相应的指针变量中。

(5)相关指针变量的归纳比较,如表 8.4 所示。

表 8.4　相关指针变量的归纳比较

变量定义	类型表示	含　义
int i;	int	定义整型变量 i
int *p;	int *	定义 p 为指向整型数据的指针变量
int a[5];	int [5]	定义整型数组 a,它有 5 个元素
int *p[4];	int *[4]	定义指针数组 p,它由 4 个指向整型数据的指针元素组成
int (*p)[4];	int (*)[4]	p 为指向包含 4 个元素的一维数组的指针变量
int f();	int ()	f 为返回整型函数值的函数
int *p();	int *()	p 为返回一个指针的函数,该指针指向整型数据
int (*p)();	int (*)()	p 为指向函数的指针,该函数返回一个整型值
int ** p;	int **	p 是一个指针变量,它指向一个指向整型数据的指针变量
void *p;	void *	p 是一个指针变量,基类型为 void(空类型),不指向具体的对象

(6)指针运算。

◇ 指针变量赋值:将一个变量地址赋给一个指针变量,不应把一个整数赋给指针变量。

◇ 指针变量加(减)一个整数:将该指针变量的原值(是一个地址),加(减)它指向的变量所占用的存储单元的字节数的整数倍。

◇ 两个指针变量可以相减:如果两个指针变量都指向同一个数组中的元素,则两个指针变量值之差是两个指针之间的元素个数。

◇ 两个指针变量比较:若两个指针指向同一个数组的元素,则可以进行比较。指向前面的元素的指针变量"小于"指向后面元素的指针变量。如果 p1 和 p2 不指向同一数组,则比较无意义。

(7)指针变量可以有空值,即该指针变量不指向任何变量。

NULL 是一个符号常量,代表整数 0。在 stdio.h 头文件中对 NULL 进行了定义:

```
#define NULL 0
```

执行赋值语句:

```
p=NULL;
```

将使 p 指向地址为 0 的单元。系统保证使该单元不作他用(不存放有效数据)。

【注意】p 的值为 NULL,与未对 p 赋值是两个不同的概念。前者有值(值为 0),不指向任何变量,后者虽未对 p 赋值但并不等于 p 无值,只是它的值是一个无法预料的值,也就是 p 可能指向一个事先未指定的单元。

任何指针变量或地址都可以与 NULL 作相等或不相等的比较。比如：

```
if (p==NULL)
```

(8)指针与数组。有了指针之后,访问数组中的数组元素也就有了两种方法。

◇ 下标法:通过指出数组名和下标值访问数组中的数组元素,比如,访问数组 a 中的第 i+1 个数组元素,可以使用 a[i]。

◇ 指针法:通过指出数组元素的地址访问数组中的数组元素,比如,访问数组 a 中的第 i+1 个数组元素,可以使用 *(a+i)。

(9)指针与函数。如果想通过函数调用得到 n 个要改变的值,可以按下述步骤完成。

首先,在主调函数中设 n 个变量,用 n 个指针变量指向它们。

然后,设计一个函数,有 n 个指针形参。在这个函数中改变这 n 个指针形参所指向的存储单元的值。

最后,在主调函数中调用这个函数。调用时,将这 n 个要改变值的变量的地址作为实参,传给该函数的形参。

(10)指针与字符串。除了用字符数组存放一个字符串,通过数组名和下标去引用字符串中一个字符之外,还可以用字符指针变量指向一个字符串常量,通过字符指针变量引用字符串常量。

(11)函数指针。函数代码所在存储区域的起始地址称为指向函数的指针,简称函数指针。使用函数指针变量调用函数的步骤如下:

首先,定义指向函数的函数指针变量。注意:定义函数指针变量时,其定义格式中的"函数类型",必须与定义的函数指针变量所指向的函数的返回值类型一致。

然后,把要调用执行的函数名赋值给函数指针变量。

最后,用函数指针变量调用函数。注意:用函数指针变量 p 调用函数时,只需将(*p)代替所要访问的函数名,并在(*p)之后的小括号中根据需要写上实参就可以。

(12)指针函数。返回指针值的函数就是指针函数。在调用时,返回指针值的函数的调用与其他函数的调用没有区别,只要保证其调用使用在相同类型指针变量的语句中即可。

(13)指针数组。指针数组就是数组元素都是指针的数组,也就是说,指针数组中的每一个数组元素都可以用来存放地址,相当于一个指针变量。一般,指针数组适合用来指向若干个字符串,会使字符串处理更加方便灵活。

(14)多重指针。指向指针数据的指针变量简称为指向指针的指针。一般而言,直接访问是指通过变量名访问变量。利用指针变量访问另一个变量就是"间接访问"。如果在一个指针变量中存放一个目标变量的地址,这就是"单级间址"。指向指针数据的指针用的是"二级间址"方法。从理论上说,间址方法可以延伸到多级,即多重指针。

(15)动态内存分配。C 语言允许建立内存动态分配区域,以存放一些临时用的数据。可以使用 malloc()函数和 calloc()函数开辟动态存储区,使用 realloc()函数重新分配动态存储区,使用 free()函数释放所分配的动态存储区。

学习完本章后,读者应理解指针和指针变量的概念,掌握如何使用指针和指针变量实现对内存存储区中不同存储单元的访问,掌握如何使用指针去访问数组和字符串,了解函数指针、指针函数、指针数组、多重指针以及动态内存分配方面的知识内容。

习 题

1. 什么是指针？什么是指针变量？它们有何区别？

2. 指针变量加 1，是把指针变量中的地址加 1 吗？为什么？

3. 有哪几种方法可以访问数组中的数组元素？

4. 如果想通过函数调用得到 n 个要改变的值，应该怎么做？

5. 函数指针和指针函数有何区别？

6. 使用下列程序，是否可以输出 a 数组中的 10 个数组元素？如果不能，请修改程序使之能实现题目要求。

```c
#include <stdio.h>
int main()
{
    int a[10]={1,2,3,4,5,6,7,8,9,10},i;
    for(i=0;i<10;i++,a++)
      printf("%d",*a);
    return 0;
}
```

7. 使用以下程序，是否可以输出 a 数组中的 10 个数组元素？为什么？

```c
#include <stdio.h>
void print_arr(int a[],int n)
{
    int i;
    for(i=0;i<n;i++,a++)
        printf("%d\t",*a);
    printf("\n");
}
int main()
{
    int a[10]={1,2,3,4,5,6,7,8,9,10},i;
    print_arr(a,10);
    return 0;
}
```

8. 有 n 个人围成一圈，顺序排号，从第 1 个人开始报数，从 1 报到 5，凡是报到 5 的人推出圈子，问最后留下的是原来的第几号人？请编写一个函数，n 的值在 main() 函数中输入并通过实参传给该函数，最后结果由 main() 函数输出。

9. 编写一个程序：输入 3 行字符，每行 60 个字符，要求统计其中共有多少个大写字母、小写字母、空格和标点符号。

10. 编写一个函数，实现将一个字符数组中字符串复制到另一个字符数组中。

11. 编写一个函数,实现两个字符串的比较。其中,两个字符串的比较是按照字符串中字符的顺序比较两个字符串的字符,每个字符按照字符的 ASCII 码值进行比较。

12. 请编写一个函数,将一个 5×5 的整型矩阵转置。

13. 什么是双重指针?请自行编写一个使用双重指针的程序,并运行它。

14. 2022 年上学期 A 班 30 名学生共学习了 7 门课程。①求第一门课程的平均分;②找出有两门以上课程不及格的学生,输出他们的学号和全部课程成绩及平均成绩;③找出平均成绩在 90 分以上或全部课程成绩在 85 分以上的学生。请分别编写 3 个函数实现以上 3 个要求。

15. 用指向指针的指针的方法对 9 个字符串排序并输出。

16. 请编写一个函数 alloc(n),用来在内存区新开辟一个连续的空间(n 个字节)。此函数的返回值是一个指针,指向新开辟的连续空间的起始地址。再写一个函数 free(p),将地址 p 开始的各单元释放。

17. 请编写程序实现:定义整型二维数组 a[2][3],将 1、2、3、4、5、6 依次赋给数组 a 中的数组元素,请使用整型指针变量 p,分别求数组前面四个元素、中间四个元素和后面四个元素之和。

18. 请编写程序实现对一个输入的 3 行 4 列的二维数组,输出任选一行值和任选的一列值。

19. 请使用指针实现冒泡排序。冒泡排序的思想是,如果要对 n 个数进行冒泡排序,则要进行 n−1 次比较:在第 1 次比较中要进行 n−1 次两两比较,找出最大值;在第 2 次比较中剔除掉找出的最大值,对剩下的 n−1 个数进行 n−2 次两两比较;在第 i 次比较中剔除掉找出的 i−1 个值,对剩下的 n−(i−1)个数进行 n−i 次两两比较。

20. 使用指针,在一个有序(升序或降序)的数组中插入一个数,使插入后的数组仍然有序。

21. 请编写一个程序,将若干个字符串按照字母顺序输出。

22. 请编写一个比较数值大小的函数,并在 main 程序中对输入的两个整数,使用指向函数的指针调用所编写的函数,比较两个整数的大小。

第 9 章

自定义数据类型

选择一种合适的数据组织方法是设计程序的最重要步骤之一。但在大多数情况下，使用简单的变量甚至数组来组织数据却是不够的。为此，C 语言提供了结构体、共用体和枚举类型等自定义数据类型，以进一步拓展 C 语言组织数据的能力，从而使程序员能够根据具体问题创建新的数据组织形式。

9.1 定义和使用结构体变量

在日常生活中，人们常会使用很多表格，如学生信息表、通讯地址表等。表中的数据大多不可以使用同一种数据类型加以描述，比如学生信息表中的学号、姓名、性别、身份证号码，通讯地址表中的姓名、地址、性别、出生日期等都不能使用同一种数据类型的变量或数组加以描述。

那么，不同类型的数据集合应该怎么在 C 语言中加以描述呢？为此，C 语言引入了一种能集不同数据类型数据于一体的数据类型——结构体（Structure）类型。

9.1.1 结构体类型的定义

C 语言允许用户自己建立由不同类型数据组成的组合型的数据类型，称为结构体类型。

1. 结构体类型的定义形式

结构体类型的一般定义形式为：

struct 结构体名

{

成员项表列

}；

其中,关键字 struct 表示定义的是一个结构体类型。大括号内是结构体类型所包括的子项,称为结构体的成员。结构体类型中的成员都需要分别进行类型声明,成员命名规则与变量的命名相同,即

类型名 成员名;

结构体类型中的成员项表列也称为域表,是不同类型的成员所构成的集合,其中的每一个成员都是结构体中的一个域。

比如,为学生信息表定义的结构体类型如下:

```
struct Student
{
    int num;                //学号为整型
    char name[20];          //姓名为字符串
    char sex;               //性别为字符型
    int age;                //年龄为整型
    float score;            //成绩为浮点型
    char addr[30];          //地址为字符串
};                          //注意最后有一个分号
```

这里定义一个名为 Student 的结构体类型,包含整型 num、字符数组 name、字符型 sex、整型 age、浮点型 score 和字符数组 addr 等 6 个不同类型的成员。需要注意的是,这里的 Student 并不是一个变量名,而是一个新的结构体类型的名字。因此,不会为它创建实际的数据对象,只是描述了组成这类对象的元素组成情况。

【注意】

(1)结构体类型并非只有一种,而是可以根据问题需要设计出包含不同成员的任意类型。结构内的成员可以是任何类型的变量,包含数组在内。

(2)结构体成员可以是另一个结构体类型。

比如,以下程序片段定义了一个包含 3 个成员名为 Date 的结构体类型:

```
struct Date               //声明一个结构体类型 struct Date
{
    int month;            //月
    int day;              //日
    int year;             //年
};
```

而以下程序片段则定义了一个包含 6 个成员名为 Student 的结构体类型,其中的 birthday 成员是前述定义的 Date 结构体类型变量。

```
struct Student                    //声明一个结构体类型 struct Student
{
    int num;
    char name[20];
    char sex;
    int age;
    struct Date birthday;         //成员 birthday 属于 struct Date 类型
```

```
        char addr[30];
    };
```

9.1.2　结构体变量的定义

结构体类型变量的定义与其他类型变量的定义方法相同。但由于定义结构体类型变量之前需要首先定义结构体类型，所以结构体类型变量的定义形式更具有灵活性。具体而言，结构体变量的定义有以下 3 种形式：

（1）先定义结构体类型，再定义该结构体类型的变量。定义形式为在关键字 struct 的后面加上已定义的结构体类型名称，后面再加上用逗号分隔开来的多个结构体类型变量的变量名。比如：

```
    struct  Student  student1, student2;
```

该语句使用前文定义的结构体类型，定义了两个 Student 类型的变量 student1 和 student2。编译时，编译器将会在内存中创建两个变量 student1 和 student2，为每个变量分配 63 个字节的内存空间，用于存储 1 个包含 20 个数组元素的 char 数组、1 个包含 30 个数组元素的 char 数组、1 个 float 变量、1 个 char 变量和 2 个 int 变量共 6 个成员变量的值。

在结构体类型变量的声明中，struct Student 所起的作用与 int 或 float 等在简单类型变量声明中所起的作用一样。

（2）在定义结构体类型的同时，定义结构体类型变量。定义形式为在结构体类型定义中大括号括起来的"成员项表列"的后面，加上用逗号分隔开来的多个结构体类型变量。

struct 结构体名

{

成员项表列

}变量名表列;

比如，上面的 student1 和 student2 变量也可以这样定义：

```
    struct Student
    {
        int num;
        char name[20];
        char sex;
        int age;
        float score;
        char addr[30];
    } student1, student2;
```

（3）在结构体类型定义的同时不指定类型名，直接定义结构体类型变量。其形式与第二种形式类似，区别仅仅在于此定义形式并不需要指定结构体类型的名称。定义形式如下：

struct

{

成员项表列

}变量名表列;

比如,上面的 student1 和 student2 变量也可以这样定义:

```
struct
{
    int num;
    char name[20];
    char sex;
    int age;
    float score;
    char addr[30];
} student1, student2;
```

【注意】

(1)结构体类型与结构体变量是不同的概念,不要混淆。可以对结构体变量赋值、存取或运算,但不能对结构体类型赋值、存取或运算。编译时,编译器只为变量分配空间,定义的结构体类型是不分配空间的。

(2)结构体类型中的成员变量名可以与程序中其他变量的变量名相同,但二者并不代表同一对象。

(3)结构体变量中的成员变量,可以单独使用,它的作用和地位相当于普通变量。

9.1.3 结构体变量的初始化与引用

1. 结构体变量的初始化

在定义结构体变量的同时,可以通过对结构体变量中的成员变量进行初始化以实现对结构体变量的初始化。形式如下:

结构体变量名＝{初始化列表};

其中,初始化列表是用大括号括起来的常量列表,常量之间用逗号隔开。系统会按照常量列表的顺序依次赋给结构体变量中的各个成员。因此,初始化时每一个常量要与其所对应的结构体成员的类型相匹配。

例 9.1 定义一个结构体变量并进行初始化。

```
#include <stdio.h>
int main()
{
    struct Student                //声明结构体类型 struct Student
    {
        long int num;             //以下 4 行为结构体的成员
        char name[20];
```

```
        char sex;
        char addr[20];
    }a={10101,"Li Lin",'M',"123 Beijing Road"};
    //定义结构体变量 a 并初始化
    printf("NO.:%ld\nname:%s\nsex:%c\naddress:%s\n",a.num,a.name,a.sex,
a.addr);
    return 0;
}
```

【运行效果】

```
NO.:10101
name:Li Lin
sex:M
address:123 Beijing Road
```

【程序分析】

本例在定义名为 student 的结构体类型的同时定义了一个该类型的变量 a,并对变量 a 中的 4 个成员变量进行了初始化。初始化后,a 变量的 num 成员变量的值是 10101,name 成员变量的值是"Li Lin",sex 成员变量的值是'M',addr 成员变量的值是"123 Beijing Road"。

结构体变量初始化遵循的原则类似于数组的初始化。用于结构体初始化的表达式必须是常量,不能用变量来初始化结构体类型中的成员变量。

此外,初始化列表中的成员数量可以小于对应结构体类型的成员数量。任何"剩余的"成员都用 0 作为它的初始值。

2. 结构体变量中的成员变量的引用规则

结构体就像是一个"超级数组"。在这个超级数组内,上一个元素可以是 char 类型,下一个元素可以是 float 类型,而再下一个又可以是 int 数组。通常,程序员可以使用下标访问数组中的各个元素。那么,如何访问结构体中的成员呢?

这需要使用结构成员运算符点".",即使用"结构体变量名.成员名"的形式访问结构体变量中的成员变量,"."运算符在所有的运算符中优先级最高。例如,student1. num 就是指 student1 的 num 成员。可以像使用任何其他 int 变量那样使用 student1. num。同样,可以像使用 char 数组那样使用 student1. name。

【注意】

(1)可以把 student1. num 作为一个整体来看待,相当于一个整型变量。如果已经定义了 student1 为 student 类型的结构体变量,则 student1. num 表示 student1 变量中的 num 成员。

(2)不能通过输出结构体变量名来达到输出结构体变量所有成员变量值的目的。结构体变量中的成员变量,只能逐个成员分别进行输入和输出。比如不能像下面这样试图利用结构体变量名直接输出其所包含的所有成员值:

```
    printf("%s\n",student1);
```

(3)成员变量可以像普通变量一样进行其类型所决定的各种运算。比如:

```
        student2.score= student1.score;                //赋值运算
        sum= student1.score+ student2.score;            //加法运算
        student1.age+ + ;                               //自加运算
```

（4）如果成员变量本身的类型是结构体类型，则需要通过多个成员运算符逐级寻找各级成员，而且只能对最低一级的成员进行赋值或运算。

```
        student1.num= 10010;        //结构体变量 student1 中的成员 num
        student1.birthday.month= 6;//结构体变量 student1 中成员 birthday 的成员 month
```

（5）相同类型的结构体变量可以互相赋值。

```
        student1= student2;   //假设 student1 和 student2 已定义为同类型的结构体变量
```

（6）可以引用结构体变量中成员变量的地址，也可以引用结构体变量的地址（结构体变量的地址主要用于函数参数）。

```
        scanf("%d",&student1.num);       //输入 student1.num 的值
        printf("%o",&student1);          //输出结构体变量 student1 的起始地址
```

9.2　使用结构体数组

在解决实际问题时，单个结构体类型变量作用有限，大都以结构体类型数组的形式出现。比如，要处理一个班级所有学生的信息时，每个学生信息可以用一个 student 结构体类型的结构体变量来描述，而要描述或处理两个以上的学生信息，可以使用 student 结构体类型的数组。

9.2.1　结构体数组的定义

结构体数组是由多个相同结构体类型变量组成的数组。定义结构体数组的形式与定义结构体变量的形式类似，也有 3 种方式。

（1）使用已定义的结构体类型定义结构体数组，格式如下：

struct 结构体类型名 数组名[数组长度]；

比如下面的程序代码中首先定义 Person 结构体类型，然后使用定义好的结构体类型定义结构体数组 leader。

```
struct Person
{
    char name[20];
    int count;
};
……
struct Person leader[3];   //leader 是结构体数组名
```

【注意】使用已定义的结构体类型定义结构体数组时，关键字 struct 不能遗漏。

（2）在定义结构体类型的同时，定义结构体类型数组，格式如下：

struct 结构体类型名

{

成员表列

}数组名[数组长度];

比如,前面定义的结构体数组 leader 也可以采用下面的方式定义:

```
struct Person
{
    char name[20];
    int count;
} leader[3];
```

其中,leader 数组的每个元素都是 Person 类型的结构体变量。注意,leader 不是结构体类型名,而是数组元素类型为 Person 结构体类型的数组名。

(3)在结构体类型定义的同时不指定类型名,直接定义结构体类型数组。其形式与第二种形式类似,区别在于这种定义形式不需要定义结构体类型的名称,格式如下:

struct

{

成员表列

}数组名[数组长度];

比如,前面定义的结构体数组 leader 也可以采用下面的方式定义:

```
struct
{
    char name[20];
    int count;
} leader[3];
```

9.2.2　结构体数组的初始化与引用

初始化结构体数组与初始化多维数组的方法相似,即在定义数组的后面加上大括号括起来的初始值表列。其形式为:

struct 结构体类型名 数组名[数组长度]=﹛初值表列﹜;

比如:

```
struct Person leader[3]= {"Li",1,"Gou",2,"Sun",3};
```

它定义 Person 结构体类型的数组 leader,同时对 leader 中的 3 个数组元素 leader[0]、leader[1]和 leader[2]进行了初始化赋值。其中,leader[0]的 name 成员变量初始化赋值为"Li",count 初始化赋值为 1;leader[1]的 name 成员变量初始化赋值为"Gou",count 初始化赋值为 2;leader[2]的 name 成员变量初始化赋值为"Sun",count 初始化赋值为 3。

结构体数组中数组元素的使用方法与其他类型数组中数组元素的使用方法没有区别。另外,结构体数组元素可以引用其成员变量进行各种运算。比如,leader[0].name

和 leader[2].name 分别表示 leader 数组中第 1 个数组元素 leader[0] 的成员变量 name 和 leader 数组中第 3 个数组元素 leader[2] 的成员变量 name。

例 9.2　按照成绩高低顺序输出某班学生的信息,学生信息包括学号、姓名和成绩。

```
#include <stdio.h>
struct Student                          //声明结构体类型 struct Student
{
    int num;
    char name[20];
    float score;
};
int main()
{
    struct Student stu[5]={{10101,"Gou",44},
                           {10102,"Wang",98.5},
                           {10103,"Li",74},
                           {10104,"Ling",86.5},
                           {10105,"Sun",100}};    //定义结构体数组并初始化
    struct Student temp;             //定义结构体变量 temp,用作交换时的临时变量
    const int n=5;                   //定义常变量 n
    int i,j;
    for(i=1;i<n;i++)                 //使用冒泡排序法排序,共进行 n-1 趟
      for(j=0;j<n-i;j++)             //实现一趟冒泡排序
        if(stu[j].score<stu[j+1].score)
                                     //stu[j]和 stu[j+1]元素互换,低成绩后移
        {
          temp=stu[j];
          stu[j]=stu[j+1];
          stu[j+1]=temp;
        }
    printf("The order is:\n");
    for(i=0;i<n;i++)
        printf("%6d %8s %6.2f\n",stu[i].num,stu[i].name,stu[i].score);
    printf("\n");
    return 0;
}
```

【运行效果】

```
The order is:
10105     Sun 100.00
10102    Wang  98.50
10104    Ling  86.50
10103      Li  74.00
10101     Gou  44.00
```

【程序分析】

首先,定义一个描述学生信息的结构体类型 Student,有 num、name 和 score 三个成员,分别表示学生的学号、姓名和成绩。

然后,在 main() 函数中基于定义好的 Student 结构体类型定义包含 5 个数组元素的结构体数组 stu,同时对其中的数组元素进行初始化。

接着,使用冒泡排序法对 stu 数组中的 5 个元素按成绩高低进行排序。

最后,把排序好的数组元素输出。

9.3　结构体指针

就像指向数组的指针比数组本身更容易操作一样,通过结构体指针访问结构体变量或引用结构体变量的成员变量,要比直接使用结构体变量更加容易操作。而且,在一些早期的 C 语言程序中,结构体不能作为参数传递给函数,但可以使用指向结构体的指针。此外,一些复杂的数据结构也常常需要使用结构体指针指向其他结构体。

9.3.1　结构体指针的概念

所谓结构体指针就是指向结构体变量的指针。一个结构体变量的起始地址就是这个结构体变量的指针。

1. 结构体指针变量

如果把一个结构体变量的起始地址赋值给一个指针变量,那么这个指针变量就指向了该结构体变量,该指针变量就是结构体指针变量。

通常,结构体指针变量既可以指向结构体变量,也可以指向结构体数组中的数组元素。但要注意的是,把结构体变量的地址赋值给结构体指针变量时,结构体指针变量的基类型必须与所指向的结构体变量的结构体类型相同。

结构体指针变量的定义方式与其他类型的指针变量的定义方式类似。对应结构体类型变量的 3 种定义形式,也可使用 3 种方式定义结构体指针变量。

(1)先定义新的结构体类型,再定义结构体指针变量。定义形式为:

struct　结构体类型名　* 结构体指针变量名;

其中,struct 是关键字,表示所定义的变量是与结构体有关的变量。"结构体类型名"是已定义的结构体类型的名称。"结构体指针变量名"就是所定义的结构体指针变量的名称,可以使用逗号分隔的形式同时定义多个结构体指针变量。而"结构体指针变量名"前面的"*"表示所定义的变量为指针型变量。注意结构体指针变量名不包含"*"。比如:

```
struct  Student stu1,*p1,*p2;
```

它表示使用前文已定义好的 Student 结构体类型,定义了 stu1 这个结构体变量的同时,还定义了 p1 和 p2 两个结构体指针变量。

(2)在定义结构体类型的同时,定义结构体指针变量。

比如,下面的代码表示在定义 Student 结构体类型的同时,定义了一个 Student 结构体类型的变量 stu1 和两个 Student 结构体类型的指针变量 p1 和 p2。

```
struct Student
{
    int num;
    char name[20];
    char sex;
    int age;
    float score;
    char addr[30];
} stu1,*p1,*p2;
```

(3)在定义结构体类型的同时,并不指定结构体类型名,而直接定义结构体指针变量。

比如,下面的代码表示在定义结构体类型的同时,定义了一个结构体变量 stu1 和两个结构体指针变量 p1 和 p2。但是,在定义结构体类型时,并没有指定结构体类型的名称。

```
struct
{
    int num;
    char name[20];
    char sex;
    int age;
    float score;
    char addr[30];
} stu1,*p1,*p2;
```

定义好结构体指针变量之后,可以让结构体指针变量指向结构体变量,比如:

```
p1= &stu1;
```

它表示把 Student 结构体类型的变量 stu1 的地址赋值给了同为 Student 结构体类型的指针变量 p1。

【注意】把结构体变量的地址赋值给结构体指针变量时,该结构体指针变量的基类型必须与所指向的结构体变量的结构体类型相同。

2. 使用结构体指针变量引用其所指向的结构体变量中的成员变量

利用结构体指针变量引用其所指向的结构体变量中的成员变量,可以使用以下两种方法:

(1)(* 结构体指针变量名). 成员变量名。如 (*p1). num、(*p1). name、(*p1). sex、(*p1). age、(*p1). score 和(*p1). addr 分别表示引用结构体变量 stu1 中的成员变量 num、name、sex、age、score 和 addr,与 stu1. num、stu1. name、stu1. sex、stu1. age、stu1. score 和 stu1.addr 的使用效果一样。

(2)结构体指针变量名->成员变量名。如 p1->num、p1->name、p1->sex、p1->age、p1->score 和 p1->addr 分别表示引用结构体变量 stu1 中的成员变量 num、name、sex、 age、score 和 addr,与 stu1. num、stu1. name、stu1. sex、stu1. age、stu1. score 和 stu1. addr 的使用效果一样。

其中,"->"是连接符号"-"和大于符号">"的结合体,称为指向运算符。

"结构体指针变量名->成员变量名"等价于"(∗结构体指针变量名). 成员变量名"。比如,p1->num 等价于(∗p1). num,都表示 p1 所指向的结构体变量中的 num 成员。

【注意】指向运算符"->"与"."一样,都是涉及结构体的运算符,并且都具有最高的运算优先级。因此,在类似(∗p1). name 和 &((∗p1). name)这样的引用中,必须正确使用括号()。

上面两种通过结构体指针变量引用其所指向的结构体变量中的成员变量的形式,再加上"结构体变量名. 成员变量名"这种直接使用结构体变量引用其成员的形式,程序员就有 3 种引用结构体变量中的成员变量的方式。

例 9.3 使用结构体指针变量,输出其所指向的结构体变量中成员变量的信息。

```
#include <stdio.h>
#include <string.h>
int main()
{
    struct Student                     //声明结构体类型 struct Student
    {
        long num;
        char name[20];
        char sex;
        float score;
    };
    struct Student stu_1;              //定义 struct Student 类型的变量 stu_1
    struct Student *p;                 //定义指向 struct Student 类型数据的指针变量 p
    p=&stu_1;                          //p 指向 stu_1
    stu_1.num=10101;                   //对结构体变量的成员赋值
    strcpy(stu_1.name,"Li Lin");       //用字符串复制函数给 stu_1.name 赋值
    stu_1.sex='M';
    stu_1.score=89.5;
    printf("No.:%ld\tname:%s\tsex:%c\tscore:%5.1f\n",stu_1.num,stu_1.
name,stu_1.sex,stu_1.score);      //使用"结构体变量名.成员变量名"引用成员变量
    printf("\nNo.:%ld\tname:%s\tsex:%c\tscore:%5.1f\n",(*p).num,(*p).name,
(*p).sex, (*p).score);           //使用"(*结构体指针变量名).成员变量名"引用成员变量
    printf("\nNo.:%ld\tname:%s\tsex:%c\tscore:%5.1f\n",p->num,p->name,
p->sex, p->score);               //使用"结构体指针变量名->成员变量名"引用成员变量
    return 0;
}
```

【运行效果】

```
No.:10101          name:Li Lin      sex:M    score: 89.5

No.:10101          name:Li Lin      sex:M    score: 89.5

No.:10101          name:Li Lin      sex:M    score: 89.5
```

【程序分析】

首先,定义 student 结构体类型。

接着,定义 student 结构体类型的结构体变量 stu_1 和结构体指针变量 p,并使用"p=&stu_1;"语句把结构体变量 stu_1 的地址赋值给结构体指针变量 p,也就让 p 指向了结构体变量 stu_1。

再接着,使用"结构体变量名.成员变量名"的形式,引用结构体变量 stu_1 中的成员变量,并对它们分别进行赋值。

最后,分别使用"结构体变量名.成员变量名"、"(* 结构体指针变量名).成员变量名"和"结构体指针变量名->成员变量名"的形式,引用结构体变量 stu_1 中的成员变量,并输出它们的值。

3. 指向结构体数组的指针

结构体指针变量既可以指向结构体变量,也可以指向结构体数组中的数组元素,但同样要保证,结构体指针变量的基类型必须与所指向的结构体数组的结构体类型相同。

比如,下面的代码表示定义了一个包含 4 个数组元素的 stu 类型的结构体数组 student 和一个 stu 类型的结构体指针变量 p。

```
struct date              //定义 date 结构体类型
{
    int day,month,year;
};
struct stu               //定义 stu 结构体类型
{
    char name[20];
    long num;
    struct date birthday;   //嵌套的结构体类型成员
};
struct stu student[4],*p;    //定义结构体数组及指向结构体类型的指针
```

因为结构体指针变量 p 和结构体数组 student 的基类型相同,所以

(1)p 可以赋值为数组 student 的起始地址:p=student;

(2)p 也可以赋值为数组 student 中不同数组元素的地址:p=&student[0],p=&student[1],p=&student[2],p=&student[3]。

但是,"p=student[1].name;"这样的赋值语句是错误的。因为 student[1].name 是 student 结构体数组中第 1 个数组元素 student[1]中 name 成员变量的地址,而 p 则是指向 student 结构体类型的结构体指针变量,它们的基类型不一致。

有了指向结构体数组的结构体指针变量,程序员就可以采用指针法对结构体数组中

的数组元素及其成员变量进行访问。

例 9.4 使用结构体指针变量访问结构体数组。

```c
#include <stdio.h>
struct Student                    //声明结构体类型 Student
{
    int num;
    char name[20];
    char sex;
    int age;
};
struct Student stu[3]={{2020017001,"Zhang San",'F',18},{2020017002,"Li Si",
'F',19},{2020017003,"Wang Wu",'M',20}};      //定义结构体数组并初始化

int main()
{
    struct Student *p;      //定义 Student 结构体指针变量
    printf("    No.      Name       Sex   age\n");
    //使用结构体指针遍历结构体数组,输出结构体数组元素的成员变量值
    for (p=stu;p<stu+3;p++)
      printf("%10d %-13s %2c   %3d\n",p->num, p->name, p->sex, p->age);
    return 0;
}
```

【运行效果】

```
     No.       Name       Sex    age
2020017001 Zhang San        F     18
2020017002 Li Si           F     19
2020017003 Wang Wu          M     20
```

【程序分析】

首先,在定义 student 结构体类型的基础上定义并初始化结构体数组 stu。

接着,定义 student 结构体类型的结构体指针变量 p,并通过 for 语句循环遍历结构体数组 stu,输出结构体数组元素的成员变量值。

在 for 语句中,使用"p=stu;"语句把结构体数组的起始地址 stu 赋值给结构体指针变量 p,使 p 指向结构体数组中的第 1 个数组元素。此后,每循环执行一次"p++"语句,就可以让 p 指向下一个数组元素,也就可以遍历所有的数组元素。在循环体中,通过使用指向运算符把 p 所指向的数据元素的成员变量的值输出。

9.3.2 结构体与函数

结构体变量及其成员变量可以用作函数参数在各个函数模块之间进行数据传送。结构体变量及其成员变量用作函数参数时,也可以分为"值传递"和"地址传递"两种

方式。

1. 值传递方式

(1)用结构体变量作实参。

(2)用结构体变量的成员变量作实参。

2. 地址传递方式

(1)用结构体指针作实参。

(2)用结构体变量的成员变量的指针作实参。

例 9.5 有 n 个结构体变量,内含学生学号、姓名和三门课成绩。要求输出平均成绩最高的学生的信息(包括学号、姓名、三门课成绩和平均成绩)。

```c
# include <stdio.h>
# define N 3                                   //学生数为 3
struct Student                                 //建立结构体类型 struct Student
{
    int num;                                   //学号
    char name[20];                             //姓名
    float score[3];                            //三门课成绩
    float aver;                                //平均成绩
};
int main()
{
    void input(struct Student stu[]);          //函数声明
    struct Student max(struct Student stu[]);  //函数声明
    void print(struct Student stu);            //函数声明
    struct Student stu[N],*p=stu;              //定义结构体数组和指针
    input(p);                                  //调用 input()函数
    print(max(p));         //调用 print()函数,以 max()函数的返回值作为实参
    return 0;
}
void input(struct Student stu[])               //定义 input()函数
{
    int i;
    printf("请输入各学生的信息:学号、姓名、三门课成绩:\n");
    for(i=0;i<N;i++)
    {
      scanf("%d %s %f %f %f",&stu[i].num,stu[i].name,
      &stu[i].score[0],&stu[i].score[1],&stu[i].score[2]);   //输入数据
      stu[i].aver=(stu[i].score[0]+stu[i].score[1]+stu[i].score[2])/3.0;
      //平均成绩
    }
}
```

```
struct Student max(struct Student stu[])       //定义 max()函数
{
    int i,m=0;                 //用 m 存放成绩最高的学生在数组中的序号
    for(i=0;i<N;i++)
    if(stu[i].aver>stu[m].aver) m=i;
                              //找出平均成绩最高的学生在数组中的序号
    return stu[m];          //返回包含该生信息的结构体元素
}
void print(struct Student stud)          //定义 print()函数
{
    printf("\n 成绩最高的学生是:\n");
    printf("学号:%d\n 姓名:%s\n 三门课成绩:%5.1f,%5.1f,%5.1f\n 平均成绩: %6.
2f\n",stud.num,stud.name,stud.score[0],stud.score[1],stud.score[2],stud.
aver);
}
```

【运行效果】

```
请输入各学生的信息: 学号、姓名、三门课成绩:
101 张三 14 60 55
102 李四 66 88 77
103 王五 65 75 85

成绩最高的学生是:
学号:102
姓名:李四
三门课成绩: 66.0, 88.0, 77.0
平均成绩:  77.00
```

【程序分析】

程序中,除了定义 student 结构体类型之外,还定义了 input()、print()和 max()三个函数,分别用以完成 student 结构体数组的输入、输出和求平均成绩最高的数组元素的功能。

在 main()主函数中,定义 student 结构体类型的结构体数组 stu 和指针变量 p,并让 p 初始化为 stu 数组的起始地址。接着,再以 p 作实参,使用地址传递方式先后调用 input()和 max(),输入 stu 数组中所有数组元素的成员变量的值,并找出平均成绩最高的数组元素。最后,把 max()函数输出的平均成绩最高的数组元素作实参,使用值传递方式,调用 print()函数,把平均成绩最高的结构体数组元素的成员变量的值输出。

9.4　结构体与链表

数组是存储批量同类型数据的一种常用方法。然而,C 语言中的数组在定义时要求必须明确指定数组长度。如果数组中元素的个数事先并不确定,就必须把数组长度定义得足够大,这样会带来存储空间的浪费。比如,假定需要使用数组存储学生的信息,有的专业有 78 位学生,而有的专业只有 32 位学生,但定义数组时必须按最大长度给出元素

个数(也就是 78)。链表能够很好地解决这一问题。

1. 链表的概念

链表是一种常见的重要数据结构,它能够在程序执行过程中根据实际需要向系统申请存储空间,以避免存储区的浪费。

链表由一系列"结点"构成,其逻辑结构如图 9.1 所示。

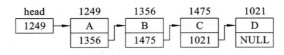

图 9.1　链表示意图

链表中的每个结点包括两部分信息:

(1)数据域:用于存放用户需要用到的实际数据。

(2)指针域:用于存放下一个结点的地址。

由于前一个结点的指针域中存放了下一个结点的地址,它就指向了下一个结点。这种指向关系就把所有的结点"链接"成了一条链,称为链表。这样,当获得其中一个结点的信息时,通过该结点指针域中的地址就可得到下一个结点的信息,进而可以获得其后所有结点的信息。

在链表中,只有知道了前一个结点的信息,才能获得后面结点的信息。因此,第一个结点的信息至关重要,它实际上代表了整个链表。为此,通常单独设置一个指针变量存放第一个结点的信息,称为头指针。图 9.1 中的 head 就是该链表的头指针。

最后一个结点的指针域中没有地址存放,存放"NULL"(空地址)值,表示它是尾结点。

可以用结构体类型来建立链表。一个结构体类型包含若干成员,这些成员既可以是数值类型、字符类型、数组类型,也可以是相同结构体类型的结构体指针变量,这样也就可以用结构体指针成员变量来存放另一个结构体变量的地址。

下面的代码定义了一个学生类型的结点类型:

```
struct Student
{
    int num;
    float score;
    struct Student *next;      //next 是指针变量,指向结构体变量
};
```

该代码定义了一个名为 Student 的结构体类型,其成员 num 和 score 用来存放结点中的有用数据(用户需要用到的数据);成员 next 是结构体类型 Student 的结构体指针变量,可用以指向 Student 结构体类型的其他结构体变量。

可以使用 Student 结构体类型定义一个结构体变量来表示链表中的一个结点,其next 成员变量又可以存放另一个 Student 结构体变量的地址,这也就意味着 next 成员变量可用来存放下一个结点的地址,通过 next 成员变量的这种指向关系也就可以建立一个链表。

【注意】这里只是定义了一个 struct Student 类型，并未实际分配存储空间，只有定义了变量才分配存储单元。

2. 静态链表

下面的代码用以构建一个静态链表：

```
struct Student a,b,c,*head,*p;        //定义 3 个结构体变量 a、b 和 c 作链表的结点
a.num=101;   a.score=85;             //对 a 的成员变量赋值
b.num=102;   b.score=75;             //对 b 的成员变量赋值
c.num=103;   c.score=65;             //对 c 的成员变量赋值
//建立链表
head=&a;                             //让 head 头指针指向 a
a.next=&b;                           //让 a 的成员变量 next 指向 b
b.next=&c;                           //让 b 的成员变量 next 指向 c
c.next=NULL;                         //让 c 的成员变量 next 赋值 NULL,不指向其他结点
//输出链表中每个结点中的数据信息
p=head;                              //让 p 指向 head 头结点
while(p!=NULL)
{
    printf("%d %5.1f\n",p->num,p->score);
    p=p->next;                       //让 p 指向链表中的下一个结点
}
```

该代码定义了 3 个结构体变量 a、b 和 c 用作链表的结点，定义了一个结构体指针变量 head 用作链表的头指针。在给 3 个结构体变量 a、b 和 c 中的 num 和 score 成员变量赋值之后，通过给它们的 next 成员变量分别赋值，建立了一个以 head 为头指针，其后依次以结构体变量 a、b 和 c 作结点的链表。此外，还使用结构体指针变量 p 依次遍历该链表中的结点，并把每一个结点的 num 和 score 成员变量的值输出。

采用这种方式创建的链表是一种简单的链表，所有结点都是在程序中定义的，不是临时开辟的，也不能用完后释放，这种链表被称为静态链表。

3. 动态链表

所谓建立动态链表是指在程序执行过程中从无到有地建立起一个链表，即一个一个地开辟结点和输入各结点数据，并建立起前后相连的关系。

例 9.6　建一个简单的动态链表，输入各结点数据，并把链表中各结点的数据输出。

```
#include <stdio.h>
#include <malloc.h>
#define LEN sizeof(struct Student)
struct Student
{
    int num;
    float score;
    struct Student *next;
};
```

```
int n;
struct Student *creat()              //建立链表的函数
{
    struct Student *head;
    struct Student *p1,*p2;
    n=0;
    p1=p2=(struct Student * )malloc(LEN);
    scanf("%d%f",&p1->num,&p1->score);
    head=NULL;
    while(p1->num!=0)
    {
        n=n+1;
        if(n==1) head=p1;
        else p2->next=p1;
        p2=p1;
        p1=(struct Student * )malloc(LEN);
        scanf("%d%f",&p1->num,&p1->score);
    }
    p2->next=NULL;
    return(head);
}

void print(struct Student *head)            //输出链表的函数
{
    struct Student *p;
    printf("\nNow,These %d records are:\n",n);
    p=head;
    if(head!=NULL)
      do
      {
        printf("%d %5.1f\n",p->num,p->score);
        p=p->next;
      }while(p!=NULL);
}

int main()
{
    struct Student *head;
    printf("Now, Input num & score of every record:\n");
    head=creat();    //调用 creat 函数,返回第 1 个结点的起始地址
    print(head);     //调用 print 函数
    return 0;
}
```

【运行效果】

```
Now, Input num & score of every record:
101 85
102 75
103 65
0 0

Now,These 3 records are:
101    85.0
102    75.0
103    65.0
```

【程序分析】

该程序定义了动态建立链表的 creat() 函数和遍历输出链表中各结点内容的 print()
函数。

9.5　共用体类型

类似于结构体,共用体(Union)也是一种构造型数据类型,它可用于表示几个不同类
型的变量共用一段同一起始地址的存储空间。也就是说,共用体可以把相同的数据存储
空间当作不同的数据类型来处理,或用不同的变量名引用相同的数据存储空间。共用体
常用于对数据进行类型转换、压缩数据字节或程序移植等场景。

9.5.1　共用体的概念

在 C 语言中,允许用户自己建立多个不同类型的变量共享同一内存区域的数据结
构,这样的数据结构被称为"共用体",有些文献也称作为"联合体"或"联合"。其定义形
式类似于结构体:

union 共用体名

{

共用体成员表列;

};

下面是一个定义共用体类型的例子:

```
union Data
{
    short int a;
    float b;
    char c;
};                //注意最后有一个分号
```

这里定义了一个名为 Data 的共用体类型,其成员包括短整型变量 a、浮点型变量 b
和字符型变量 c。

9.5.2 共用体变量的定义与引用

1. 共用体变量的定义

类似于结构体变量的定义形式,共用体变量的定义也有 3 种形式,但应将关键字 struct 改为 union。

(1)先定义共用体类型,再定义该共用体类型的变量。比如:

```
union Data x,y,z;
```

(2)在定义共用体类型的同时,定义共用体变量。

```
union Data
{
    short int a;
    float b;
    char c;
}x,y,z;
```

(3)在共用体类型定义的同时,不指定类型名,而直接定义共用体类型变量。

```
union              //没有定义共用体类型名
{
    short int a;
    float b;
    char c;
}x,y,z;
```

2. 共用体变量的存储方式

一旦在程序中定义了共用体变量,系统就会在编译时为共用体变量在内存中分配存储空间。与结构体不同,共用体的成员变量存储时共用同一起始地址的存储空间。共用体变量所占用的内存空间的长度等于最长的成员变量所占用内存空间的长度。比如,程序中"union Data x;"语句定义了共用体变量 x,编译时,系统就会为共用体变量 x 在内存中分配 4 个字节的存储空间。这 4 个字节的存储空间被共用体变量 x 中的成员变量 a、b 和 c 所共享。所以,系统在为共用体变量 x 分配存储空间时,会按照占据存储空间最长的成员变量 b 所占内存空间的长度,为共用体变量 x 分配 4 个字节的存储空间。

但在使用时,这 4 个字节的存储空间并不一定都会用到。只有当 x 的存储区被占据存储空间最长的成员变量 b 占据时,这 4 个字节的存储空间才都能用到。当 x 的存储区被成员变量 a 占据时,只能使用 x 共用体变量 4 个字节的存储区中前 2 个字节的存储空间;被成员变量 b 占据时,使用 x 共用体变量 4 个字节的存储空间;而被成员变量 c 占据时,则只能使用 x 共用体变量 4 个字节的存储区中最前面 1 个字节的存储空间。

3. 共用体变量的引用方式

在 C 语言中,不能直接引用共用体变量,只能引用共用体变量中的成员。比如:

```
union Data x,*p;        //p是共用体指针变量
```

可以用"."引用共用体变量 x 的成员变量,比如:"x. a"表示引用共用体变量 x 中的

短整型成员变量 a；"x.b"表示引用共用体变量 x 中的浮点型成员变量 b；"x.c"则表示引用共用体变量 x 中的字符型成员变量 c。

但是，不能直接引用共用体变量，比如下面的引用方式是错误的：

```
printf("%hd",x);
```

这是因为 x 的存储区被成员变量 a、b 和 c 共享，可以按照成员变量 a、b 和 c 的数据类型存放数据，有不同的长度（x 的存储区被成员变量 a 占据时，只能使用 x 共用体变量 4 个字节的存储区中前 2 个字节的存储空间；被成员变量 b 占据时，使用 x 共用体变量 4 个字节的存储空间；而被成员变量 c 占据时，则只能使用 x 共用体变量 4 个字节的存储区中最前面 1 个字节的存储空间），仅引用共用体变量名 x，系统无法确认究竟输出哪几个字节的存储空间内容。可以改写为："printf("%hd",x.a);"或"printf("%f",x.b);"或"printf("%c",x.c);"。

如果执行语句"p=&x;"，还可以使用共用体指针变量 p 和指向运算符"->"，引用共用体变量的成员变量，比如：

"p->a"表示引用共用体指针变量 p 所指向的共用体变量 x 中的短整型成员变量 a；"p->b"表示引用共用体指针变量 p 所指向的共用体变量 x 中的浮点型成员变量 b；"p->c"则表示引用共用体指针变量 p 所指向的共用体变量 x 中的字符型成员变量 c。

9.5.3　共用体类型数据的特点

（1）共用体变量同一起始地址的内存空间被几种不同类型的成员变量所共享，可以用来存放几种不同类型的成员变量，但在每一时刻只能存放其中一个成员变量的值，而不能同时存放几个成员变量的值。

```
union Date
{
    short int a;
    float b;
    char c;
}x;
x.a=97;
printf("%hd",x.a);        //输出整数 97
printf("%c",x.c);         //输出字符'a'
printf("%f",x.b);         //输出实数 0.000000
```

（2）可以对共用体变量初始化，但初始化表中只能有一个常量。下面的初始化方法是错误的：

```
union Data x= {1,1.5,'a'};
```

（3）共用体变量中起作用的成员是最后一次被赋值的成员，在对共用体变量中的一个成员赋值后，原有变量存储单元中的值就被取代。

（4）共用体变量的地址和它的各成员变量的地址都是同一地址。

(5)不能对共用体变量名赋值,也不能企图引用共用体变量名来得到一个值。C 语言允许同类型的共用体变量互相赋值。以下都是错误的:

```
x=1;        //不能对共用体变量赋值
m=x;        //企图引用共用体变量名以得到一个值赋给整型变量 m
```

(6)C 语言允许用共用体变量作为函数参数,但形参和实参必须是相同的共用体类型。

(7)共用体类型可以出现在结构体类型定义中,也可以定义共用体数组。反之,结构体也可以出现在共用体类型定义中,数组也可以作为共用体的成员。

例 9.7   通过共用体成员显示其在内存的存储情况。

```
#include<stdio.h>
struct time
{
    int year;                               //年
    int month;                              //月
    int day;                                //日
};
union dig
{
    struct time data;                       //嵌套的结构体类型的成员变量
    char byte[6];
};
int main ()
{
    union dig unit;
    int i;
    printf("enter year:\n");
    scanf( "%d", &unit.data.year) ;         //输入年
    printf("enter month:\n");
    scanf( "%d" , &unit.data.month ) ;      //输入月
    printf("enter day:\n");
    scanf( "%d" , &unit.data.day ) ;        //输入日
    //按照 data 成员变量的组织形式,打印输出
    printf( "\nyear=% d,month=% d,day=% d\n\n",unit.data.year,unit.data.
month,unit.data.day) ;
    //按照 byte 成员变量的组织形式,打印输出
    for ( i=0;i<6;i++)
        printf( "%d\t" , unit.byte[i]) ;    //按字节以十进制输出
    printf( "\n" ) ;
}
```

【运行效果】

```
enter year:
2022
enter month:
5
enter day:
28

year=2022,month=5,day=28
-26      7      0      0      5      0
```

【程序分析】

定义了一个结构体类型 time 和一个共用体类型 dig。其中,结构体类型 time 包含 3 个整型的成员变量 year、month 和 day,用以表示年、月、日。共用体类型 dig 的成员变量为 time 结构体类型的结构体变量 data 和字符数组 byte。

在 main 主函数中,定义了共用体变量 unit,利用 scanf()函数依次输入年、月、日信息,并把它们存储到共用体 unit 的 time 成员变量中。再把共用体变量 unit 所占存储空间中的内容,按照其结构体成员变量 data 的组织形式依次输出年、月、日信息。最后,把共用体变量 unit 所占存储空间中的内容,按照其结构体成员变量 byte 的组织形式,通过 for 循环以十进制格式依次输出 byte 字符数组中 6 个字节的内容。

9.6　枚举类型

枚举类型(Enumeration Type)是可以由程序员自定义的另一种数据类型。如果一个变量的取值只有几种可能的值,就可以定义为枚举类型。所谓"枚举"就是把可能的值一一列举出来,枚举变量的取值只限于列举出来的值的范围之内。

1. 枚举类型的定义

程序员可以使用关键字 enum 创建一种新"类型",并同时指定该枚举类型的取值范围。声明枚举类型的一般形式为:

enum [枚举类型名]{枚举元素列表}

其中,"枚举类型名"是程序员自定义的枚举类型的名称。"枚举元素列表"是用大括号括起来的枚举类型数据所有可能的取值,大括号中这些可能的数据值称为枚举元素或枚举常量,它们之间要用逗号隔开。比如:

```
enum Weekday{sun,mon,tue,wed,thu,fri,sat};
```

它定义了一个名为 Weekday 的枚举类型,该枚举类型有 sun、mon、tue、wed、thu、fri 和 sat 共 7 个枚举元素,表示星期日到星期六的英文单词的简写。

2. 枚举类型变量的定义

枚举类型变量有 3 种定义形式:

(1)先定义枚举类型,再定义枚举变量。比如:

```
enum Weekday schedule;
```

它表示定义了 Weekday 枚举类型的枚举变量 schedule。

(2)定义枚举类型的同时,定义枚举变量。比如:

```
enum Weekday {sun,mon,tue,wed,thu,fri,sat} schedule;
```

(3)定义枚举类型的同时,不定义枚举类型的名称,而直接定义枚举变量。比如:

```
enum {sun,mon,tue,wed,thu,fri,sat} schedule;
```

3. 使用枚举类型变量的几点说明

(1)在系统内部,C 语言编译器对枚举类型的枚举元素按常量处理,故称枚举常量。不要因为它们是标识符(有名字)而把它们看作变量,不能对它们赋值。

(2)默认情况下,编译器会把整数 $0,1,2,\cdots$ 赋值给特定枚举中的常量。例如,在 Weekday 枚举类型中,枚举元素 sun、mon、tue、wed、thu、fri 和 sat 分别表示 0、1、2、3、4、5 和 6。

也可以为枚举常量自由选择不同的值,比如,如果希望 sun、mon、tue、wed、thu、fri 和 sat 分别表示 1、2、3、4、5、6、7,可以在声明枚举时指明这些数:

```
enumWeekday {sun=1,mon=2,tue=3,wed=4,thu=5,fri=6,sat=7};
```

枚举常量的值还可以是任意整数,根据需要进行指定即可:

```
enumWeekday {sun=14,mon=25,tue=33,wed=7,thu=58,fri=61,sat=73};
```

两个或多个枚举常量具有相同的值甚至也是合法的。当没有为枚举常量指定值时,它的值比前一个常量的值大 1(第一个枚举常量的值默认为 0)。比如,在下列枚举中,枚举元素 BLACK 的值为 0,LT_GRAY 的值为 7,DK_GRAY 的值为 8,而 WHITE 的值为 15,即

```
enum EGAcolors {BLACK, LT_GRAY=7, DK_GRAY, WHITE=15};
```

(3)枚举元素可以用于判断比较,枚举变量也可用作循环控制变量。枚举元素的比较规则是按其在初始化时指定的整数进行比较。比如:

```
enum Weekday {sun,mon,tue,wed,thu,fri,sat} schedule;
for (schedule=sun; schedule<=sat; schedule++) {}
```

(4)枚举变量或枚举元素还可用作数组元素的下标,但此时要求枚举变量或枚举元素所对应的整数值不能超过数组下标的最大值,比如:

```
enum Weekday{sun,mon,tue,wed,thu,fri,sat} schedule;
```

按照以上定义,a[sun]就是 a[0],a[mon]就是 a[1],而 a[schedule]的值则取决于 schedule 当前的取值。

(5)枚举变量不能进行键盘输入操作,枚举变量或枚举元素不能直接输出枚举元素标识符,但可以直接输出它们所对应的整数值。

例 9.8 定义 DAY 枚举类型,并输出其 WED 枚举元素的整数值。

```
#include <stdio.h>
enum DAY
{
    MON=1, TUE, WED, THU, FRI, SAT, SUN
};
int main()
```

```
    {
        enum DAY day;
        day = WED;
        printf("%d",day);
        return 0;
    }
```

【运行效果】

【程序说明】

在 C 语言中,枚举类型被当作 int 或者 unsigned int 类型处理。

9.7　用 typedef 声明新类型名

C 语言中,除了可以直接使用 C 语言提供的标准数据类型名(如 int)和程序员自定义的结构体、共用体和枚举类型之外,程序员还可以使用 typedef 定义有一定字面含义的新类型名代替已有的类型名,并以这些新类型名来定义变量,以达到提高程序可读性的目的。

typedef 工具具有高级数据特性,它使程序员能够为某一类型创建自己的名字。在这个方面,它和♯define 相似,但是它们具有 3 个不同之处:

(1)与♯define 不同,typedef 给出的符号名称仅限于对类型,而不是对数值。

(2)typedef 的解释由编译器执行,而不是由预处理器执行。

(3)虽然范围有限,但在其受限范围内,typedef 比♯define 更灵活。

可以把 typedef 定义放在主函数 main()外部,这表示 typedef 定义类型是全局作用域的,可以用于源文件中的任何函数;也可以把 typedef 定义放在 main()函数体中,这样定义的类型就是 main()内部的局部类型。

通常,typedef 的应用有两种方式:

(1)定义“替代”类型名,也就是用一个新的类型名替代 C 语言中已有的数据类型。

(2)定义“构造”类型名,也就是为复杂的自定义构造类型(比如数组、指针、结构体、共用体、枚举类型等)定义一个简单的类型名。

习惯上,常把用 typedef 定义的新类型名的首字母用大写表示,以便与系统提供的标准类型标识符相区别。

1. 定义“替代”类型名

这种方法不是定义新的数据类型,而仅仅是对 C 语言中已经存在的数据类型定义一个新的、能更容易被程序员理解和识别的数据类型名称,以替代已存在的数据类型名去定义变量。定义“替代”类型名的一般形式为:

typedef 已有类型名 替代类型名;

例如:

```
typedef  int  Integer;
typedef  float  Real;
```

第一个表示为已有的 int 类型定义一个与 int 作用相同的、可用来替代 int 的新类型名 Integer;第二个表示为已有的 int 类型定义一个与 float 作用相同的、可用来替代 float 的新类型名 Real。

这样一来,程序员就可以使用 Integer 去定义 int 型的变量,使用 Real 去定义 float 型的变量。

"int i,j;"和"Integer i,j;"完全等价,均定义了整型变量 i 和 j。

"float a,b;"和"Real a,b;"也完全等价,均定义了浮点型变量 a 和 b。

使用了 int 和 float 的替代类型名 Integer 和 Real 之后,可使过去熟悉 Fortran 语言或 Pascal 语言的人,立即就能识别所用的整型变量和实型变量,从而提高了程序的可读性。

2. 定义"构造"类型名

除了 int、float 这些简单的数据类型之外,C 语言程序中还会用到许多形式上比较复杂的数据类型,这些类型难于理解,容易写错。为此,C 语言允许为复杂的自定义构造类型(比如数组、指针、结构体、共用体、枚举类型等)定义一个简单的类型名。定义"构造"类型名的一般形式为:

typedef 已有构造类型名 替代类型名;

例如:

```
typedef struct
{
    int month;
    int day;
    int year;
} Date;              //声明 Date 为有 year 等 3 个成员变量的结构体类型的新类型名
Date birthday;       //定义结构体类型变量 birthday,不要写成 struct Date birthday;
Date *p;             //定义结构体指针变量 p,指向此结构体类型数据

typedef int Num[100];    //声明 Num 为含有 100 个元素的整型数组的新类型名
Num a;                   //定义 a 为整型数组名,它有 100 个元素

typedef char *String;    //声明 String 为新的字符指针类型名
String p,s[10];          //定义 p 为字符指针变量,s 为字符指针数组
typedef int (*Pointer)();    //声明 Pointer 为指向函数的指针类型,该函数返回整型值
Pointer p1,p2;               //p1,p2 为 Pointer 类型的指针变量
```

3. 定义新类型名的一般步骤

(1)借助于定义变量的形式写出变量定义语句,比如:"int i;"、"char a[20];"和"char *p;"。

(2)将变量名换成新的类型名,比如:"int Integer;""char Name[20];""char *

String;"。

（3）在变量定义语句最前面加"typedef"关键字，比如："typedef int Integer;""typedef char Name[20];""typedef char ＊String;"。

如此，也就定义了新类型名 Integer、Name 和 String，其中 Integer 等同于 int 类型，Name 等同于含有 20 个数组元素的字符数组类型，String 等同于字符指针类型。

简而言之，就是按定义变量的方式把变量名换上新类型名，并在最前面加 typedef，就可以定义一个新的类型名去替代原来的数据类型。

有了新类型名，就可以使用新类型名去定义变量了。比如：

```
Integer i,j,num[5];          //等同于"int i,j,num[5];"
Name student,teacher;        //等同于"char student[20],teacher[20];"
String point;                //等同于"char * point;"
```

此外，需要说明的是，结构体、共用体和枚举类型的变量有三种定义方式，对应地，也就各自有三种定义新类型名称的方式。

（1）在定义好的结构体类型的基础上，给定义好的结构体类型定义一个新名称。

比如："typedef struct Student Stu;"就在定义好的 Student 结构体类型的基础上，给定义好的 Student 结构体类型定义了一个新名称 Stu。如果要定义一个 Student 结构体类型的变量 s，就只需要使用语句"Stu s;"，而不需要使用语句"struct Student s;"，从而使得定义新的变量变得更加简单。

（2）定义结构体类型的同时，给定义好的结构体类型定义一个新名称。比如：

```
typedef struct Student
{
    int num;
    char name[20];
    char sex;
    int age;
    float score;
    char addr[30];
} Stu;
```

这里，在定义 Student 结构体类型的同时，给 Student 结构体类型定义一新名称 Stu。如果要定义一个 Student 结构体类型的变量 s，同样只需要使用语句"Stu s;"，而不需要使用语句"struct Student s;"，也可以使得定义新的变量变得更加简单。

（3）定义结构体类型的同时，不定义结构体类型的名称，但通过 typedef 为之定义一个新的类型名。比如：

```
typedef struct
{
    int num;
    char name[20];
    char sex;
    int age;
```

```
    float score;
    char addr[30];
} Stu;
```

这里,尽管没有定义结构体类型的名称,但却在定义结构体类型的同时,为之定义了一新的类型名称 Stu。这样一来,如果要定义一个 Student 结构体类型的变量 s,就可以使用语句"Stu s;"来实现。

4. 注意事项

(1)typedef 的方法实际上是为特定的类型指定了一个同义词。比如:

```
typedef char Name[20];    //相当于给 char[20]定义了一个同义词 Name
Name student,teacher;
```

(2)用 typedef 只是对已经存在的类型指定一个新的类型名,并没有创造新的类型。

(3)用 typedef 声明数组类型、指针类型、结构体类型、共用体类型、枚举类型等,可以使得编程更加方便。

(4)typedef 与♯define 不同。♯define 在预编译时处理,它只能作简单的字符串替换,而 typedef 在编译阶段处理,并非简单的字符串替换。

(5)当不同源文件中用到同一类型数据(尤其是像数组、指针、结构体、共用体等类型数据)时,常用 typedef 声明一些数据类型。可以把所有的 typedef 名称声明单独放在一个头文件中,然后在需要用到它们的文件中用♯include 指令把它们包含到文件中。这样,程序员就不需要在各文件中自己定义 typedef 名称。

(6)使用 typedef 名称有利于程序的通用与移植。有时程序会依赖于硬件特性,这时使用 typedef 类型就便于移植。

9.8   应用程序举例

例 9.9   有 3 个候选人,每个选民只能投票选一人,要求编一个统计选票的程序,先后输入被选人的名字,最后输出各人的得票结果。

```
#include <string.h>
#include <stdio.h>
struct Person                        //声明结构体类型 struct Person
{
    char name[20];                   //候选人姓名
    int count;                       //候选人得票数
}leader[3]={"Li",0,"Zhang",0,"Sun",0};   //定义结构体数组并初始化
int main()
{
    int i,j;
    char leader_name[20];            //定义字符数组
    for(i=1;i<=10;i++)
    {
```

```
        scanf("%s",leader_name);//输入所选的候选人姓名
        for(j=0;j<3;j++)
            if(strcmp(leader_name,leader[j].name)==0) leader[j].count++;
    }
    printf("\nResult:\n");
    for(i=0;i<3;i++)
        printf("%5s:%d\n",leader[i].name,leader[i].count);
    return 0;
}
```

【运行效果】

【程序分析】

首先定义一个 Person 类型的结构体来保存选民信息,选民信息包括字符型的姓名和整数型的得票数两个成员。与此同时,定义结构体数组储存 3 个选民的信息,并对选民的选票进行初始化设置。利用 scanf()函数输入选民的姓名,选民姓名出现一次则对应的选民票数加 1,最终输入完成之后输出选民的票数。

【注意】strcmp 用来比较两个字符串的大小,返回比较的结果。如果结果相同,则返回 0。

例 9.10　建立一个简单链表,它由 3 个学生数据的结点组成,要求输出各结点中的数据。

```
#include <stdio.h>
struct Student                      //声明结构体类型 struct Student
{
    int num;
    float score;
    struct Student *next;
};
int main()
{
    struct Student a,b,c,*head,*p;   //定义 3 个结构体变量 a,b,c 作为链表的结点
    a.num=10101; a.score=89.5;        //对结点 a 的 num 和 score 成员赋值
    b.num=10103; b.score=90;          //对结点 b 的 num 和 score 成员赋值
```

```
        c.num=10107; c.score=85;      //对结点 c 的 num 和 score 成员赋值
        head=&a;                      //将结点 a 的起始地址赋给头指针 head
        a.next=&b;                    //将结点 b 的起始地址赋给 a 结点的 next 成员
        b.next=&c;                    //将结点 c 的起始地址赋给 b 结点的 next 成员
        c.next=NULL;                  //c 结点的 next 成员不存放其他结点地址
        p=head;                       //使 p 指向 a 结点
        do
        {
            printf("%d %5.1f\n",p->num,p->score);   //输出 p 指向的结点的数据
            p=p->next;                //使 p 指向下一结点
        }while(p!=NULL);              //输出完 c 结点后 p 的值为 NULL,循环终止
        return 0;
    }
```

【运行效果】

```
10101   89.5
10103   90.0
10107   85.0
```

【程序分析】

声明结构体类型 struct Student,Student 包括整数类型的 num,浮点类型的 score 和指针类型的 next。定义 3 个结构体变量 a,b,c 作为链表的结点,并对 a,b,c 的 num 和 score 成员进行赋值。将结点 a 的起始地址赋给头指针 head,将结点 b 的起始地址赋给结点 a 的 next 成员,将结点 c 的起始地址赋给 b 结点的 next 成员,c 结点的 next 成员不存放其他结点地址。p=head 使 p 指向 a 结点,输出 p 指向的结点的数据,使 p 指向下一结点,输出完 c 结点后 p 的值为 NULL,循环终止。

例 9.11 写一函数建立一个有 3 名学生数据的单向动态链表。

```
#include <stdio.h>
#include <stdlib.h>
#define LEN sizeof(struct Student)
struct Student
{
    int num;
    float score;
    struct Student *next;
};
int n;       //n 为全局变量,本文件模块中各函数均可使用它
struct Student *creat(void)
//定义函数,此函数返回一个指向链表头的指针
{
    struct Student *head;
    struct Student *p1,*p2;
```

```
        n=0;
        p1=p2=(struct Student* ) malloc(LEN);    //开辟一个新单元
        scanf("%d,%f",&p1->num,&p1->score);    //输入第 1 个学生的学号和成绩
        head=NULL;
        while(p1->num!=0)
        {
            n=n+1;
            if(n==1) head=p1;
            else p2->next=p1;
            p2=p1;
            p1= (struct Student* )malloc(LEN);    //开辟动态存储区,把起始地址赋给 p1
            scanf("%ld,%f",&p1->num,&p1->score);    //输入其他学生的学号和成绩
        }
        p2->next=NULL;
        return(head);
    }
    int main()
    {
        struct Student *pt;
        pt=creat();        //函数返回链表第 1 个结点的地址
        printf("\nnum:%d\nscore:%5.1f\n",pt->num,pt->score);
        //输出第 1 个结点的成员值
        return 0;
    }
```

【运行效果】

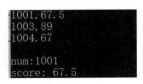

【程序分析】

声明结构体类型 struct Student,Student 包括整数类型的 num,浮点类型的 score 和指针类型的 next。定义函数 creat(),声明指针变量 p1、p2 和 head,利用 scanf() 函数输入第 1 个学生的信息,利用 while 语句控制输入过程,使 head 指针指向链表头,当 p1 所指 num 不为 0 时,通过 p1、p2 指针变量不断移动节点,输入其他学生的学号和成绩,最后返回指向链表头的指针 head。利用主函数 main() 调用 creat() 函数,并且输出第 1 个结点的成员值。

例 9.12　有若干人员的数据,其中有学生和教师。学生数据中包括编号、姓名、性别、职业、班级,教师数据包括编号、姓名、性别、职业、职务,如表 9.1 所示。要求用同一表格处理。

表 9.1　学生和教师的数据

num	name	sex	job	class(班级)/position(职务)
101	Li	f	s	501
102	Wang	m	t	prof

```
#include <stdio.h>
struct                          //声明无名结构体类型
{
    int num;                    //成员 num(编号)
    char name[10];              //成员 name(姓名)
    char sex;                   //成员 sex(性别)
    char job;                   //成员 job(职业)
    union                       //声明无名共用体类型
    {
        int clas;               //成员 class(班级)
        char position[10];      //成员 position(职务)
    }category;                  //成员 category 是共用体变量
}person[2];                     //定义结构体数组 person,有 2 个元素
int main()
{
    int i;
    for(i=0;i<2;i++)
    {
        printf("please enter the data of person:\n");
        scanf("%d %s %c %c",&person[i].num,person[i].name,&person[i].sex,
&person[i].job);     //输入前 4 项
        if(person[i].job=='s')
            scanf("%d",&person[i].category.clas);        //如是学生,输入班级
        else if(person[i].job=='t')
            scanf("%s",person[i].category.position);     //如是教师,输入职务
        else
            printf("Input error!");     //如 job 不是 's'和't',显示"输入错误"
    }
    printf("\n");
    printf("No.   name      sex job class/position\n");
    for(i=0;i<2;i++)
    {
        if (person[i].job=='s')                              //若是学生
        printf("%-6d%-10s%-4c%-4c%-10d\n",
```

```
            person[i].num,person[i].name,person[i].sex,
            person[i].job,person[i].category.clas);
        else                                        //若是教师
        printf("%-6d%-10s%-4c%-4c%-10s\n",
            person[i].num,person[i].name,person[i].sex,
            person[i].job,person[i].category.position);
    }
    return 0;
}
```

【运行效果】

```
please enter the data of person:
101 Li f s 501
please enter the data of person:
102 Wang m t prof

No.    name      sex job class/position
101    Li         f   s   501
102    Wang       m   t   prof
```

【程序分析】

利用结构体存储人员的信息,结构体成员包括学生和教师的共同信息(姓名、号码、性别、职业)以及班级或职务信息,班级或职务信息用一个共用体变量来存放,定义结构体类型的同时定义一个结构体数组 person[2]。使用 for 循环输入两个 person 的信息,首先输入学生和教师的 4 个共同信息,利用 if 语句来判断输入的信息是学生信息还是教师信息。如果是学生信息,则使用"scanf("%d",&person[i].category.clas);"语句,表明存放班级信息到第 i+1 个人的 category 共用体的 clas 成员中。如果是教师信息,则使用"scanf("%s",person[i].category.position);",表明存放职务信息到第 i+1 个人的 category 共用体的 position 成员中。同理,输入信息完成之后,使用 for 语句输出。

【注意】name 和 position 本身代表的是字符数组的地址,因此输入的时候不需要地址运算符 &。

例 9.13　口袋中有红、黄、蓝、白、黑 5 种颜色的球若干个,每次从口袋中先后取出 3 个球,问得到 3 种不同颜色的球的可能取法,输出每种排列的情况。

```
#include <stdio.h>
int main()
{
    enum Color {red,yellow,blue,white,black};    //声明枚举类型 enum Color
    enum Color i,j,k,pri;                        //定义枚举变量 i,j,k,pri
    int n,loop;
    n=0;
    for(i=red;i<=black;i++)        //外循环使 i 的值从 red 变到 black
        for(j=red;j<=black;j++)    //中循环使 j 的值从 red 变到 black
            if(i!=j)               //如果 2 球不同色
```

```
        {
            for (k=red;k<=black;k++)    //内循环使 k 的值从 red 变到 black
              if ((k!=i) && (k!=j))     //如果 3 球不同色
              {
                  n=n+1;                 //符合条件的次数加 1
                  printf("%-4d",n);      //输出当前是第几个符合条件的组合
                  for(loop=1;loop<=3;loop++)    //先后对 3 个球分别处理
                  {
                      switch (loop)   //loop 的值从 1 变到 3
                      {
                          case 1: pri=i;break;
                          //loop 的值为 1 时,把第 1 球的颜色赋给 pri
                          case 2: pri=j;break;
                          //loop 的值为 2 时,把第 2 球的颜色赋给 pri
                          case 3: pri=k;break;
                          //loop 的值为 3 时,把第 3 球的颜色赋给 pri
                          default:break;
                      }
                      switch (pri)   //根据球的颜色输出相应的文字
                      {
                          case red:printf("%-10s","red");break;
                          //pri 的值等于枚举常量 red 时输出"red"
                          case yellow: printf("%-10s","yellow");break;
                          //pri 的值等于枚举常量 yellow 时输出"yellow"
                          case blue: printf("%-10s","blue");break;
                          //pri 的值等于枚举常量 blue 时输出"blue"
                          case white: printf("%-10s","white");break;
                          //pri 的值等于枚举常量 white 时输出"white"
                          case black: printf("%-10s","black"); break;
                          //pri 的值等于枚举常量 black 时输出"black"
                          default:break;
                      }
                  }
                  printf("\n");
              }
        }
    printf("\ntotal:%5d\n",n);
    return 0;
}
```

【运行效果】

1	red	yellow	blue	31	blue	white	red
2	red	yellow	white	32	blue	white	yellow
3	red	yellow	black	33	blue	white	black
4	red	blue	yellow	34	blue	black	red
5	red	blue	white	35	blue	black	yellow
6	red	blue	black	36	blue	black	white
7	red	white	yellow	37	white	red	yellow
8	red	white	blue	38	white	red	blue
9	red	white	black	39	white	red	black
10	red	black	yellow	40	white	yellow	red
11	red	black	blue	41	white	yellow	blue
12	red	black	white	42	white	yellow	black
13	yellow	red	blue	43	white	blue	red
14	yellow	red	white	44	white	blue	yellow
15	yellow	red	black	45	white	blue	black
16	yellow	blue	red	46	white	black	red
17	yellow	blue	white	47	white	black	yellow
18	yellow	blue	black	48	white	black	blue
19	yellow	white	red	49	black	red	yellow
20	yellow	white	blue	50	black	red	blue
21	yellow	white	black	51	black	red	white
22	yellow	black	red	52	black	yellow	red
23	yellow	black	blue	53	black	yellow	blue
24	yellow	black	white	54	black	yellow	white
25	blue	red	yellow	55	black	blue	red
26	blue	red	white	56	black	blue	yellow
27	blue	red	black	57	black	blue	white
28	blue	yellow	red	58	black	white	red
29	blue	yellow	white	59	black	white	yellow
30	blue	yellow	black	60	black	white	blue

【程序分析】

因为取值范围只有 5 个值,因此使用枚举类型,首先使用关键词 enum 定义一个枚举类型 Color,再利用枚举类型 Color 定义枚举变量 i,j,k,pri,最后利用三层循环遍历 3 次可能出现的情况并输出。

9.9　扩展阅读

"上古之世,人民少而禽兽众"(《韩非子·五蠹》),且人有穷,"力不若牛,走不如马,而牛马为用,何也? 曰:人能群,彼不能群也"(《荀子·王制》)。"能群"是人类区别于动物的基本特征,也是人类得以存续而生生不息的根基。

但是,何以成"群"? 人皆异乎他人,正所谓"人不能兼技,人不能兼官,离居不相待则穷"(《荀子·富国》),要发挥群体的力量,这就需要在"群"内进行社会分工。有了分工之后,"群"内相异的人类个体才可以通过协作而形成合力,进而"百技所成,所以养一人也"(《荀子·富国》)。

分工才"能群",组成团队,协作才有力量。正所谓,"二人同心,其利断金"(《周易·易传·系辞上》),"上下同欲者胜"(《孙子兵法·谋攻》),"能用众力,则无敌于天下矣;能用众智,则无畏于圣人矣"(《三国志·吴书·吴主传》),"积力之所举,则无不胜也;众智之所为,则无不成也"(《淮南子·主术训》),"千人同心,则得千人力;万人异心,则无一人之用"(《淮南子·兵略训》),只要团队的每个成员团结协作,取长补短,各尽所能,这个团队才有力量和能力,去取得成功。但是,如果团队成员互相推诿,不讲协作,则极可能陷入到"三个和尚没水吃"的窘境。

　　毕竟,人力有穷,只有协作才有可能把地狱转换为天堂。话说有一天,一位牧师问上帝:"天堂和地狱有什么不同?"上帝没有直接回答他,而是把他带到一个房间。房间里,一群人围着一锅肉汤,每个人手里都拿着一把长长的汤勺,因为手柄太长,谁也无法把肉汤送到自己嘴里,每个人脸上都写满了绝望和悲苦。上帝说,这里就是地狱。说完,上帝又带着牧师来到了另一间房。这间房与上一间房并没有太大的不同,唯一的区别在于,这里的人们两两成对,或多人成群,他们交替着用长长的汤勺喂食对面的团队成员,他们吃得很香、很满足。上帝说,这里就是天堂。正所谓,"小成功靠个人,大成功靠团队","帮助别人就是帮自己",在团队里,只有优势互补,互相协作,才能产生"1＋1＞2"的效果,取得团队的"大成功";否则,不仅无法取得"大成功",还可能无法取得个人能取得的"小成功",甚至可能跌入"地狱"。

　　历史上,通过团队协作取得重大成功的案例比比皆是。秦末汉初,项羽与刘邦之间的楚汉之争,就是个人武力值堪忧的刘邦以汉初三杰张良、韩信和萧何为"高管团队",再团结陈平和樊哙等能人志士凝聚成"刘邦集团",通过团队协作打败个人英雄主义的项羽的典型案例。再比如,东汉末年的赤壁之战,就是孙权、刘备两个弱小的军事集团团结协作,组成联军,以少胜多、以弱胜强,大破曹操大军,奠定三国鼎立基础的著名战役。现如今,通过团队协作取得重大成功的案例更是不胜枚举。几乎每一个企业的每一次成功都离不开企业团队的协作与努力;几乎每一项技术革新也都涵盖着科研团队的协作与汗水;几乎每一次社会进步也都离不开社会群体的集体智慧与努力;甚至,人类社会几乎每一次跨越灾难与困境,也都有着全人类齐心协力、共克时艰的历史缩影。从 2003 年全国人民抗"非典"到 2019 年 12 月至 2022 年 12 月之间的"新冠"疫情防控,我们都能看到全体中国人民团结一致、众志成城、上下齐心共抗疫情的悲壮画面。

　　那么,应该如何有效协作呢?首先,团队成员要相互尊重,平等相待;其次,团队成员要积极主动承担工作,有补位意识与大局观;其三,团队成员要相互帮助,集体奋斗;其四,团队成员要主动沟通,坦诚交流;最后,团队成员还要相互分享,共同成长。

　　当今社会是不同分工的人类个体组成的结构体,每个人既是社会结构体中的一个异质的变量,也是社会有机体中一个微小的分子,还是各种大大小小的团队或群体中的一个组成部分,单打独斗已经没有太大的前途,集体奋斗才有未来。只有依靠团队协作,发挥团队精神,大家共同努力,取长补短,各尽所能,贡献各自的力量,才能凝聚出坚不可摧的钢铁长城,才能发挥团队的集体智慧,成就一番大事业。

9.10　小　　结

　　自定义数据类型是数据结构的重要基础,是实际开发过程中的核心部分。本章介绍了结构体、共用体和枚举三种新的类型,主要内容如下。

　　(1)结构体是可能具有不同类型的值(成员)的集合,是三种类型中最为重要的类型。C语言程序的结构体提供了在同一个数据对象中存储几个通常是不同类型的数据项的方法。可以使用标记来代表一个具体的结构模板,并声明该结构类型的变量。成员点(.)运算符使得可以通过使用结构模板中的标签来访问结构体的各个成员。如果有一个指向结构体的指针,可以使用该指针以及间接成员运算符(->)代替名字和点运算符来访问结构体的各个成员。要得到结构体的地址,可以使用运算符 &。与数组不同,结构体名不是结构体的地址。传统上,和结构体有关的函数使用指向结构体的指针作为参数。现在的 C 语言允许把结构体作为参数传递,把结构体作为返回值,并允许把一个结构赋值给另一个相同类型的结构。

(2)共用体和结构体很类似,不同之处在于共用体的成员共享同一存储空间。共用体可以每次存储一个成员,但是无法同时存储全部成员。共用体存储其选项列表中的一个单独的数据项类型,而不像结构体那样同时存储多个数据类型。也就是说,如果一个结构体可以保存一个 int 型、一个 double 型以及一个 char 型数据,那么相应的共用体只能保存一个 int 型,或者一个 double 型,或者一个 char 型的数据。

(3)枚举是一种整数类型,它的值由程序员命名。枚举使得可以创建一组代表整数常量的符号(枚举常量),也允许定义相关联的枚举类型。typedef 工具可用来建立 C 语言标准类型的别名或者速记表示。一个函数的名称给出该函数的地址。这个指向函数的地址可以作为参数被传递给使用该函数的另一个函数。

学习完本章后,读者应掌握定义结构体类型和结构体变量的方法,并能对其进行基本操作。借助结构体类型,编写接收结构体类型参数或返回结构体的函数。明确共用体与结构体的区别,理解共用体与枚举的含义,掌握共用体与枚举的使用方法并加以合理运用。理解静态链表与动态链表的含义及使用方法。

习　　题

1. 什么是结构体?什么是共用体?它们有何区别?

2. 图书馆的图书信息包括图书编号、图书名称、作者、出版社、书价等内容。请定义一个名为 Book 的结构体类型。

3. 利用上一题定义的 Book 结构体类型,定义一个结构体变量 mybook,再从键盘上为 mybook 输入本教材的图书信息(其中,图书编号为图书的 ISBN 号),并输出。

4. 使用结构体数组,将 5 位考生的信息输入计算机,并把这些信息列表输出。考生信息包括准考证号、姓名、性别、出生年月、成绩等信息。

5. 续上一题,编写函数,通过调用函数实现:

(1)找出 5 位考生中成绩最高分考生的有关信息。

(2)输入考生的准考证号,查询该考生的成绩。

(3)将考生按照准考证号由小到大排序,并按序输出。

6. 设计一个包含 int 类型的成员变量 i 的共用体,输入十六进制的数,并把它赋值给成员变量 i,最后输出成员变量 i 中的高字节中的数值。

7. 利用枚举类型表示一周的每一天,输入 0～6 的数值,对应输出其对应的是星期几。

8. 创建一个简单的链表,并将这个链表中的数据输出。

9. 编写一个班级课程表查询程序。

10. 中国有句俗语叫"三天打鱼两天晒网",某人从 1990 年 1 月 1 日起开始"三天打鱼两天晒网"。问这个人在以后的某一天是在"打鱼"还是在"晒网"?

第10章

文件

计算机程序就是数据结构加算法,其中数据结构是算法所处理数据的组织结构。当算法处理的数据量较大时,可以使用文件存储数据,再让程序访问文件并处理其中的数据。

10.1 C 语言中文件的概念

程序利用变量存储各种信息,如输入的数据、计算结果和运行过程中产生的中间值,但这些信息只在程序运行期间保存在内存中,一旦程序停止运行,变量值就会丢失。然而,很多信息在程序运行之后,还需要使用。此时,可以先把信息保存在文件中,在需要的时候,其他程序可以访问文件使用这些存储起来的信息。

10.1.1 文件的概念

在计算机科学技术中,"文件(File)"这一术语常用来表示输入、输出操作的对象。文件一般指存储在外部介质上数据的集合。例如,用 CodeBlocks 编辑好的一个 C 语言源程序就是一个文件,把它存放到磁盘上就是一个磁盘文件。广义上讲,所有输入/输出设备都是文件。计算机以这些设备为对象进行输入和输出,对这些设备的处理方法统一按照"文件"处理。

操作系统以文件为单位对数据进行管理。如果要查找存放在外部介质上的数据,必须先找到所要访问的文件,然后才能从文件中读取数据。如果要向外部介质存储数据,则必须先建立文件才能向文件输出数据。

文件可以从不同的角度分类:

(1)按文件所依附的介质可分为卡片文件、纸带文件、磁带文件、磁盘文件等。

(2)按文件的内容可分为源程序文件、目标文件、数据文件等。

　　(3)按文件中数据的组织形式可分为字符代码(ASCII)文件和二进制文件。

　　ASCII 文件,也称为字符代码文件,是指以字符为单位进行存储的文件。文件的内容由字符组成,每一个字符都用 ASCII 码表示。由于每个字节存放一个字符的 ASCII 代码,ASCII 文件也称为文本文件。比如,实数 3.14159 包括小数点在内共有 7 个字符,如果按照字符代码形式表示,需要占据 7 个字符的数据空间,而一个字符占一个字节,这样就需要占据 7 个字节的存储空间。

　　二进制文件是数据以二进制形式表示和存储的文件。通常,数据在内存中以二进制形式进行存储,其值能够不加转换地输出到外存。二进制文件可以理解为存储在内存的数据的映像,也称为映像文件。比如,实数 3.14159 在内存中以浮点形式存储,占据 4 个字节的地址空间。如果以二进制形式输出,那么这 4 个字节的内容就按照内存中的存储形式直接输出。

　　一般情况下,二进制文件更节省存储空间。同时,由于数据输出时不需要把二进制形式转换为字符代码,输入时也不需要把字符代码转换为二进制形式,所以以二进制文件输入、输出的速度比 ASCII 文件更快。

　　具体使用时,如果数据只是后续需要继续处理的中间结果,一般采用二进制文件形式保存,这样可以节约时间和空间。如果数据作为最终的输出文档提供给用户阅读,则一般采用 ASCII 文件形式保存。

10.1.2　文件标识

　　每个文件需要一个唯一的文件标识,以便用户识别和引用。一般来说,采用文件名作为文件标识。需要注意的是,作为文件标识的文件名是包含文件路径的完整文件名,包括文件路径和文件名两个部分。

　　(1)文件路径:文件在外部存储设备中的位置。

　　(2)文件名:文件名称。

　　比如:"D:\filefolder1\helloworld.c"是一个文件标识。它标识出 D 盘根目录下面 filefolder1 子目录中的 helloworld.c 文件。其中,"helloworld.c"是该文件的文件名,"D:\filefolder1\"是"helloworld.c"文件所在的位置。

10.1.3　文件缓冲区

　　ANSI C 标准采用"缓冲文件系统"处理数据文件,不仅节省存取时间,提高效率,而且缓冲区的大小由各具体 C 编译系统确定。

　　缓冲文件系统是指系统自动在内存区为程序中每个正在使用的文件开辟一个文件缓冲区。从内存向磁盘输出数据必须先送到内存缓冲区,装满缓冲区后才一起输出到磁盘中。如果从磁盘向内存读入数据,则一次从磁盘文件将一批数据输入到内存缓冲区并充满缓冲区,然后从缓冲区逐个将数据送到程序数据区,继而输送给程序变量。每个文件在内存区中只有一个缓冲区,向文件输出数据时作为输出缓冲区使用,向文件输入数据时则作为输入缓冲区使用。

10.1.4　文件类型指针

输入/输出是数据传送的过程,数据如流水一样从一处流向另一处,因此常将输入输出形象地称为流(Stream),即数据流。流表示信息从源端到目的端之间的流动。输入操作时数据从文件或键盘流向计算机内存,输出操作时数据从计算机内存流向屏幕、打印机或文件。

从 C 语言的角度看,无论程序一次读/写一个字符、一行文字或一个指定的数据区域,作为输入/输出的各种文件或设备都统一以逻辑数据流的方式出现。C 语言把文件看作字符(字节,此时内容为二进制数据)的序列,即由一个一个字符(字节)的数据顺序组成。一个输入/输出流就是一个字符(字节)流。C 语言程序通过文件类型指针(简称文件指针)实现对流的访问。

通常,系统为每个使用到的文件在内存中开辟相应的文件信息区,用以存放文件的相关信息,例如文件名、文件状态、文件当前位置等。这些信息保存在一个结构体变量中,结构体变量的类型由系统声明,类型名为 FILE。

不同的 C 语言编译系统的 FILE 类型包含的内容不尽相同,但都大同小异。比如,Turbo C 中 FILE 文件结构体类型的定义如下:

```
typedef stuct
{
    short level;              //缓冲区"满"或"空"的程度
    unsigned flags;          //文件状态标志
    char fd;                  //文件描述符
    unsigned char hold;       //如缓冲区无内容不读取字符
    short bsize;              //缓冲区的大小
    unsigned char *buffer;   //数据缓冲区的位置
    unsigned char *curp;     //文件读/写时的当前位置指针
    unsigned istemp;         //临时文件指示器
    short token;             //用于有效性检查
} FILE;
```

程序员不必深究 FILE 结构体类型中的成员变量及其含义,只需了解 FILE 结构体中存放了文件的相关信息,FILE 结构体类型的定义信息存放在头文件 stdio.h 中即可。尽管程序员可以直接使用 FILE 类型名去定义 FILE 类型变量,但是,通常程序员并不通过 FILE 类型变量的名称去访问一个文件的信息,而是定义一个指向 FILE 类型变量的指针变量,然后通过该 FILE 类型指针变量去引用 FILE 类型变量中的文件信息。这样,结合系统为操作文件提供的函数,使用起来将更加方便。

FILE 类型指针变量声明语句如下:

```
FILE *fp;        //定义一个指向 FILE 类型数据的指针变量
```

变量定义完成后,就可以利用 fp 指向某个文件的文件信息区并通过该文件信息区中的信息访问该文件。如果有多个文件,应设多个指针变量,以实现对多个文件的访问。通常将指向文件信息区的指针变量简称为指向文件的指针变量。

【注意】FILE 类型指针变量并不指向外部介质中数据文件的开头,而是指向内存中某数据文件的文件信息区的开头。

10.2 文件操作三部曲:打开、读/写与关闭

ANSI C 中,文件访问有三个相对固定的步骤:打开、读/写与关闭。只有打开了文件之后,才能读/写文件中的内容。文件读/写完成之后,为了释放文件打开时在内存中占据的存储空间,需要关闭文件。

10.2.1 打开文件

所谓"打开文件"是指为待读/写的文件建立相应的文件信息区和文件缓冲区。其中,文件缓冲区可以暂时存放"写入"或"读出"的输入/输出数据;文件信息区则用于存放 FILE 结构体类型中定义的文件名、文件状态、文件当前位置等与文件相关的信息。

C 语言程序中,调用标准 I/O 库 stdio.h 中的 fopen() 函数来打开文件,该函数会为待读/写的文件建立相应的文件信息区和文件缓冲区,把文件的信息自动写入文件信息区,并返回其为文件建立的文件信息区的首地址,以便赋值给 FILE 类型的指针变量;若不能执行打开任务,fopen() 函数将带回空指针值 NULL。fopen() 函数的调用方式为:

fopen(文件名,文件使用方式);

其中,"文件名"是包含文件路径和文件名称的文件标识,必须是一个字符串。如果"文件名"包含有文件路径,文件路径中的单斜线"\"要使用转义字符转为双斜线"\\"。比如,文件名 D:\filefolder1\helloworld.c,在 fopen() 函数中应表示为"D:\\filefolder1 \\ helloworld.c"。

"文件使用方式"表示打开的文件可使用的方式,见表 10.1。其中,"r、w、a"三种方式仅应用于文本文件。"r+、w+、a+"三种方式既可读数据,也可写数据。其他六种打开方式"rb、wb、ab、rb+、wb+、ab+"表示二进制读/写模式。

表 10.1 文件打开方式

文件使用方式	含 义	当指定文件不存在
r(只读)	打开一个文本文件,只允许读数据	出错
w(只写)	打开或建立一个文本文件,只允许写数据	建立新文件
a(追加)	打开一个文本文件,并在文件末尾写数据	出错
rb(只读)	打开一个二进制文件,只允许读数据	出错
wb(只写)	打开或建立一个二进制文件,只允许写数据	建立新文件
ab(追加)	打开一个二进制文件,并在文件末尾写数据	出错

续表

文件使用方式	含　义	当指定文件不存在
r+（读/写）	打开一个文本文件，允许读/写	出错
w+（读/写）	打开或建立一个文本文件，允许读/写	建立新文件
a+（读/写）	打开一个文本文件，允许读，或文件末追加数据	出错
rb+（读/写）	打开一个二进制文件，允许读/写	出错
wb+（读/写）	打开或建立一个二进制文件，允许读/写	建立新文件
ab+（读/写）	打开一个二进制文件，允许读或在文件末追加数据	出错

比如：

```
FILE *fp;                //定义一个指向文件的指针变量 fp
fp= fopen("a1","r");     //将 fopen 函数的返回值赋给指针变量 fp
```

使用 fopen()函数打开名为"a1"的文件，定义"a1"文件的使用方式为"r"（表示"读入"），为"a1"文件建立相应的文件信息区和文件缓冲区，执行完毕之后，把为"a1"文件建立的文件信息区的首地址返回并赋值给 FILE 类型的指针变量 fp，以便程序员通过 fp 指针访问"a1"文件中的内容。

【注意】

（1）"r"方式（读取模式）：只能用于向计算机输入数据，不能用于向该文件输出数据。"r"方式要求打开的文件存在并且文件中有数据，不能用"r"方式打开一个不存在的文件，否则会出错。

（2）"w"方式（写入模式）：只能用于向打开的文件中写数据（即输出文件），不能用于向计算机输入数据。如果指定打开的文件不存在，则在打开文件前新建立一个以指定名字命名的文件。如果指定打开的文件名已经存在，则在打开文件前先将该文件删除，然后重新建立新文件。

（3）"a"方式（追加模式）：不删除原有数据，只向文件末尾添加新数据。"a"方式应保证打开的文件存在，否则将出错。以追加模式打开文件时，文件读/写位置标记将移到文件末尾。

（4）用"r＋、w＋、a＋"方式打开的文件既可用来输入数据，也可用来输出数据。

（5）"rb、wb、ab、rb＋、wb＋、ab＋"方式：其中 b 表示所打开的文件是二进制文件。在 Windows 系统下，读/写文件时对文本文件和二进制文件中换行的处理方式有所不同。C 语言程序中实现换行只需要使用一个字符'\n'，而在 Windows 系统中则需要"回车"和"换行"两个字符，即'\r'和'\n'。因此，如果打开的是文本文件且用"w"方式打开，在向文件输出数据时，遇到换行符'\n'系统会自动转换为'\r'和'\n'两个字符。同样，如打开的是文本文件且用"r"方式打开，从文件读入时，遇到'\r'和'\n'两个连续的字符会自动转换为'\n'一个字符。但如果打开的是二进制文件，读/写数据时即使遇到换行符，系统也不进行转换。

10.2.2　读/写文件

文件打开后,就可调用函数读/写打开的文件。

通常,打开的文件有顺序读/写和随机读/写两种方式。所谓"顺序读/写"就是对文件中数据的读/写顺序与数据在文件中的物理顺序一致。而"随机读/写"则可以不按数据在文件中的物理顺序进行读/写,通过指定文件中要读/写数据的位置,对指定位置上的数据进行访问。

1. 顺序读/写文件

顺序读/写文件是按照数据在文件中的物理存储顺序进行顺序读/写。在顺序写时,先写入的数据存放在文件中前面的位置,后写入的数据存放在文件中后面的位置。在顺序读时,先读文件中前面的数据,后读文件中后面的数据。

1)读/写一个字符

对文本文件读/写一个字符要用到 fgetc( )函数和 fputc( )函数,其使用说明见表10.2。

表 10.2　fgetc( )和 fputc( )函数的调用说明

函数名	调用形式	功　能	返回值
fgetc	fgetc(fp)	从 fp 指向的文件读入一个字符	读成功,带回所读的字符;否则返回文件结束标志 EOF(即—1)
fputc	fputc(ch,fp)	把字符 ch 写到文件指针变量 fp 所指向的文件中	写成功,返回值就是输出的字符;输出失败,则返回结束标志 EOF(即—1)

2)读/写一个字符串

对文本文件读/写一个字符串要用到 fgets( )函数和 fputs( )函数,其使用说明见表10.3。

表 10.3　fgets( )和 fputs( )函数的调用说明

函数名	调用形式	功　能	返回值
fgets	fgets(str,n,fp)	从 fp 指向的文件读入一个长度为 n−1 的字符串,存放到字符数组 str 中	读成功,返回地址 str;否则返回 NULL
fputs	fputs(str,fp)	把 str 所指向的字符串写到文件指针变量 fp 所指向的文件中	写成功,返回非负整数;否则返回 −1(EOF)

3)格式化读/写文本文件

使用 fprintf( )函数和 fscanf( )函数对文件进行格式化输入和输出。这两个函数的作用与 printf( )函数和 scanf( )函数相类似,均为格式化读/写,区别在于 fprintf( )函数和 fscanf( )函数的读/写对象不是终端而是文件,其使用说明见表10.4。

表 10.4　fprintf()和 fscanf()函数的调用说明

函数名	调用形式	功　能	返回值
fprintf	fprintf(fp,格式字符串,输出表列)	将"输出表列"中的变量按照"格式字符串"的格式输出到 fp 指向的文件中	输出成功,返回实际写入的字符个数;否则返回一个负数
fscanf	fscanf(fp,格式字符串,输入表列)	将 fp 指向的文件中的内容按照"格式字符串"的格式输入到"输入表列"对应的变量中	输入成功,返回实际被赋值的参数个数;否则返回EOF 值

其中,"格式字符串"与 printf()函数和 scanf()函数中的"格式字符串"的含义相同,"输出表列"与 printf()函数中的"输出表列"含义相同,"输入表列"与 scanf()函数中的"输入表列"的含义相同,在此不予赘述。例如:

```
fprintf(fp,"%d,%6.2f",i,f);
```

其作用是将 int 型变量 i 和 float 型变量 f 的值,按%d 和%6.2f 的格式,输出到 fp 指向的文件中。又如:

```
fscanf(fp,"%d,%f",&i,&f);
```

假设 fp 指向的文件中有字符串"3,4.5",该语句的作用是将从 fp 指向的文件中读取整数 3 赋值给整型变量 i,读取实数 4.5 赋值给 float 型变量 f。

4)以二进制形式批量读/写数据

C 语言允许使用 fread()函数以二进制形式从文件中读取数据块,使用 fwrite()函数以二进制形式向文件写入数据块。使用 fwrite()函数向磁盘写数据时,直接将内存中一组数据原封不动、不加转换地复制到磁盘文件上;使用 fread()函数读取时,会将磁盘文件中若干字节的内容一并读入内存,其使用说明见表 10.5。

表 10.5　fread()和 fwrite()函数的调用说明

函数名	调用形式	功　能	返回值
fread	fread(buffer,size,count, fp)	从 fp 指向的文件中,以 size 个字节为一组,读出 count 组的内容,存放到 buffer 所指向的存储区域中	返回成功读取的 count 数目,若错误或到达文件末尾,则可能小于 count
fwrite	fwrite(buffer,size,count, fp)	从 buffer 所指向的存储区域中,以 size 个字节为一组,取出 count 组的内容,写入到从 fp 指向的文件中	返回成功写入的 count 数目

例如:

```
float f[10];
fread(f,4,10,fp);
```

其作用是将 fp 所指向的文件以 4 个字节为一组读出 10 组的数据,存储到数组 f 中。

【注意】fread()函数和 fwrite()函数都是以二进制形式进行文件读/写的。所以,使用 fread()函数和 fwrite()函数之前,需要以"rb、wb、ab、rb＋、wb＋、ab＋"(b 表示二进制方式)中的一种方式打开所要读/写的文件。

2. 随机读/写文件

顺序读/写文件的操作容易理解和操作,但效率不高。假如一个文件中有 1000 个数据,而程序中只需要使用最后一个数据,如果采用顺序读/写方式,就必须先逐个读取前面 999 个数据后,才能读取到第 1000 个数据。这是不能容忍的,尤其是在文件内容很多的情况下。

随机读/写可以对文件中任意指定位置的数据进行直接访问。相对于顺序读/写方式,随机读/写的访问效率更高。

1)文件当前读/写位置

文件读/写操作时,常涉及以下几个术语:

①文件头:文件数据开始位置。

②文件尾:文件中最后一个数据之后的位置。

③文件当前位置指针:在 FILE 结构体类型中,设置了无需用户管理的指针,用于指向当前读/写的字节位置。可用 ftell()函数测试文件当前位置指针的地址值。在文件打开时,文件当前位置指针指向文件头。采用顺序读/写方式读/写文件内容时,每次读/写操作后,文件当前位置指针就向后移动一个位置,直至文件尾。当文件中的数据全部读出之后,文件当前位置指针指向文件尾。

④文件出错标记:文件操作出错时,系统会在文件流的控制结构中设置文件出错标记,程序员可以使用 ferror()函数访问文件出错标记,以检测文件操作是否出现错误。

有了文件当前位置指针之后,就可以知晓并控制文件读/写的当前活动位置,也可以根据需要把文件当前位置指针移动到文件中的任意位置,从而实现对文件内容的随机读/写。

2)文件当前读/写位置的定位与重定位

C 语言不仅提供了 ftell()函数和 feof()函数对文件的当前读/写位置进行定位,还提供了 rewind()函数和 fseek()函数对文件的当前读/写位置进行重定位,其使用说明见表 10.6。

表 10.6　ftell( )、feof( )、rewind( )和 fseek( )函数的调用说明

函数名	调用形式	功　能	返回值
ftell	ftell(fp)	定位 fp 所指向文件的当前读/写位置,返回文件当前位置指针的当前值	成功,返回从文件头到文件当前位置的字节数;错误,返回−1
feof	feof(fp)	判断 fp 所指向文件的文件当前位置指针是否指向文件尾	是,则返回一个非 0 值;否则,返回 0 值
rewind	rewind(fp)	让 fp 所指向文件的文件当前位置指针,重新指向文件头	—

函数名	调用形式	功　能	返回值
fseek	fseek(fp,offset, origin)	重定位:让 fp 所指向的文件的文件当前位置指针,以 origin 为起始点,向前移动 offset 个字节	成功,返回 0;否则,返回非 0 值,并设置 error 错误代码

【注意】

①ftell()函数:使用 ftell()函数可以定位文件的当前读/写位置,函数成功执行后返回文件当前位置指针的当前值,也就是从文件头到文件当前位置的字节数。

②feof()函数:适用于二进制文件,也适用于文本文件。

③rewind()函数:成功执行 rewind()函数会使文件当前位置指针重新指向文件头,同时清除文件结束符和出错标记。

④fseek()函数:一般用于二进制文件。其调用形式如下:

```
fseek(FILE * fp, long offset, int origin);
```

其中,"origin"是移动文件当前位置指针的参照点,或称起始点,其值可取 0、1 或 2。取值为 0,表示"文件开始位置";取值为 1,表示"当前位置";取值为 2,表示"文件末尾位置"。"offset"指的是以"origin"为参照点向前移动的位移量,也就是向前移动的字节数。"offset"的取值是 long 型数据,取正数值,表示向前移动;取负数值,则表示向后退。比如:

```
fseek(fp,100L,0);    //将文件当前位置指针向前移到离文件开头 100 个字节处
fseek(fp,50L,1);     //将文件当前位置指针向前移到离当前位置 50 个字节处
fseek(fp,-10L,2);    //将文件当前位置指针从文件末尾处向后退 10 个字节
```

3)随机读/写

使用 ftell()、feof()、rewind()和 fseek()函数对文件当前读/写位置进行定位与重定位之后,就可以使用 fgetc()、fputc()、fgets()、fputs()、fprintf ()、fscanf ()、fread ()和 fwrite()函数对文件进行随机读/写。

3. 文件读/写中的错误检测

在调用各种输入/输出函数(如 putc()、getc()、fread()、fwrite()等)对文件进行读/写操作时,可能会出现各种错误。为了避免这些错误带来其他更加严重的后果,需要及时进行检错和处理。为此,C 语言提供了 ferror()和 clearerr()两个函数。

1)ferror()函数

ferror()函数可以检查文件操作是否出现错误,其调用形式为:

```
ferror(FILE * fp);
```

函数返回值为 0,表示当前操作没有错误。若返回非 0 值,则表示操作出错。

针对同一个文件,每调用一次输入/输出函数,就会产生一个新的 ferror()函数值。因此在调用输入/输出函数后,应立即检查 ferror()函数的值,否则可能会导致信息丢失。执行 fopen()函数打开文件时,ferror()函数的初始值会被自动设置为 0。

2)clearerr()函数

clearerr()函数可以将文件出错标记和文件结束标志重置为 0,其调用形式为:

```
clearerr(FILE * fp);
```

如调用输入/输出函数时出现错误,使得 ferror()函数值为非零值,应立即调用 clearerr()函数,使 ferror()函数返回 0,以便进行下一次检测。

此外,当程序出现错误时,为了及时关闭所有文件,可使用 exit()函数终止当前程序的执行。

10.2.3　关闭文件

在使用完一个文件后应该关闭它,以防止它再被误用。

"关闭文件"可以看作是"打开文件"的逆操作,也就是撤销文件信息区和文件缓冲区,使文件指针变量不再指向该文件,也就是文件指针变量与文件"脱钩"。文件关闭之后,就不能再通过该指针对原来与其相联系的文件进行读/写操作,除非文件再次被打开并使该文件指针变量重新指向该文件。

C 语言中,用于关闭文件的函数是 fclose()函数,其调用形式为:

```
fclose(fp);
```

用 fclose()函数关闭文件时,会先把缓冲区中的数据输出到磁盘文件,然后才撤销文件信息区。如果成功关闭文件,fclose()函数返回 0;否则,返回 EOF(−1)。

C 语言中,如果不关闭文件就结束程序运行,有可能会造成数据的丢失。这是因为在向文件写数据时,会先把数据输出到缓冲区,待缓冲区充满后才正式输出给文件。如果当数据未充满缓冲区时程序结束运行,就有可能使缓冲区中的数据丢失。有的编译系统在程序结束前会自动先将缓冲区中的数据写到文件,从而避免了这个问题,但还是应当养成在程序终止之前关闭所有文件的习惯。

此外,还可以使用 fflush()函数清除文件缓冲区中的内容。当文件以写方式打开时,fflush()函数会先强制将缓冲区内容写入文件,再清除文件缓冲区中的内容。

fflush()函数的调用形式为:

```
fflush(fp);
```

如果运行成功,返回值为 0;否则,返回 EOF(−1)。

10.3　应用程序举例

例 10.1　首先在任意路径下新建一个文本文档,文档内容为"不登高山,不知天之高也;不临深谷,不知地之厚也。"随后编程实现从键盘中输入文件路径及名称,并在屏幕中显示出该文件内容。

```
#include <stdio.h>
main()
{
    FILE * fp;
```

```
    char ch, filename[50];
    printf("please input file`s name;\n");
    gets(filename);                    //输入文件名
    fp = fopen(filename, "r");   //打开文件
    ch = fgetc(fp);                    //使用 fgetc()函数,从文件中读一个字符
    while (ch! = EOF)
    {
        putchar(ch);
        ch = fgetc(fp);
    }
    fclose(fp);                        //关闭文件
    printf("\n");
}
```

【运行效果】

```
please input file`s name;
d:\\file1.txt
不登高山，不知天之高也；不临深谷，不知地之厚也。
```

【程序分析】

首先,输入文件名,通过 fopen()函数以只读方式打开指定文件;然后,使用 fgetc()函数依次读取文件中的字符,并将读出的字符输出在屏幕上;最后,使用 fclose()函数关闭文件。

【注意】输入文件名时,如果包含文件路径,要使用转义后的双斜线"\\"表示单斜线"\"。

例10.2   从键盘输入若干个字符,并逐个把它们存储到磁盘文件中,直到用户输入"♯"为止。

```
#include <stdio.h>
#include <stdlib.h>
int main()
{
    FILE *fp;                                      //定义文件指针 fp
    char ch,filename[10];
    printf("请输入所用的文件名: ");
    scanf("%s",filename);                          //输入文件名
    getchar();                                     //用来消化最后输入的回车符
    if((fp=fopen(filename,"w"))==NULL)             //打开输出文件并使 fp 指向此文件
    {
        printf("can not open file\n");             //如果打开出错就输出"打不开"
        exit(0);                                   //终止程序
    }
    printf("请输入一个准备存储到磁盘的字符串(以#结束): ");
    ch=getchar();                                  //接收从键盘输入的第一个字符
```

```
    while(ch!='#')                  //当输入'#'时结束循环
    {
        fputc(ch,fp);               //向磁盘文件输出一个字符
        putchar(ch);                //将输出的字符显示在屏幕上
        ch=getchar();               //再接收从键盘输入的一个字符
    }
    fclose(fp);                     //关闭文件
    putchar(10);                    //向屏幕输出一个换行符
    return 0;
}
```

【运行效果】

```
请输入所用的文件名: file2.txt
请输入一个准备存储到磁盘的字符串<以#结束>: C Programming#
C Programming
```

【程序分析】

首先,输入文件名,通过 fopen()函数以"w"方式打开指定文件;然后,使用 fputc()函数逐个把键盘上输入的内容,顺序地写入指定的文件中,最后,使用 fclose()函数关闭文件。

例 10.3　将一个磁盘文件中的信息复制到另一个磁盘文件中。将上例建立的 file2.txt 文件中的内容复制到另一个磁盘文件 file3.dat 中。

```
#include <stdio.h>
#include <stdlib.h>
int main()
{
    FILE *in,*out;                  //定义指向 FILE 类型文件的指针变量
    char ch,infile[10],outfile[10]; //定义两个字符数组,存放两个文件名
    printf("输入读入文件的名字:");
    scanf("%s",infile);             //输入一个输入文件的名字
    printf("输入输出文件的名字:");
    scanf("%s",outfile);            //输入一个输出文件的名字
    if((in=fopen(infile,"r"))==NULL) //打开输入文件
    {
      printf("无法打开此文件\n");exit(0);
    }
    if((out=fopen(outfile,"w"))==NULL) //打开输出文件
    {
      printf("无法打开此文件\n");exit(0);
    }
    ch=fgetc(in);                   //从输入文件读入一个字符,赋给变量 ch
    while(!feof(in))                //如果未遇到输入文件的结束标志
    {
```

```
            fputc(ch,out);          //将 ch 写到输出文件
            putchar(ch);            //将 ch 显示到屏幕上
            ch=fgetc(in);           //再从输入文件读入一个字符,赋给 ch
        }
        putchar(10);                //显示完全部字符后换行
        fclose(in);                 //关闭输入文件
        fclose(out);                //关闭输出文件
        return 0;
    }
```

【运行效果】

```
输入读入文件的名字:file2.txt
输入输出文件的名字:file3.dat
C Programming
```

【程序分析】

首先,输入两个文件名,通过 fopen()函数分别以"r""w"方式打开;然后,使用 fputc()函数,把从第一个文件使用 fgetc()函数读出的字符,逐个顺序地写入第二个文件;最后,使用 fclose()函数关闭这两个文件。

例 10.4　从键盘读入若干个字符串,对它们按字母大小的顺序排序,然后把排好序的字符串送到磁盘文件中保存。

```
#include <stdio.h>
#include <stdlib.h>
#include <string.h>
int main()
{
    FILE* fp;
    char str[3][20],temp[20];
    //str 是用来存放字符串的二维数组,temp 是临时数组
    int i,j,k,n=3;
    printf("Enter strings:\n");            //提示输入字符串
    for(i=0;i<n;i++)
        gets(str[i]);                      //输入字符串
    for(i=0;i<n-1;i++)                      //用选择法对字符串排序
    {
        k=i;
        for(j=i+1;j<n;j++)
            if(strcmp(str[k],str[j])>0) k=j;
        if(k!=i)
        {
            strcpy(temp,str[i]);
            strcpy(str[i],str[k]);
            strcpy(str[k],temp);
```

```
            }
        }
        if((fp=fopen("D:\\CC \\file4.dat","w"))==NULL)  //打开磁盘文件
        //"\"为转义字符的标志,因此在字符串中用"\\"表示字符"\"
        {
            printf("can't open file! \n");
            exit(0);
        }
        printf("\nThe new sequence:\n");
        for(i=0;i<n;i++)
        {
            fputs(str[i],fp);
            fputs("\n",fp);          //向磁盘文件写一个字符串,再写入一个换行符
            printf("%s\n",str[i]);              //在屏幕上显示
        }
        return 0;
    }
```

【运行效果】

```
Enter strings:
China
hello world!
C programming

The new sequence:
C programming
China
hello world!
```

【程序分析】

首先输入三个字符串并对它们进行排序,然后通过 fopen() 函数以"w"方式打开"D:\CC\file4.dat"文件,接着使用 fputs() 函数把排好序的三个字符串逐个顺序地写入指定的文件中,最后使用 fclose() 函数关闭这个文件。

例 10.5 从键盘输入 5 个学生的信息,然后把它们转存到磁盘文件中。

```
#include <stdio.h>
#define SIZE 5
struct Student_type
{
    int num;
    char name[10];
    int age;
    char addr[15];
}stud[SIZE];                //定义全局结构体数组 stud,包含 SIZE 个学生数据
void save()                //定义函数 save,向文件输出 SIZE 个学生的数据
```

```
    {
        FILE * fp;
        int i;
        if((fp=fopen("stu.dat","wb"))==NULL)      //打开输出文件 stu.dat
        {
            printf("cannot open file\n");
            return;
        }
        for(i=0;i<SIZE;i++)
            if(fwrite(&stud[i],sizeof(struct Student_type),1,fp)!=1)
                printf("file write error\n");
        fclose(fp);
    }
    int main()
    {
        int i;
        printf("Please enter data of students:\n");
        for(i=0;i<SIZE;i++)
          scanf("%d%s%d%s",&stud[i].num,stud[i].name,&stud[i].age,stud[i].addr);
        save();
        return 0;
    }
```

【运行效果】

```
Please enter data of students:
101 张三 13 room1
102 李四 18 room2
103 王五 19 room1
104 赵六 20 room3
105 钱七 21 room2
```

【程序分析】

在 save()函数中首先通过 fopen()函数以"wb"方式打开指定文件,然后调用 fwrite()函数把 SIZE 个学生的信息逐个顺序地写入指定的文件中,最后调用 fclose()函数关闭文件。

例 10.6 针对上题写入的磁盘文件,把 5 个学生信息中第 1、3、5 个学生的信息读出并显示在屏幕上。

```
    #include <stdio.h>
    #include <stdlib.h>
    struct Student_type          //学生结构体类型
    {
        int num;
            char name[10];
```

```
        int age;
        char addr[15];
    }stud[5];
    int main()
    {
        int i;
        FILE * fp;
        if((fp=fopen("stu.dat","rb"))==NULL)        //以只读方式打开二进制文件
        {
            printf("can not open file\n");
            exit(0);
        }
        for(i=0;i<5;i+=2)
        {
            fseek(fp,i*sizeof(struct Student_type),0);      //移动文件位置标记
            fread(&stud[i],sizeof(struct Student_type),1,fp);   //读出一个数据块
            printf("%4d %-10s %4d %-15s\n",stud[i].num,stud[i].name, stud[i].
        age,stud[i].addr);      //在屏幕输出
        }
        fclose(fp);
        return 0;
    }
```

【运行效果】

```
101 张三          13 room1
103 王五          19 room1
105 钱七          21 room2
```

【程序分析】

首先调用 fopen() 函数以"rb"方式打开"stu. dat"文件,接下来循环调用 fseek() 函数定位文件当前读/写位置,使用 fread() 函数逐个把文件当前位置指针指向的第 1、3、5 个学生的数据块读出并显示在屏幕上,最后调用 fclose() 函数关闭文件。

10.4　扩展阅读

在自动化办公系统中,涉密电子文档是处理涉密信息的最主要形式,因而也成为涉密文件、资料保密管理的一大类别。与传统纸介质涉密文件、资料管理不同,涉密电子文档大量存储在各级党政机关、单位的计算机终端和存储介质中,具有数量多、密级不一、分散存储的特点。这使得涉密电子文档的保密管理难度大大增加。

下面结合涉密载体的管理,介绍一下涉密电子文档管理的有关要求。

1. 涉密电子文档的制作

(1)应使用涉密计算机和涉密设备制作涉密电子文档,不得使用低密级涉密计算机

和设备制作高密级电子文档。

(2)应当在机关、单位内部具备安全保密条件的场所制作涉密电子文档。机关、单位在外安排组织涉密会议或涉密活动需要现场制作涉密文档时,应当在驻地设置临时保密室,并指派人员负责安全保密,且禁止使用驻地提供的联网计算机和设备制作涉密电子文档。

(3)制作涉密电子文档过程中,如果出现无关人员,则应当停止操作并屏蔽文档内容;离开办公室时应当使计算机处于关机或休眠状态,并且需要通过身份认证才能开机或重新显示。

(4)制作涉密电子文档过程中所形成的草稿、送审稿、修改稿、讨论稿等过程稿,应当分别在文档目录中注明,统一保存在一个文件夹中。制作完成后,不需要保存的过程稿要及时删除,防止误拷贝造成泄密。

(5)对送审、会签过程形成的纸介质文件、资料,应按照涉密文件、资料处理和保管。

2. 涉密电子文档的定密

(1)制作涉密电子文档应使用专用定密软件履行定密及文字记载程序,定密结果应当具备无网络授权不可更改的特性。

(2)在涉密单机或者涉密网络没有运行办公自动化系统的计算机上处理涉密文档时,应当履行纸介质定密及文字记载程序。

(3)做出定密决定后,应当在涉密电子文档相应位置标注国家秘密标志和知悉范围。

3. 涉密电子文档的保存

(1)涉密电子文档应当加密保存。

(2)存储、处理涉密文档的计算机应当按照密级设置口令密码,特别敏感的涉密文档还应设置文档开启口令密码。

(3)涉密网络数据库应当配备符合国家保密技术标准的防护措施。有条件的单位,应当实行全网络涉密文档的集中保存和管控。

(4)存储涉密文档的移动存储介质,应当采用存储介质开启密码和文档密码双重保护。

4. 涉密电子文档的传输

(1)涉密电子文档应当通过涉密设备和涉密网传输。

(2)如果通过涉密网传输涉密电子文档,应当配备电子签收单,标明签收时间和签收人;不同密级的涉密网之间传输涉密电子文档,要有边界防护措施,只允许低密级涉密网信息向高密级涉密网传输,不允许高密级涉密网信息向低密级涉密网传输。

(3)如果不通过涉密网传输涉密电子文档,应当由专人携带涉密移动存储介质或光盘传递,并履行签收手续。

5. 涉密电子文档的使用

(1)应建立涉密电子文档使用保密管理制度,每份涉密文档都应当设定查阅权限。无权查阅涉密电子文档的人员,只有经过主管领导批准才能开通所批准文档的查阅权限。

（2）权限范围内的人员下载、复制、打印涉密电子文档,应当履行登记审批手续,禁止任何人员擅自下载、复制、打印涉密电子文档。

（3）涉密计算机单机以及未开通文件查阅程序的涉密网络计算机,要明确每台计算机使用人的保密管理责任,规范涉密电子文档查阅、下载、复制、打印等使用行为的审批程序,严格禁止擅自使用行为。

（4）涉密计算机和涉密网络应当建立涉密电子文档使用行为审计系统,定期查阅审计记录,及时纠正违规行为。

6. 涉密档案数字化转换

（1）涉密档案数字化转换,是指根据档案数字化的要求,将历年保存的纸介质涉密档案通过照相、扫描等方式转换为数字化涉密电子档案。在档案数字化转换过程中,涉及档案鉴定、整理、著录、扫描、图像处理、数据挂接、校验、还原入库等众多环节。

（2）如果机关、单位有能力自己转换,最好安排本机关单位人员进行转换;如果需要外包服务进行转换,应当委托取得涉密资质的单位承担,并与其签订保密协议,由其选派可靠人员到机关、单位内部指定场所进行。在此期间,要严格控制和禁止操作人员将涉密档案及其数字化转换成果携带出机关、单位。

（3）涉密档案数字化转换完成后,机关、单位内部存储转换成果的计算机、存储介质和转换设备,应当按存储涉密电子档案的最高密级管理。如果受委托单位自带设备和存储介质,应当在转化工作结束时将所有存储有涉密电子档案的存储介质收回,按涉密载体保存或销毁。

10.5 小 结

关于文件的基本操作是 C 语言程序课程的重要基础,本章介绍了 C 语言中文件的基本概念,文件操作的打开、读/写、关闭以及文件读/写的操作方式。

（1）文件的基本概念主要包括对文件标识、文件类型指针的作用以及文件缓冲区的工作机制的掌握。例如要在程序中使用文本文件,首先需要声明一个 FILE * 类型的变量来保存系统对该文件的追踪。

（2）文件操作的三部曲包括文件打开、文件读/写和文件关闭,另外需注意调用 fopen（）函数在 FILE 变量和文件间建立联系,需要通过调用 fclose（）函数终止这种联系。

（3）针对文件读/写的操作包括顺序读/写、随机读/写以及出错检测,其中字符串的读取和写入主要是针对文件的逐行处理,需调用在〈stdio. h〉中定义的 fgets（）函数和 fputs（）函数,同时注意内存分配问题。

学习完本章后,读者应掌握文件输入/输出的基本概念,理解文件操作函数的参数内涵,明确文件读/写的基本操作,熟知文件操作的出错检测。

习　　题

1. 下面(1)与(2)两者之间的区别是什么？

(1)通过使用 fprintf()和使用 fwrite()保存 8238201。

(2)通过使用 putc()和使用 fwrite()保存字符 S。

(3)打开一个文件的含义是什么？

3. FILE * 类型的作用是什么？对于其内在结构的理解是否对大多数程序员都很重要？

4. fopen()函数的第二个参数通常为"r"、"w"或"a"，参数的意义是什么？每一个值的含义是什么？

5. fopen()函数如何向其调用函数报告错误？

6. 当程序退出时，所有打开的文件都会自动关闭。为什么要在程序中明确地将文件关闭？

7. 空白字符是如何定义的？

8. 格式化的输出函数有三种形式：printf()、fprintf()和 sprintf()。它们之间的主要区别是什么？

9. 判断题：scanf()中控制字符串后的每个参数都必须是指针。

10. 判断题：scanf()中控制字符串后的每个参数都应由"&"开头。

11. 编写一个程序，将任意数目的字符串写入文件。字符串由键盘输入，程序不能删除这个文件，因为下一题还要使用这个文件。

12. 编写一个程序，读取上一题创建的文件。每次都以反向的顺序读取一个字符串，然后按照读取顺序将它们写入一个新文件。例如，程序读取最后一个字符串，将它写入新文件，再读取倒数第二个字符串，将它写入新文件，以此类推。

13. 编写一个程序，从键盘读入姓名和电话号码，将它们写入一个文件。如果这个文件不存在，就写入一个新文件；如果这个文件已存在，就将它们写入该文件。这个程序需提供列出所有数据的选项。

14. 扩展上一题的程序，提取对应指定姓氏的所有电话号码。这个程序允许进一步查询，允许添加新的姓名和电话号码，允许删除已有的项。

附录 A　常用字符与 ASCII 字符集

字符型常量指单个字符,常用一对单引号括起单个字符加以表示。C 语言中的字符使用的是 ASCII(美国国家信息交换标准代码)字符集,其中十进制的 0~31 是控制字符,具体见表 A.1。

表 A.1　常用字符与 ASCII 字符集

十进制	十六进制	字符/缩写	解　释
0	00	NUL (NULL)	空字符
1	01	SOH (Start of Heading)	标题开始
2	02	STX (Start of Text)	正文开始
3	03	ETX (End of Text)	正文结束
4	04	EOT (End of Transmission)	传输结束
5	05	ENQ (Enquiry)	请求
6	06	ACK (Acknowledge)	回应/响应/收到通知
7	07	BEL (Bell)	响铃
8	08	BS (Backspace)	退格
9	09	HT (Horizontal Tab)	水平制表符
10	0A	LF/NL(Line Feed/New Line)	换行键
11	0B	VT (Vertical Tab)	垂直制表符
12	0C	FF/NP (Form Feed/New Page)	换页键
13	0D	CR (Carriage Return)	回车键
14	0E	SO (Shift Out)	不用切换
15	0F	SI (Shift In)	启用切换
16	10	DLE (Data Link Escape)	数据链路转义
17	11	DC1/XON (Device Control 1/Transmission On)	设备控制 1/传输开始
18	12	DC2 (Device Control 2)	设备控制 2

十进制	十六进制	字符/缩写	解　释
19	13	DC3/XOFF (Device Control 3/Transmission Off)	设备控制 3/传输中断
20	14	DC4（Device Control 4）	设备控制 4
21	15	NAK（Negative Acknowledge）	无响应/非正常响应/拒绝接收
22	16	SYN（Synchronous Idle）	同步空闲
23	17	ETB（End of Transmission Block）	传输块结束/块传输终止
24	18	CAN（Cancel）	取消
25	19	EM（End of Medium）	已到介质末端/介质存储已满 /介质中断
26	1A	SUB（Substitute）	替补/替换
27	1B	ESC（Escape）	逃离/取消
28	1C	FS（File Separator）	文件分割符
29	1D	GS（Group Separator）	组分隔符/分组符
30	1E	RS（Record Separator）	记录分离符
31	1F	US（Unit Separator）	单元分隔符
32	20	（Space）	空格
33	21	!	
34	22	"	
35	23	#	
36	24	$	
37	25	%	
38	26	&	
39	27	'	
40	28	(	
41	29	)	
42	2A	*	
43	2B	+	
44	2C	,	
45	2D	—	
46	2E	.	
47	2F	/	
48	30	0	
49	31	1	

续表

十进制	十六进制	字符/缩写	解　释
50	32	2	
51	33	3	
52	34	4	
53	35	5	
54	36	6	
55	37	7	
56	38	8	
57	39	9	
58	3A	:	
59	3B	;	
60	3C	<	
61	3D	=	
62	3E	>	
63	3F	?	
64	40	@	
65	41	A	
66	42	B	
67	43	C	
68	44	D	
69	45	E	
70	46	F	
71	47	G	
72	48	H	
73	49	I	
74	4A	J	
75	4B	K	
76	4C	L	
77	4D	M	
78	4E	N	
79	4F	O	
80	50	P	
81	51	Q	
82	52	R	

十进制	十六进制	字符/缩写	解　释
83	53	S	
84	54	T	
85	55	U	
86	56	V	
87	57	W	
88	58	X	
89	59	Y	
90	5A	Z	
91	5B	[	
92	5C	\	
93	5D	]	
94	5E	^	
95	5F	_	
96	60	`	
97	61	a	
98	62	b	
99	63	c	
100	64	d	
101	65	e	
102	66	f	
103	67	g	
104	68	h	
105	69	i	
106	6A	j	
107	6B	k	
108	6C	l	
109	6D	m	
110	6E	n	
111	6F	o	
112	70	p	
113	71	q	
114	72	r	
115	73	s	

十进制	十六进制	字符/缩写	解　释
116	74	t	
117	75	u	
118	76	v	
119	77	w	
120	78	x	
121	79	y	
122	7A	z	
123	7B	{	
124	7C	|	
125	7D	}	
126	7E	~	
127	7F	DEL（Delete）	删除

附录 B　C 语言中的关键字

表 B.1 列出的单词都是 C 语言中的关键字（保留字），在编写 C 语言程序的时候不可以使用它们作为标识符。

表 B.1　C 语言中的关键字

auto	for	struct
break	goto	switch
case	if	typedef
char	inline	union
const	int	unsigned
continue	long	void
default	register	volatile
do	restrict	while
double	return	_Bool
else	short	_Complex
enum	signed	_Imaginary
extern	sizeof	_Alignas
float	static	_Alignof
_Atomic	_Generic	_Noreturn
_Static_assert	_Thread_local	

附录 C   C 语言中运算符的优先级和结合性

C 语言规定不同运算符具有不同的优先级别(1 级为最低优先级)和结合性,具体关系如表 C.1 所示。

表 C.1   C 语言运算符的优先级和结合性

优先级	运算符	含 义	类	结合性
1	,	逗号运算符	二元	从左到右
2	=、+=、-=、*=、/=、%=、<<=、>>=、&=、^=、|=	赋值	二元	从右到左
3	?:	条件	三元	从右到左
4	||	逻辑或	二元	从左到右
5	&&	逻辑与	二元	从左到右
6	|	按位或	二元	从左到右
7	^	按位异或	二元	从左到右
8	&	按位与	二元	从左到右
9	==、!=	相等、不相等	二元	从左到右
10	<、>、<=、>=	小于、大于、小于等于、大于等于	二元	从左到右
11	<<	左移	二元	从左到右
11	>>	右移	二元	从左到右
12	+	加法	二元	从左到右
12	-	减法	二元	从左到右
13	*	乘法	二元	从左到右
13	/	除法	二元	从左到右
13	%	取余	二元	从左到右
14	(type name)	类型转换	一元	从右到左
15	++	自增	前缀	从右到左
15	--	自减	前缀	从右到左
15	sizeof	数据类型长度	一元	从右到左
15	~	按位取反	一元	从右到左
15	!	逻辑非	一元	从右到左
15	-	负号	一元	从右到左
15	+	正号	一元	从右到左
15	&	取地址	一元	从右到左
15	*	间接访问	一元	从右到左

续表

优先级	运算符	含　义	类	结合性
16	[]	数组取下标	后缀	从左到右
	f(…)	函数调用	后缀	
	.	结构/联合成员	后缀	
	->	结构/联合间接成员	后缀	
	(type name){init}	复合字面值(C99)	后缀	

附录 D　C 语言常用语法提要

D.1　标识符

标识符可由字母、数字和下划线组成,它必须以字母或下划线开头,且字母区分大小写。不同的系统对标识符中允许包含的最多字符个数有不同的规定。

D.2　常量

常量包含以下几种。

(1)整型常量:包含十进制、八进制(以 0 开头的数字序列)、十六进制(以 0x 开头的数字序列)、长整型常数(在数字后加字符 L 或 l)。

(2)字符常量:用单引号括起来的一个字符,可以使用转义字符。

(3)实型常量(浮点型常量):分为小数和指数形式。

(4)字符串常量:用双引号括起来的字符序列。

D.3　表达式

表达式是由一系列运算符和运算量组成的序列,其作用主要有计算数值、指明数据对象或者函数、产生副作用(运行时对数据对象或文件的修改)等。任何表达式都有值和类型两个基本属性,分为以下几类。

(1)算术表达式,它包含整型表达式和实型表达式。

整型表达式:参加运算的运算量是整型量,结果也是整型。

实型表达式:参加运算的运算量是实型量,运算过程中先转换成 double 型,结果为 double 型。

(2)逻辑表达式:用逻辑运算符连接的整型量,结果为一个整数(0 或 1)。

(3)字位表达式:用位运算符连接的整型量,结果为整数。

(4)强制类型转换表达式:用"(类型)"运算符使表达式的类型进行强制转换,如

(float)a。

（5）逗号表达式（顺序表达式）：形式为"表达式1，表达式2，…，表达式n"。顺序求出表达式1，表达式2，…，表达式n的值。结果为表达式n的值。

（6）赋值表达式：将赋值号"＝"右侧表达式的值赋给赋值号左边的变量，运行后赋值表达式的值为左侧变量的值。

（7）条件表达式：形式为"逻辑表达式？表达式1：表达式2"。逻辑表达式的值若为非零，则条件表达式的值等于表达式1的值；若逻辑表达式的值为零，则条件表达式的值等于表达式2的值。

（8）指针表达式：对指针类型的数据进行运算，结果为指针类型。

D.4　函数定义

函数定义的形式为：

存储类别　数据类型　函数名（形参表列）　函数体

函数体用大括号括起来，可包括数据定义和语句，函数的定义举例如下：

```
static int max(int x,int y)
{
    int z;
    z=x>y?x : y;
        return(z);
}
```

D.5　变量的初始化

在定义时对变量或数组指定初始值。

静态变量或外部变量如未初始化，系统自动使其初始值为零（对数值型变量）或空（对字符型数据）。自动变量或寄存器变量若未初始化，则其初值为一不可预测的数据。

D.6　语句

语句分为表达式语句、函数调用语句、控制语句、复合语句、空语句。

控制语句包括：

（1）if（表达式）语句；或 if（表达式）语句1 else 语句2；

（2）while（表达式）语句；

（3）do 语句 while（表达式）；

（4）for（表达式1；表达式2；表达式3）语句；

（5）switch（表达式）{case 常量表达式1：语句1；case 常量表达式2：语句2；…；scase 常量表达式n：语句n；default：语句n＋1；}；

（6）break；

(7)continue；

(8)return；

(9)goto。

D.7　预处理命令

预处理（或预编译）是指在进行编译的第一遍扫描（词法扫描和语法分析）之前所做的工作。预处理指令指示在程序正式编译前就由编译器进行的操作，可放在程序中任何位置，预处理是 C 语言的一个重要功能，它由预处理程序负责完成。当对一个源文件进行编译时，系统将自动引用预处理程序对源程序中的预处理部分作处理，处理完毕自动进入对源程序的编译。具体预处理命令如表 D.1 所示。

表 D.1　C 语言预处理命令

指　　令	说　　明
＃	空指令，无效果
＃include	包含一个源代码文件
＃define	定义宏
＃undef	取消已经定义的宏
＃if	如果给定条件是真，则编译以下代码
＃ifdef	如果宏已经定义，则编译以下代码
＃ifndef	如果宏没有定义，则编译以下代码
＃elif	如果＃if 给定条件不为真，当前条件为真，则编译以下代码
＃endif	结束一个＃if…＃else 条件编译块

附录 E　C 语言常用库函数

E.1　数学函数

调用数学函数时，要求在源文件中包含＃include〈math.h〉命令行，具体数学函数说明如表 E.1 所示。

表 E.1　C 语言数学函数

函数原型说明	功能	返回值	说明
int abs(int x)	求整数 x 的绝对值	计算结果	
double fabs(double x)	求双精度实数 x 的绝对值	计算结果	
double acos(double x)	计算 $\cos^{-1}(x)$ 的值	计算结果	x 在 $-1\sim1$ 范围内
double asin(double x)	计算 $\sin^{-1}(x)$ 的值	计算结果	x 在 $-1\sim1$ 范围内
double atan(double x)	计算 $\tan^{-1}(x)$ 的值	计算结果	
double atan2 (double y, double x)	计算 $\tan^{-1}(x/y)$ 的值	计算结果	
double cos(double x)	计算 $\cos(x)$ 的值	计算结果	x 的单位为弧度
double cosh(double x)	计算双曲余弦 $\cosh(x)$ 的值	计算结果	
double exp(double x)	求 e^x 的值	计算结果	
double floor(double x)	求不大于双精度实数 x 的最大整数		
double fmod (double x, double y)	求 x/y 整除后的双精度余数		
double frexp (double val, int *exp)	把双精度数 val 分解成数字部分(尾数)和以 2 为底的指数 n,即 $val = x * 2^n$,n 存放在 exp 所指的变量中	返回位数 x,$0.5\leqslant x<1$	
double log(double x)	求 lnx	计算结果	x>0
double log10(double x)	求 $\log_{10}x$	计算结果	x>0
double modf (double val, double *ip)	把双精度数 val 分解成整数部分和小数部分,整数部分存放在 ip 所指的变量中	返回小数部分	
double pow (double x, double y)	计算 x^y 的值	计算结果	
double sin(double x)	计算 $\sin(x)$ 的值	计算结果	x 的单位为弧度
double sinh(double x)	计算 x 的双曲正弦函数 $\sinh(x)$ 的值	计算结果	
double sqrt(double x)	计算 x 的开方	计算结果	x$\geqslant$0
double tan(double x)	计算 $\tan(x)$	计算结果	x 的单位为弧度
double tanh(double x)	计算 x 的双曲正切函数 $\tanh(x)$ 的值	计算结果	

E.2 字符函数

调用字符函数时,要求在源文件中包含♯include〈ctype.h〉命令行,具体字符函数说明如表 E.2 所示。

表 E.2　C 语言字符函数

函数原型说明	功　能	返回值
int isalnum(int ch)	检查 ch 是否为字母或数字	是,返回 1;否则返回 0
int isalpha(int ch)	检查 ch 是否为字母	是,返回 1;否则返回 0
int iscntrl(int ch)	检查 ch 是否为控制字符	是,返回 1;否则返回 0
int isdigit(int ch)	检查 ch 是否为数字	是,返回 1;否则返回 0
int isgraph(int ch)	检查 ch 是否为 ASCII 码值在 ox21 到 ox7e 的可打印字符(即不包含空格字符)	是,返回 1;否则返回 0
int islower(int ch)	检查 ch 是否为小写字母	是,返回 1;否则返回 0
int isprint(int ch)	检查 ch 是否为包含空格符在内的可打印字符	是,返回 1;否则返回 0
int ispunct(int ch)	检查 ch 是否为除了空格、字母、数字之外的可打印字符	是,返回 1;否则返回 0
int isspace(int ch)	检查 ch 是否为空格、制表符或换行符	是,返回 1;否则返回 0
int isupper(int ch)	检查 ch 是否为大写字母	是,返回 1;否则返回 0
int isxdigit(int ch)	检查 ch 是否为十六进制数	是,返回 1;否则返回 0
int tolower(int ch)	把 ch 中的字母转换成小写字母	返回对应的小写字母
int toupper(int ch)	把 ch 中的字母转换成大写字母	返回对应的大写字母

E.3 字符串函数

调用字符函数时,要求在源文件中包含♯include〈string.h〉命令行,具体字符串函数说明如表 E.3 所示。

表 E.3　C 语言字符串函数

函数原型说明	功　能	返回值
char ＊strcat(char ＊s1,char ＊s2)	把字符串 s2 接到 s1 后面	s1 所指地址
char ＊strchr(char ＊s,int ch)	在 s 所指字符串中,找出第一次出现字符 ch 的位置	返回找到的字符的地址,若找不到,返回 NULL
int strcmp(char ＊s1,char ＊s2)	对 s1 和 s2 所指字符串进行比较	s1＜s2,返回负数;s1＝＝s2,返回 0;s1＞s2,返回正数

续表

函数原型说明	功　能	返回值
char ＊strcpy（char ＊s1,char ＊s2)	把 s2 指向的串复制到 s1 指向的空间	s1 所指地址
unsigned strlen （char ＊s)	求字符串 s 的长度	返回串中字符（不计最后的 '\0'）的个数
char ＊strstr（char ＊s1,char ＊s2)	在 s1 所指字符串中,找出字符串 s2 第一次出现的位置	返回找到的字符串的地址,若找不到,返回 NULL

E.4　输入/输出函数

调用字符函数时,要求在源文件中包含 ♯include〈stdio.h〉命令行,具体输入/输出函数说明如表 E.4 所示。

表 E.4　C 语言输入/输出函数

函数原型说明	功　能	返回值
void clearer(FILE ＊fp)	清除与文件指针 fp 有关的所有出错信息	无
int fclose(FILE ＊fp)	关闭 fp 所指的文件,释放文件缓冲区	出错,返回非 0,否则返回 0
int feof (FILE ＊fp)	检查文件是否结束	遇文件结束,返回非 0,否则返回 0
int fgetc (FILE ＊fp)	从 fp 所指的文件中取得下一个字符	出错,返回 EOF,否则返回所读字符
char ＊fgets(char ＊buf, int n, FILE ＊fp)	从 fp 所指的文件中读取一个长度为 n−1 的字符串,将其存入 buf 所指存储区	返回 buf 所指地址,若遇文件结束或出错,则返回 NULL
FILE ＊fopen(char ＊filename,char ＊mode)	以 mode 指定的方式打开名为 filename 的文件	成功,返回文件指针（文件信息区的起始地址）,否则返回 NULL
int fprintf（FILE ＊fp, char ＊format, args,…)	把 args,…的值以 format 指定的格式输出到 fp 指定的文件中	实际输出的字符数
int fputc(char ch, FILE ＊fp)	把 ch 中的字符输出到 fp 指定的文件中	成功,返回该字符,否则返回 EOF
int fputs（char ＊str, FILE ＊fp)	把 str 所指字符串输出到 fp 所指文件	成功,返回非负整数,否则返回 −1(EOF)

续表

函数原型说明	功　能	返回值
int fread (char *pt, unsigned size, unsigned n, FILE *fp)	从 fp 所指文件中读取长度为 size 的 n 个数据项存到 pt 所指文件	读取的数据项个数
int fscanf (FILE *fp, char *format,args,⋯)	从 fp 所指文件中按 format 指定的格式把输入数据存入 args,⋯所指的内存中	已输入的数据个数,遇文件结束或出错,返回 0
int fseek (FILE *fp, long offer,int base)	移动 fp 所指文件的位置指针	成功,返回当前位置,否则返回非 0
long ftell (FILE *fp)	求出 fp 所指文件当前的读/写位置	读/写位置,出错,返回 −1L
int fwrite (char * pt, unsigned size, unsigned n, FILE *fp)	把 pt 所指向的 n *size 个字节输入到 fp 所指文件	输出的数据项个数
int getc (FILE *fp)	从 fp 所指文件中读取一个字符	返回所读字符,若出错或文件结束,返回 EOF
int getchar(void)	从标准输入设备读取下一个字符	返回所读字符,若出错或文件结束,返回−1
char *gets(char *s)	从标准设备读取一行字符串放入 s 所指存储区,用'\0'替换读入的换行符	返回 s,若出错,返回 NULL
int printf (char * format,args,⋯)	把 args,⋯的值以 format 指定的格式输出到标准输出设备	输出字符的个数
int putc (int ch, FILE *fp)	把 ch 中字符输出到 fp 指定的文件	成功,返回该字符,否则返回 EOF
int putchar(char ch)	把 ch 输出到标准输出设备	返回输出的字符,若出错则返回 EOF
int puts(char *str)	把 str 所指字符串输出到标准设备,将'\0'转成回车换行符	返回换行符,若出错则返回 EOF
int rename (char * oldname,char *newname)	把 oldname 所指文件名改为 newname 所指文件名	成功返回 0,若出错则返回 −1
void rewind(FILE *fp)	将文件位置指针置于文件开头	无
int scanf(char *format, args,⋯)	从标准输入设备按 format 指定的格式把输入数据存入 args,⋯所指的内存中	已输入的数据的个数

E.5 动态分配函数和随机函数

调用字符函数时,要求在源文件中包含 ♯include〈stdlib. h〉命令行,具体动态分配函数和随机函数说明如表 E.5 所示。

表 E.5 C 语言动态分配函数和随机函数

函数原型说明	功　能	返回值
void *calloc(unsigned n, unsigned size)	分配 n 个数据项的内存空间,每个数据项的大小为 size 个字节	分配内存单元的起始地址;如不成功,返回 0
void *free(void *p)	释放 p 所指的内存区	无
void * malloc (unsigned size)	分配 size 个字节的存储空间	分配内存空间的地址;如不成功,返回 0
void * realloc (void *p, unsigned size)	把 p 所指内存区的大小改为 size 个字节	新分配内存空间的地址;如不成功,返回 0
int rand(void)	产生 0～32767 的随机整数	返回一个随机整数
void exit(int state)	程序终止执行,返回调用过程,state 为 0,正常终止;非 0,则非正常终止	无

REFERENCES

参考文献

[1] 谭浩强. C 程序设计[M]. 5 版. 北京：清华大学出版社，2017.

[2] Stephen Prata. C Primer Plus 中文版[M]. 6 版. 姜佑，译. 北京：人民邮电出版社，2019.

[3] Eric S. Roberts. C 语言的科学和艺术[M]. 翁惠玉，张冬茉，杨鑫，等译. 北京：机械工业出版社，2005.

[4] K. N. King. C 语言程序设计：现代方法[M]. 2 版. 吕秀峰，黄倩，译. 北京：人民邮电出版社，2010.

[5] 邢馥生，刘志远，姜德森. C 语言程序设计及应用[M]. 北京：高等教育出版社，1998.

[6] 谭浩强，张基温. C 语言习题集与上机指导[M]. 北京：高等教育出版社，2006.

[7] 明日科技. C 语言经典编程 282 例[M]. 北京：清华大学出版社，2012.

[8] Deirdre Mask. 地址的故事：地址簿里隐藏的身份、种族、财富与权利密码[M]. 徐萍，谭新木，译. 上海：上海社会科学院出版社，2022.

[9] 李东，朱东杰，陈源龙. 计算机组成与操作系统[M]. 北京：机械工业出版社，2015.

[10] Ivory Horton. C 语言入门经典[M]. 5 版. 杨浩，译. 北京：清华大学出版社，2013.

[11] E. Balagurusamy. 标准 C 程序设计[M]. 7 版. 李周芳，译. 北京：清华大学出版社，2017.

[12] 谢书良. 程序设计基础[M]. 北京：清华大学出版社，2010.

[13] Stewart Venit，Elizabeth Drake. 程序设计基础[M]. 5 版. 远红亮，等译. 北京：清华大学出版社，2013.

[14] 赵宏. 程序设计基础[M]. 北京：清华大学出版社，2019.

[15] Robert Sedgewick，Kevin Wayne. Java 程序设计：一种跨学科的方法[M]. 葛秀慧，田浩，等译. 北京：清华大学出版社，2008.

[16] 亚当·斯密. 国富论（彩绘精读本）[M]. 罗卫东，译. 杭州：浙江大学出版社，2016.

[17] 人力资源社会保障部. 工匠精神读本（工匠精神教育通用教材）[M]. 北京：中国劳动社会保障出版社，2016.

[18] 华罗庚. 从杨辉三角谈起[M]. 北京：科学出版社，2002.

［19］ 李凤霞.大学计算机［M］.2 版.北京:高等教育出版社，2020.

［20］ Anany Levitin. 算法设计与分析基础［M］. 3 版.潘彦,译.北京:清华大学出版社,2015.

［21］ 江红,余青松.Python 程序设计与算法基础教程［M］.3 版.北京:清华大学出版社,2023.

［22］ 黑马程序员.C 语言程序设计案例式教程［M］.2 版.北京:人民邮电出版社,2022.

［23］ 苏小红,王宇颖,孙志岗,等.C 语言程序设计［M］.4 版.北京:高等教育出版社,2019.